儿童
太空
百科全书

王佳等译

A DORLING KINDERSLEY BOOK

中国大百科全书出版社
Encyclopedia of China Publishing House

A Dorling Kindersley Book
www.dk.com

Original Title: Space A Children's Encyclopedia
Copyright © 2010 Dorling Kindersley Limited

北京市版权登记号：图字01-2011-6196

图书在版编目（CIP）数据

DK儿童太空百科全书 / 英国DK公司编著；
王佳等译.—北京：中国大百科全书出版社，2012.1
ISBN 978-7-5000-8716-8

Ⅰ.①D… Ⅱ.①英… ②王… Ⅲ.①空间探索—儿童
读物 Ⅳ.①Ⅴ11-49

中国版本图书馆CIP数据核字（2011）第245900号

译　者：王　佳　曹亚君
　　　　陈彩连　任丽文
　　　　班永鑫　刘慧莲
　　　　杨　帆

策 划 人：武　丹
责任编辑：李建新
专业审定：刘　杭
特约编辑：付海婧
封面设计：杨　振

DK儿童太空百科全书
中国大百科全书出版社出版发行
（北京阜成门北大街17号　邮编100037）
http://www.ecph.com.cn
新华书店经销
北京华联印刷有限公司印制
开本：889×1194　1/16　印张：16
2012年1月第1版　2014年1月第7次印刷
ISBN 978-7-5000-8716-8
定价：118.00元

目录

前言

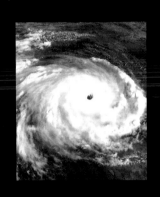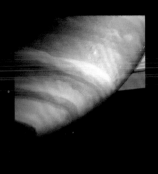

迄今为止，曾经离开地球进入太空的航天员大约只有500人次。现在通过阅读这本儿童太空百科全书，你也可以体验那种穿越空间和时间，享受奇幻太空旅行的感受。

当你翻开这本配以精美插图的百科全书，你将会了解到火箭和望远镜是如何工作的，航天员在太空工作和生活的状况，这本书能够帮你揭开太空边缘的神秘面纱。你将会从我们这颗蓝色的小星球飞往其他神秘的星球，那里可能有有毒的大气、隐藏的海洋和巨大的火山。接着，深入银河去探寻缤纷的星云、行星和散布在宇宙中的星系。

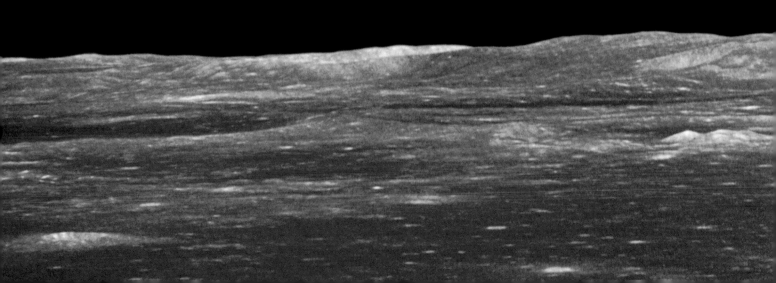

这本儿童太空百科全书，囊括了世界上最强大的望远镜拍摄的宇宙图像以及各种令人震惊的事实，无论你是专业人士还是普通的科普爱好者，这本书都是难得一见的参考书。

对于那些喜欢在夜晚遥望星空，对宇宙充满着好奇心的人来说，这本书绝对是一本必读书。

彼德·邦德

◉　当你在书中看到这个符号时，可以按照符号后面标注的页码查阅，藉此了解更多知识。

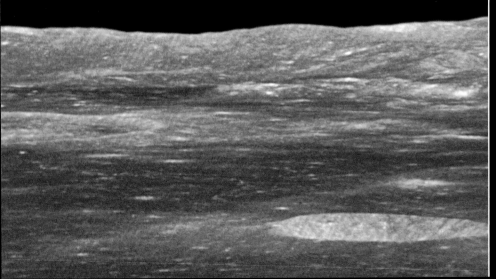

▲ 基本条目主要集中讨论一些特定的话题（◉ 72~73页），这里有知识栏、记录关键阶段的大事年表以及图片资料。

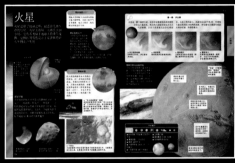

▲ 详细介绍中的文字描述了事物的特征。例如介绍了有关太阳系的结构、形成以及每颗行星的特点（◉ 128~129页）。

▲ 真相档案是对一个话题进行深入的探讨，例如你可以查阅到你想知道的关于望远镜的所有细节（◉ 18~19页）。

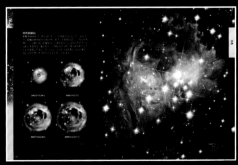

▲ 图片延伸主要是针对每一章的特别关注点，例如恒星爆发（◉ 216~217页）。

探索宇宙

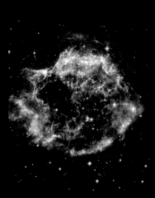

我们生活在浩瀚宇宙中一颗微小的星球上，探索地球之外的事物是我们生活中最大的挑战之一。现在，随着我们，望向天空，开始这段探索与发现之旅。

太空是什么？

我们所生活的这颗蓝色的小星球被称为"地球"。它表面覆盖着岩石和液态水，外面还包裹着一层"空气毯子"，也就是我们所说的大气。大气层以外就是太空。太空又称外层空间或宇宙空间，是一片无限广阔、寂静和空旷的区域。

◀太空在距离恒星和行星非常遥远的地方，散布着尘埃微粒以及少量的氢原子。

比黑暗更幽深

从这幅图上可以看到，在空旷的太空中，我们的地球被包围在无尽的黑暗当中。恒星能够发光，是因为它们内部的核聚变释放了大量的能量。行星可以反射恒星的光线，所以像地球这样的行星看上去也是亮闪闪的。除此之外，太空中的大部分区域看起来一片黑暗，这是因为那里没有可以发射或反射光线的星体。

太空边缘

地球的大气层和太空并不是一下子隔开的，当你从地面飞向天空时，大气层逐渐稀薄。多数科学家认为，太空的起点位于距离地球表面100千米处。在这个高度上方，还有一个空气非常稀薄的气层，我们称之为外逸层。它是大气的最高层，由于这里远离地面，受地球引力场的约束非常弱，以致某些空气粒子被其他粒子碰撞离去后再难有机会返回，氢气和其他轻气体从这个气层缓慢地逸入太空。

太空……

10000 km

100 km

◀外逸层又称外大气层，位于大气层的最高层，一直延伸到地球上方大约1万千米处。

◀大气保护着地球表面，使其免受有害辐射，并能隔离来自太阳的部分热能。在夜晚，大气则会阻挡热量离开地球。

真空

真空是指没有任何空气或气体存在的空间。在地球上，空气能将热量从一个地方传送到另一个地方。在太空中，由于没有能够传送热能的空气，因此，航天器被阳光照射到的那一面，温度很高。而处于黑暗中的另一面，温度则极低。航天器在发射前，需要在热真空容器中接受测试，以确保它能够适应太空中的极端温度环境。

影像定格

在太空中，保持稳定运行速度的物体会处于失重状态，失重会使宇宙飞船中的物品飘浮起来，还可以使航天员徒手就能够举起巨大的卫星。当航天器减速或加速时，这种失重状态就会消失。

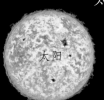

太阳

高温

▶ 金属转轮
这种缓慢旋转的转轮，可以有效地防止航天器上所有部件的温度过高或过低。

寒冷

▲ 脱离地球引力
航天飞机需要燃烧两节助推火箭中的所有燃料才能克服地球引力，进入太空。

离开地球

在地球引力的作用下，物体会朝地球坠落，因此要想离开地球进入太空非常困难。如果想克服引力进入轨道，火箭的速度需要达到28000千米/时，这需要燃烧大量的燃料来提供动力。如果想去往月球或其他行星，航天器需要达到40000千米/时的速度，也就是我们所说的地球逃逸速度。

探索宇宙

太空中的地球

地球是我们的家园，对于人类来说，地球非常大。乘飞机环绕地球一圈需要一整天的时间，乘船则需要花费几周的时间。然而，在浩瀚的宇宙中，地球只是一个微小的圆点。假设有外星人存在，并经过我们的星系，很可能根本不会注意到这颗微小的星球。

地球和月球

月球是距离地球最近的行星，也是地球唯一的一颗天然卫星。月球比地球小很多，它的直径是地球直径的1/4。50个月球才能填满一个地球。月球看上去好像离我们很近，实际上它距离我们有384000千米。一艘载人飞船需要花费3天的时间才能从地球抵达月球。

太阳系

地球是众多环绕太阳运行的星体之一。太阳系家族包括太阳、8颗大行星、5颗矮行星、数百颗卫星、数百万颗彗星和小行星以及大量的气体和尘埃。这些物质合在一起构成了太阳系。在太阳系的8颗大行星当中，4颗挨近太阳的，个头小一些的行星由岩石构成，而另外4颗大一些的行星主要由气体构成。太阳系很大，"旅行者"号探测器用了12年的时间，才从地球到达距离太阳最远的行星——海王星。

本星系群

在本星系群中，已知大约有45个星系，其中银河系是最大的星系之一。这些星系大部分形状不规则，比银河系小很多。最靠近银河系的两个星系分别是大麦哲伦云和小麦哲伦云，它们距离地球约20万光年。在地球的南半球，用肉眼就可以看见这两个星系。本星系群中最大的星系当属仙女星系，它是一个巨大的旋涡星系，看上去和银河系很相像，位于距离地球300万光年的仙女座中。

宇宙

宇宙是万物的总称，包括太空中所有恒星、行星和星系。宇宙中有数百万个星系团，事实上，无论你身处地球上的哪个角落，当你拿起望远镜向天空望去，都能看到天空中布满的各种星系。宇宙中存在着无数颗恒星，科学家们推测，宇宙中的恒星数量要比地球上所有海滩的沙粒总和还要多。

银河系

银河系是一个巨大的旋涡星系，太阳系就位于银河系当中。银河系中至少有1000亿颗恒星，我们的太阳只是其中之一。太阳距离银河系中心大约有3万光年。银河系是巨大的，它的跨度约为10万光年。一艘宇宙飞船以光速，即30万千米/秒的速度飞行，也要花费10万年才能从银河系的一端飞到另一端。由于银河系非常大，因此恒星之间的距离也很远，离我们太阳最近的恒星也在4光年以外的地方。

知识速览

- 一架现代的喷气式飞机需要飞行超过100万年才能抵达距离地球最近的恒星。
- 1光年是指光在真空中1年所走的距离。约为94605亿千米。
- 宇宙到底有多大？没有人知道答案，因为我们无法看到它的边缘——如果有的话。我们所知道的是可见的宇宙，它至少有930亿光年的跨度。
- 宇宙没有中心。

星星之圈

这幅延时曝光的照片是于一个夏季的夜晚，在加拿大的不列颠哥伦比亚拍摄的。照片上呈圆环状的光圈是北极地区星星的轨迹。然而星星并没有移动，这种轨迹的出现是由于地球绕轴自转时，照相机也在随之移动。

古人的观点

地球和我们周围的万物相比，似乎非常大。在古代，人们认为地球是宇宙中最大、最重要的地方，其他所有天体都是围绕着地球旋转的。一直到了17世纪初，随着望远镜的出现，这种观点才开始逐渐转变。

以地球为中心的宇宙

在古代，人们仔细观察了太阳、月亮和星星后发现，所有天体都是自东向西地从天空划过。几千年来，几乎所有人都坚信地球是宇宙的中心，万物皆围绕着静止的地球转动。然而人们又发现，这种观点对于某些行星的运动却无法做出合理的解释，如火星或木星有时似乎停滞不前，甚至后退。

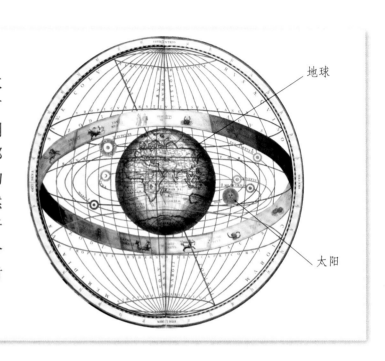

地球

太阳

地球是平的还是圆的？

如果站在海边向地平线望去，你会觉得地球似乎是平坦的。事实上，在很长的一段时间里，人们认为地球就是平的，而且当你走到地球的尽头时，就会掉落下去。然而后来人们逐渐意识到，地球是圆的，就像一个巨大的皮球。人们在大自然中找到了一些线索：

■ 月食发生时，地球在月球上投射的阴影是弯曲的，而不是直的。

■ 当水手驾驶船只向着正南或者正北的方向航行时，他会看到星星从地平线升起或降落。如果地球是平的，那么无论他在哪里，看到的星星都应该是相同的。

■ 如果地球是平的，那么向远处行驶的船只看起来应该是越来越小。事实上，船身会首先消失，之后船帆才会消失在人们的视野里。

▼ 嘿，陆地！当船逐渐靠近岛屿时，水手会首先看到山顶。之后，当船到达弧面上方时，较低的地面才会进入人们的视野。

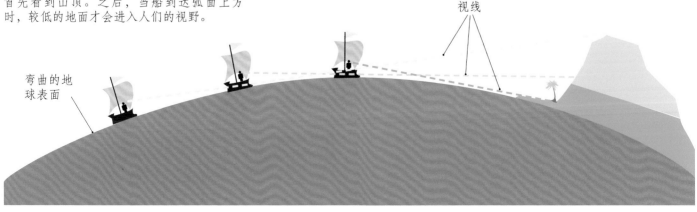

视线

弯曲的地球表面

轨道

古希腊人认为，圆是最完美的形状，因此所有行星围绕着圆形轨道运行的观点似乎是合乎逻辑的。遗憾的是，测量结果表明，这一推论并不符合天体在空中的运行规律。一种解释是在大的圆形轨道周围增加若干小的圆形轨道，但这一理论也说不通。这个谜团直到1609年才被德国数学家约翰尼斯·开普勒揭开，人们意识到，行星实际上是围绕着椭圆形轨道运行的。

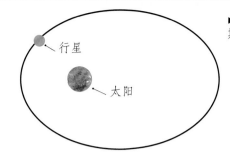

行星

太阳

▶ 约翰尼斯·开普勒

▲ 椭圆 大部分行星围绕太阳运行的轨道并不是一个正圆。例如矮行星冥王星的轨道就是一个极度拉伸了的圆圈，我们称之为椭圆。

了不起的明星！

波兰天文学家尼古拉斯·哥白尼（1473~1543）是近代第一个发现地球不是太阳系的中心，而太阳才是太阳系中心的人。他的想法在当时是极其不得人心的。

◀ 月食

▶ 他预见了未来
依巴谷是发现日食和月食预测方法的第一人。

令人震惊的天文学家

尼西亚的依巴谷（前190~前120）是早期希腊最伟大的天文学家之一。他有许多重大发现，包括由于地球围绕着倾斜轴自转，而造成了季节的变换。他还通过对比日偏食和日全食的图像，计算出了地球和月球之间的距离。他还发现，月球沿椭圆形轨道环绕地球运行时的速度并不恒定。此外，他还按照亮度给星星排序，并在第一幅星图上标注出了它们在天空中的位置。

日历

在古代，尽管没有望远镜，但是人们会利用其他工具测量角度，并依此计算出太阳和星星的位置。他们利用太阳的移动来计量时间，并建造了纪念碑和神殿来反映日历。中美洲的托尔特克人建造了库库尔坎金字塔，金字塔共有365级台阶，代表着一年中的365天。

▲ 库库尔坎金字塔是为了纪念库库尔坎蛇神而建造的。当太阳处于特定的位置时，就会在金字塔下方投射出一个蛇形的阴影。

望远镜

望远镜是用来观察远距离物体的仪器。我们所知道的一切有关太空的信息，几乎都是通过望远镜发现的。望远镜由物镜和目镜两组镜头及其他配件组成。光线先经过物镜，后经过目镜，人眼在目镜的后面观测。理论上光学望远镜可以捕捉到宇宙最深处的光线，不过这会受到反射镜和透镜大小的限制。

► 叶凯士天文台
由商界大亨查尔斯·叶凯士出资建成。叶凯士最早是通过建造芝加哥的交通系统起家的。

折射望远镜

第一架天文望远镜是一架折射望远镜，它的主要工作原理是通过透镜来聚焦光线。最大的折射望远镜位于美国威斯康星州的叶凯士天文台，建成于1897年，至今仍被用于观测恒星并追踪它们的运行轨迹。

▼ 叶凯士望远镜
1897年建成，其透镜口径达1米，重量为5.5吨，这个重量相当于一头成年非洲象的体重。

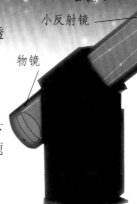

折射望远镜

目镜

物镜

折射望远镜是使用一块玻璃的凸透镜（镜片中央向外弯曲）为物镜，来收集和聚集入射光线。使用一块凹透镜（镜片中央向内弯曲）为目镜，来放大图像。由于透镜本身很重，因此当透镜体积太大时，就会向下坠，从而造成图像扭曲。这个问题限制了折射望远镜的规模和功能。

透镜放大图像

反射望远镜

目镜

小反射镜

物镜

物镜为反射镜的光学望远镜。凹透镜将光线聚集到一块较小的镜子上。光束又被传递到目镜上，由此放大了图像。由于同等放大倍率的反射镜比透镜更轻，因此反射望远镜比折射望远镜的功能更强。

更大的望远镜

尽管反射望远镜可以比折射望远镜更大，但是当反射镜的跨度超过8米时也会出现问题。天文学家通过将若干的小反射镜组装在一起，形成一大反射镜的方法来解决这个问题。每一块镜子都由计算机来控制，镜片位置的调整幅度甚至可以小于一根头发丝。

看一看：早期的望远镜

1608年，荷兰的眼镜制造商汉斯•李普希制造出了第一架望远镜。这种望远镜由一对安装在软管内的玻璃透镜组成，属于最简易的折射望远镜。意大利天文学家伽利略•伽利莱从李普希的发明中受到启发，开始着手制作具有更大放大倍率的望远镜。

▲ 汉斯•李普希发明了望远镜，据说是由于看到两个小男孩玩透镜时得到的启发。

▶ **伽利略的图纸**
1610年，伽利略利用他发明的一种更强大的望远镜来研究太阳（👁 208页），并将观测结果记录在图纸上。

反射镜
不是所有的望远镜都使用玻璃镜片，有的也会使用液态金属代替。浅槽内高速旋转的汞或银，形成了薄薄的反射镜。这种液体反射镜的不足之处在于，它不能转动来追踪物体，一旦镜面倾斜，液体就会洒出来！

◀ **牛顿望远镜**
艾萨克•牛顿于1668年制作出了第一架工作用反射望远镜。

巨型望远镜

1948年，海耳望远镜问世，它的出现在当时引起了不小的轰动。海耳望远镜配备了一个口径5米的反射镜，堪称是当时最大、最先进的望远镜。如今随着科技进步，望远镜反射镜的口径已经可以达到10米。口径30米甚至更大的望远镜也已列入制造计划。

更多信息……

为了免受云层和大气的干扰，获取最优质的图像，望远镜大多被安置在高海拔地区，那里受到来自周围城镇的光线干扰也非常少。偏远的山脉也是安放望远镜的理想场所，冒纳凯阿山是位于夏威夷的一座死火山，那里是众多大型望远镜的聚集地。

凯克望远镜

- ■ 主镜口径 10m
- ■ 位置 美国夏威夷的冒纳凯阿山
- ■ 海拔 4145m

截至2009年，"凯克"1号和"凯克"2号望远镜一直是世界上最大的光学望远镜。"凯克"2号利用每秒钟改变2000次形状的反射镜来克服大气的扭曲效应。

双子望远镜

- ■ 主镜口径 8m
- ■ 位置 北半球的一架位于美国夏威夷的冒纳凯阿山，南半球的一架位于智利的塞罗-帕拉纳山
- ■ 海拔 北半球的一架4213m，南半球的一架2722m

这对双子望远镜分别位于赤道的两侧，通过这两架望远镜，几乎能够看到天空中的每一个角落。两架望远镜之间由特殊的高速互联网连接在一起。

甚大望远镜(VLT)阵列

- ■ 主镜口径 8.2m
- ■ 位置 智利的帕拉纳尔山
- ■ 海拔 2635m

甚大望远镜由4架口径8.2米的望远镜和4架口径1.8米的可移动望远镜组成。每架望远镜通过地下的镜片将光线会聚成一个统一的光束。

大型双筒望远镜(LBT)

- ■ 主镜口径 8.4m
- ■ 位置 美国亚利桑那州的格雷厄姆山
- ■ 海拔 3260m

大型双筒望远镜的两端对称装有两个口径8.4米的主镜，能够收集到相当于口径11.8米的反射镜收集到的光线。大型双筒望远镜是目前世界上最大、功能最强的单体望远镜。

海耳望远镜

- ■ 主镜口径 5m
- ■ 位置 美国加利福尼亚州的帕洛马山
- ■ 海拔 1700m

海耳望远镜已经建成60余年了。即便如此，它仍然是当今第二大的利用单块玻璃作为反射镜的望远镜。比它更大的反射镜往往会由于自身重力的作用而产生凹陷，造成接收到的图像扭曲。

欧洲超大型望远镜(E-ELT)

- ■ 主镜口径 42m
- ■ 位置 智利（未证实）

这种新型望远镜将于2018年投入使用。望远镜的主镜口径为42米，可以收集的光线是当今最大望远镜的15倍以上。它主要的观测目标之一，是要找到环绕其他恒星运行的类地行星。

三十米望远镜(TMT)

- ■ 主镜口径 30m
- ■ 位置 美国夏威夷的冒纳凯阿山
- ■ 海拔 4050m

耗资3亿美元的三十米望远镜将于2018年建成。它的中心是一块口径30米、由492块六边形小镜面组成的主镜。它可以收集的光线是"凯克"1号或"凯克"2号望远镜中任意一架的10倍。天文学家将利用这架望远镜来观测新星系的形成和发展。

观察光线

宇宙中传播速度最快的是光，它是以10亿千米/时的速度传播的能量波。这意味着光线从纽约到伦敦只需要二百分之一秒的时间，比眨一下眼睛的时间还要短。

现在你能看到它了
平时你眼中的光束看上去是白色的，然而当它照射到一块棱镜（有特殊形状的玻璃）上时，就会形成彩色的光带，由于是肉眼可见的，我们把这些颜色（波长）称为光线的可见光谱。

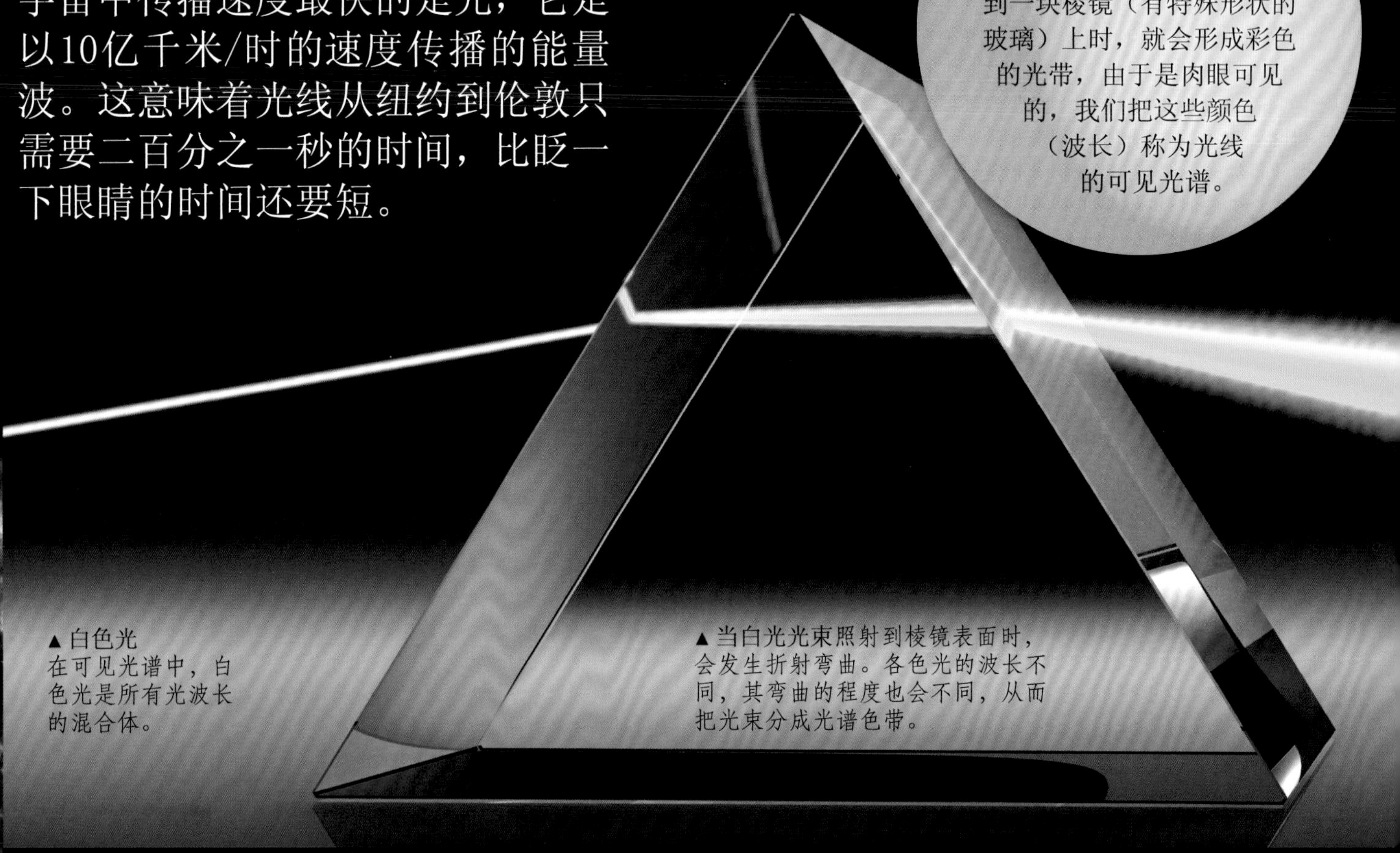

▲ 白色光
在可见光谱中，白色光是所有光波长的混合体。

▲ 当白光光束照射到棱镜表面时，会发生折射弯曲。各色光的波长不同，其弯曲的程度也会不同，从而把光束分成光谱色带。

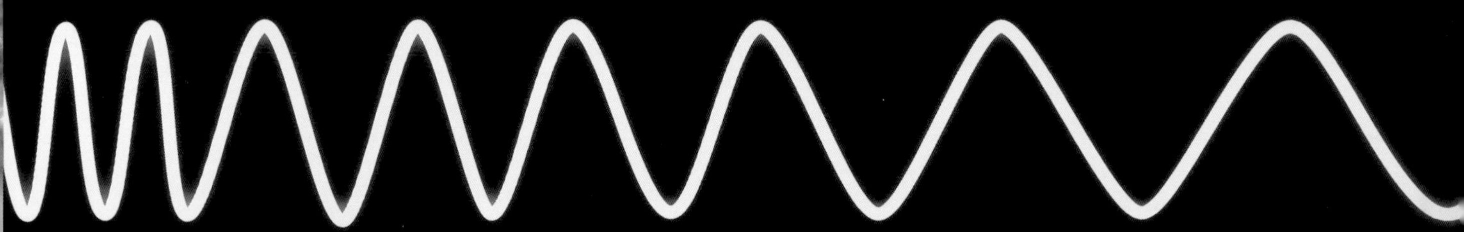

能量波

科学家们根据波长的不同将能量波分成很多不同的类型。不同光波的波峰间距各不相同。波的能量越高，其波峰的间距越短。电磁波的完整排列被称为电磁波谱。

伽马射线	X射线	紫外线

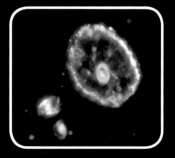

▲ 伽马射线的波长最短。当一颗大质量恒星瓦解爆炸并形成一颗超新星时，就会释放出大量的伽马射线。

▲ 车轮星系边缘那些明亮的白色区域，被认为是中子星和黑洞发射出来的强烈X射线所致。

▲ NGC300星系（图中蓝色区域）是恒星的形成区域。新形成的恒星散发着大量的紫外线。

▶ 我们可以利用光能来测量物体的成分和热量。这种方法让我们得知，回力棒星云是宇宙中最寒冷的星云。

利用光谱

尽管我们能够看到的光只是电磁波谱中的一小部分，但是我们可以利用它们来探测那些通常不可见的事物。每件物体都会散发出某种能量，这意味着它们会被对电磁波频谱非常敏感的望远镜所捕获。

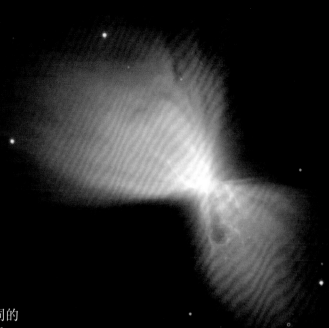

光谱学

指一种利用颜色来测定恒星的组成及温度的技术。当通过特制的棱镜时，每种化学元素都会形成不同图案的彩色或暗色条纹。科学家们通过观察这些图案可以区分出不同的元素，探测其原子含有的能量。

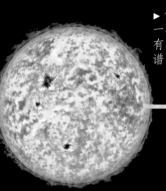

▶ 像所有恒星一样，太阳拥有其独特的光谱波纹。

吸收光谱

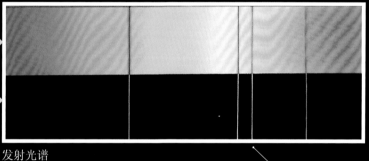

吸收光谱显示了黑线的图案。

发射光谱

发射光谱显示了彩色光线的图案。

原子在特定波长下吸收或散发辐射会形成光线。

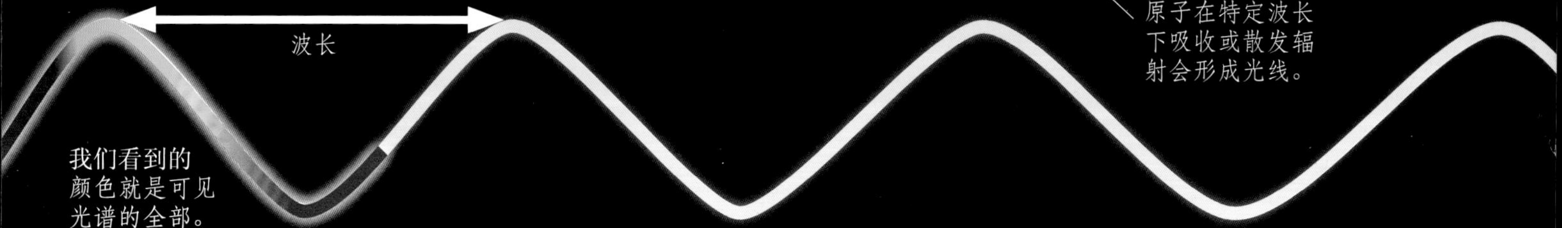

波长

我们看到的颜色就是可见光谱的全部。

可见光	红外线	微波	无线电波

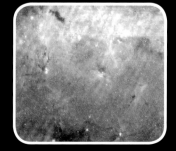

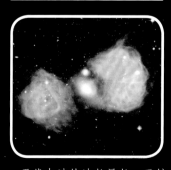

▲ 太阳的可见光只是其所散发出的能量中很小的一部分。我们的眼睛看不到其他波长的能量波，但是我们能够感受到其中红外线的热能。

▲ 天文学家利用红外线技术，透过尘埃观测银河系。他们发现了3颗新形成的"婴儿星"。

▲ 透过微波，我们观测到了宇宙大爆炸时剩余的热能。它只比绝对零度高2.7开，如此寒冷的温度是我们无法想象的。

▲ 无线电波的波长最长。天炉座中心的巨大黑洞就是一个强大的无线电波源，如图中橙色区域所示。

红外天文学

我们对彩虹的颜色都很熟悉，它们分别是红、橙、黄、绿、蓝、靛、紫。这些颜色是可见光谱的一部分。光谱打头的红光之前是红外线，也称为热能。尽管我们用肉眼看不到，但是使用特殊望远镜可以发现它，这种望远镜能够观测到隐藏在尘埃云后面的区域。

土星的热点

土星的红外图像显示土星上存在着一个"热点"，这意味着土星上第一个温暖的极冠有待发现。这里是土星上温度最高的区域，温度甚至比赤道还要高。一场巨大的风暴绵延数千千米，不断地在土星的南极地区肆虐。

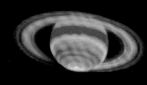

◀土星的红外图像。浅色区域显示的是土星上最温暖的地方。

遥远的星系

M81是位于大熊座北部的一个旋涡星系，也叫做波得星系，距离地球大约1200万光年。通过双筒望远镜或小型望远镜就可以很容易地看到M81。由于其中包含着大量被炽热的巨大新生恒星加热的尘埃，在红外望远镜下其旋臂清晰可见。

斯必泽空间望远镜

来自太空中的红外线几乎完全被地球大气层吸收了，因此红外望远镜大多被安置在高山、飞机或卫星上。美国国家航空航天局的斯必泽空间望远镜是最强大的红外望远镜之一。它经过18小时，1.1万次的拍摄，最终合成了下面这幅仙女星系的图像。

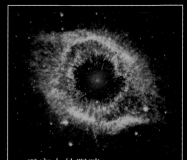

▲ 天空中的眼睛
这幅螺旋星云的红外图像显示了一颗垂死的恒星和它周围明亮的尘埃云，看起来就像是太空中的一只巨大的眼睛。

了不起的明星！

威廉·赫歇耳（1738~1822），天文学家。生于德国，1757年移居英格兰，早年为音乐师。他利用棱镜分离了太阳光线并利用温度计探测热能。证实了在可见的彩色光谱之外还存在着不可见的光，这种不可见的热能后来被称为"红外线"。

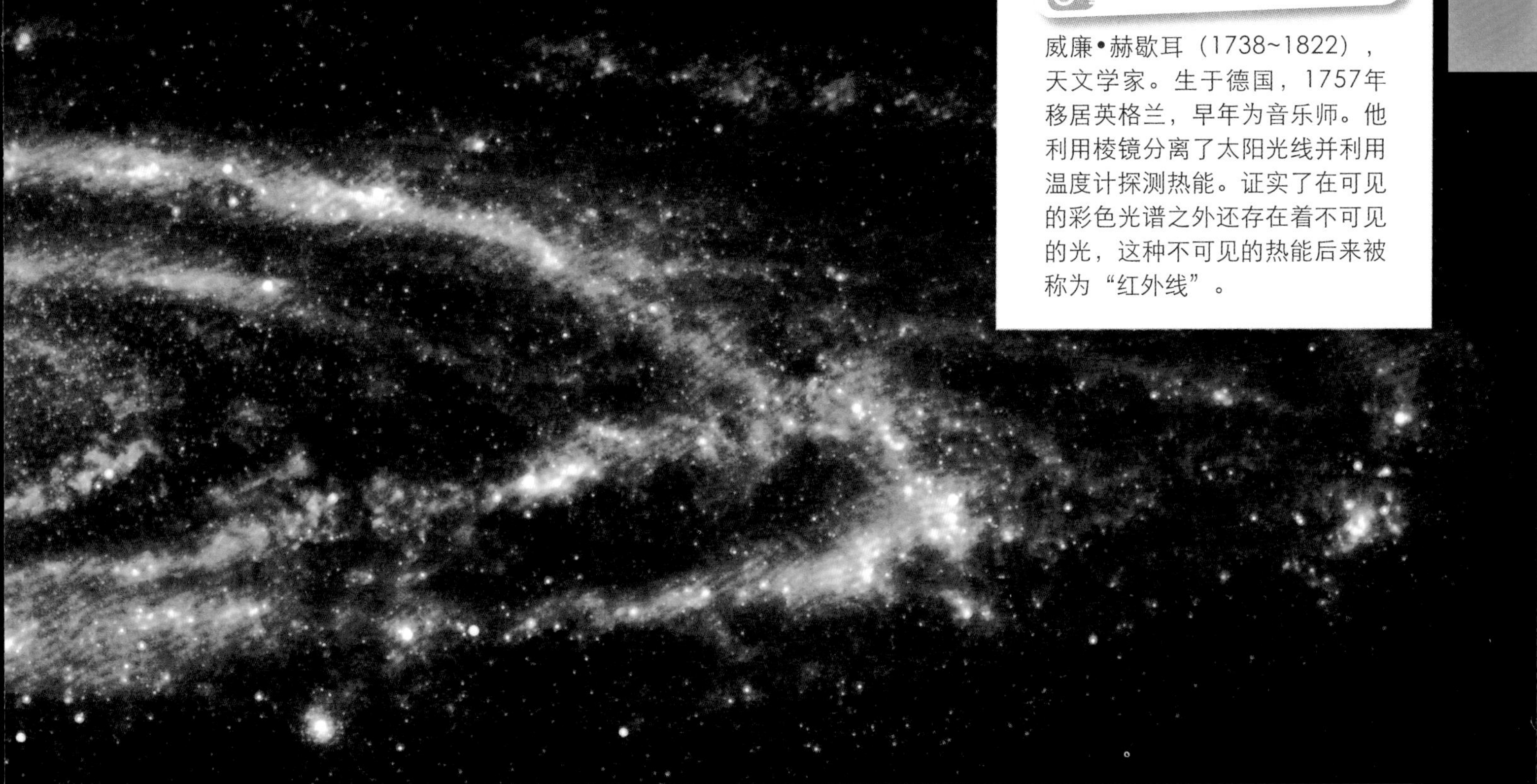

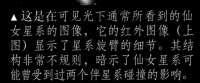

▲ 这是在可见光下通常所看到的仙女星系的图像，它的红外图像（上图）显示了星系旋臂的细节。其结构非常不规则，暗示了仙女星系可能曾受到过两个伴星系碰撞的影响。

看一看：猎户座

当你抬头仰望猎户座时，你可以辨认出它的轮廓，此外还能看到位于猎户座腰带下方的亮斑。这块星云是恒星的温床，很多新恒星在这里诞生。当你使用红外望远镜观察猎户座时，你会看到那些炽热的年轻恒星周围的巨大尘埃云和亮斑。

▲ 可见光
猎户座中的恒星。

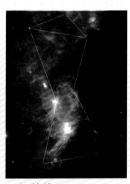

▲ 红外线
围绕着猎户座的明亮的尘埃云。

来自恒星的信息

美国工程师卡尔·央斯基利用自制天线接收到了来自太空的无线电波，他开创了此方面研究的先河。今天，科学家们利用无线电波研究太空中的所有物体，甚至尝试着利用它来联络外星生命。

射电天文学

射电天文学是研究太空中能够产生无线电波物体的学科。无线电波类似光波，但不属于可见光谱。不可见的无线电波能够被射电望远镜观测到，并能够转化为可见的图像。

阿雷西博射电望远镜

阿雷西博射电望远镜是世界上最大的单体射电望远镜，它位于波多黎各的加勒比海岛。其直径为305米，天线置于山坡的凹陷处，无线电接收器悬挂在其上方137米处，看起来就像是一只巨大的钢铁蜘蛛。尽管阿雷西博的天线不能移动，但是由于它位于赤道附近，因此能够观测到天空中很大一片区域。

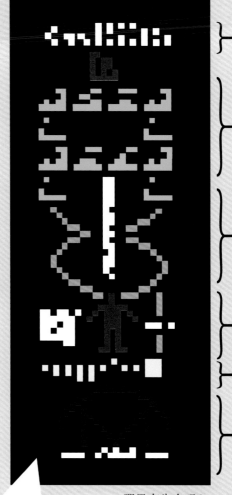

从1~10的数字，表明了我们是如何计数的。

符号代表地球生命中的重要化学成分。

脱氧核糖核酸(DNA)分子，是地球生命的蓝图。

人类的形成，以及地球上的人口。

地球在太阳系中的位置。

代表阿雷西博射电望远镜的符号。

▲ 那里有生命吗？
1974年，阿雷西博射电望远镜向太空传送了这些编码信息，到目前为止，我们还没有收到任何回复。

电影明星

阿雷西博射电望远镜在科幻电影《接触》(Contact)中起了重要作用，电影主要讲述的是人类首次和外星生物接触的故事。

探索宇宙

24

望远镜网络

多天线无线互联干涉仪网(MERLIN)

- 尺寸 各种不同尺寸
- 位置 英国多个地区

多天线无线互联干涉仪网的操作中心位于约德雷尔河岸，它是一个贯穿整个英国，由7个抛物面天线组成的望远镜网。其中包括直径76.2米的洛弗尔望远镜。所有部分组合在一起，相当于一架口径217千米的望远镜。它的功能非常强大，可以探测到100千米以外的一枚硬币。

美国甚长基线干涉阵列(VLBA)

- 尺寸 25m
- 位置 美国本土、夏威夷州和西印度群岛

美国甚长基线干涉阵列是由10个射电望远镜天线组成的天线系统。其观测效果相当于口径8000千米的单个天线。它能够观测极微小的细节，相当于站在纽约阅读远在洛杉矶的一张报纸。

在这幅无线电图像上，木星被一圈辐射带环绕着。

抛物面天线将信号反射给副反射器。

副反射器将信号集中到接收器中。

木星呼叫地球……

1955年，我们探测到了从木星上发出的无线电信号，这是第一个来自遥远行星的无线电信号。从那以后，人们发现所有巨大的气体行星都在发射无线电波。同样，无线电信号也能够用来探测固态行星和小行星。

甚大天线阵

甚大天线阵是世界上最重要的射电天文观测站之一，位于美国新墨西哥州。它由27个抛物面天线组成，成Y字形排列，Y字形的两端分别长达21千米。当两端天线的无线电信号合成后，整个阵列相当于一个36千米的巨型天线。

直径25米的天线能够沿轨道移动，变换位置。

探索宇宙

不可见光

紫外线、X射线和伽马射线都是极热物体发出的电磁辐射，它们属于不可见光。其中大部分都被地球的大气层吸收了，因此观测它们的最佳方法是通过望远镜，在飞行的气球、火箭或航天器上进行观测。

影像定格

有些伽马射线爆发时会发出令人难以置信的亮光，我们用肉眼就可以观看到。2008年3月爆发的牧夫座就是如此，尽管它距离地球有75亿光年，但是它所发出的亮光异常清晰。

▲ 这架望远镜通过气球上升到了北极圈的上空，由于这里夏季的太阳从不落下，因此科学家们可以一天24小时地观测太阳。

◀ 这种气球是用薄塑料制成的，有110米宽，里面能够容纳两架波音767飞机。

飞向高空

氦气球将一架巨型太阳能望远镜送往37千米的高空，使其免受地球大气层的遮挡。尽管这个"太阳"计划中的氦气球只在空中停留了6天，但是它通过紫外线这一独特视角，帮助天文学家们观察了太阳磁场的形成过程。

伽马射线爆发

伽马射线的能量是最高的。伽马射线爆发是由大质量恒星解体爆炸，形成中子星或黑洞时所引发的。

伽马射线　　　不可见光

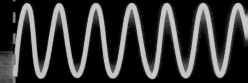

国际伽马射线天体物理学实验室 (INTEGRAL)

国际伽马射线天体物理学实验室配备了能够同时利用X射线、伽马射线和可见光3种方式探测物体的高灵敏探测器。自2002年升空以来,它每3天绕地球一圈,探测伽马射线爆发、超新星爆炸和黑洞。

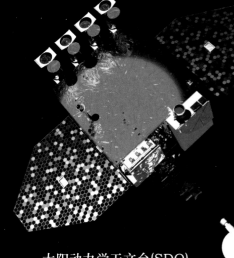

探索宇宙

▶ 国际伽马射线天体物理学实验室发现了来自于我们银河系的,或强或弱的伽马射线和X射线信号,这可能是中子星和黑洞发出的信号。

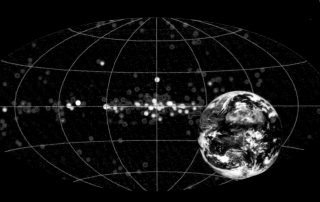

太阳动力学天文台(SDO)

太阳动力学天文台利用不同波长的电磁辐射,尤其是最末端的紫外线来研究太阳。科学家们利用天文台收集到的连续信号来研究太阳活动是如何影响地球生命的。

月球的X射线

科学家们惊奇地发现,像月球这种冰冷的天体也会发出微弱的X射线。下面是月球同一区域的可见光和X射线图像对比图。当太阳发出的X射线到达月球表面时,会激发月球岩石中的原子,产生X射线。

可见光图像　　　　X射线图像

太阳

通过光学望远镜,我们能够看到太阳上散布的暗黑色太阳黑子。当通过紫外望远镜观察这些太阳黑子时,就会看到正在爆发的炽热的太阳耀斑。

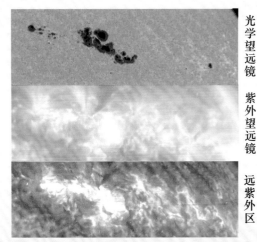

光学望远镜　　紫外望远镜　　远紫外区

X射线　　　　　　　　　　紫外线　　　　　　　　可见光

哈勃空间望远镜

哈勃空间望远镜是最著名的空间望远镜。自1990年4月被"发现"号航天飞机送入近地轨道以来，已经传回了大量的科学数据和图像。

📷 了不起的明星！

埃德温•哈勃（1889~1953）是第一个意识到在银河系以外还存在着其他星系的人，他认为当宇宙膨胀时，这些星系也彼此远离。

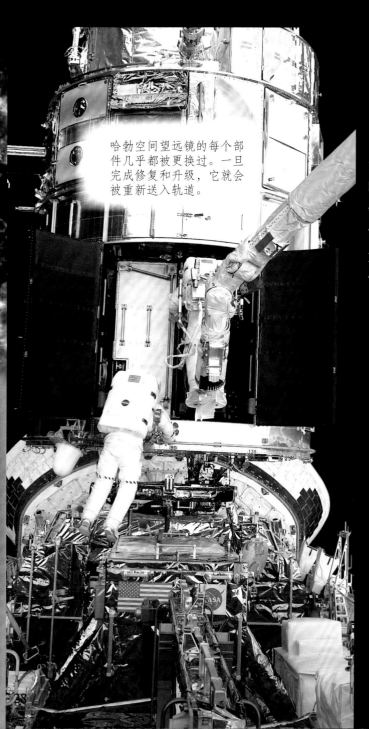

哈勃空间望远镜的每个部件几乎都被更换过。一旦完成修复和升级，它就会被重新送入轨道。

维修任务

哈勃是唯一可以在太空中维修的望远镜。一架航天飞机绕着望远镜飞行，它用机械臂握住望远镜并将其送入航天飞机的货舱中，以便航天员进行维修和更换零件等工作。

模糊的太空

哈勃空间望远镜发射升空后传回的第一幅图像就遭遇了一个巨大的挫折，图像模糊不清。最终查明是由于望远镜的一个反射镜因操作失误而被过度抛光了，镜面边缘过于扁平，只有一根头发的1/50那么薄。3年后，航天员们增加了一块透镜来调整焦距，问题最终得到解决。

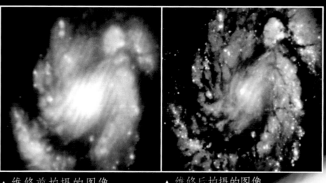

▲ 维修前拍摄的图像　　▲ 维修后拍摄的图像

的恒星所散射出的气体和尘埃云，它是由2009年安装在望远镜上的最新、最先进的照相机拍摄的。

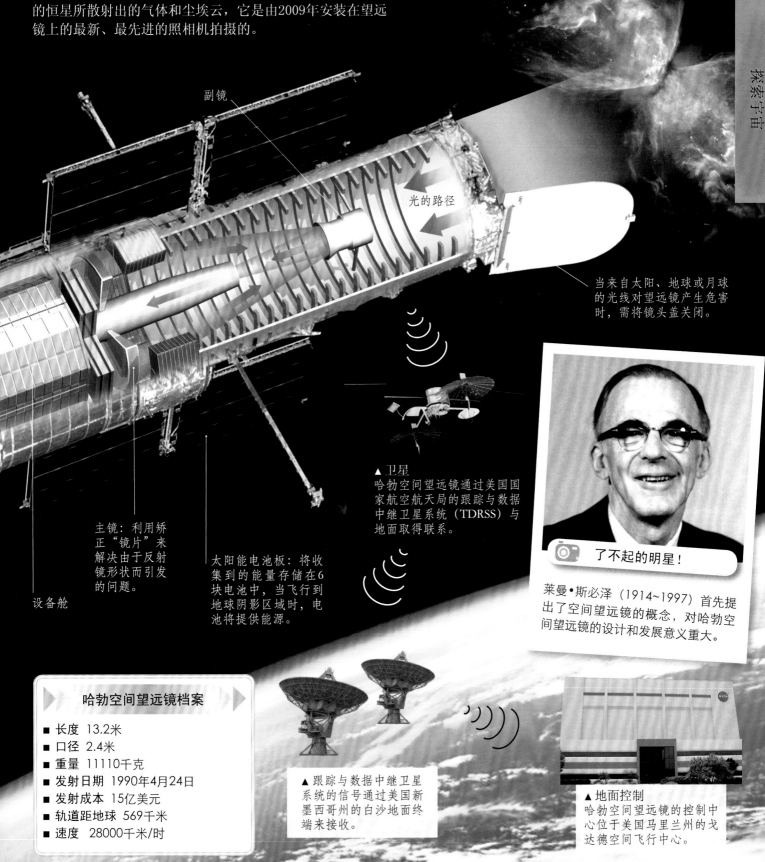

副镜

光的路径

当来自太阳、地球或月球的光线对望远镜产生危害时，需将镜头盖关闭。

主镜：利用矫正"镜片"来解决由于反射镜形状而引发的问题。

太阳能电池板：将收集到的能量存储在6块电池中，当飞行到地球阴影区域时，电池将提供能源。

设备舱

▲卫星
哈勃空间望远镜通过美国国家航空航天局的跟踪与数据中继卫星系统（TDRSS）与地面取得联系。

了不起的明星！

莱曼·斯必泽（1914~1997）首先提出了空间望远镜的概念，对哈勃空间望远镜的设计和发展意义重大。

哈勃空间望远镜档案

- 长度 13.2米
- 口径 2.4米
- 重量 11110千克
- 发射日期 1990年4月24日
- 发射成本 15亿美元
- 轨道距地球 569千米
- 速度 28000千米/时

▲跟踪与数据中继卫星系统的信号通过美国新墨西哥州的白沙地面终端来接收。

▲地面控制
哈勃空间望远镜的控制中心位于美国马里兰州的戈达德空间飞行中心。

29

女巫和巨星

月亮上的人是虚构的，比如嫦娥。但太空中真的
有一位"女巫"。女巫头星云位于波江座，与地
球保持着900光年的安全距离。她有钩状的鼻子
和尖尖的下巴，在明亮的超巨星——参宿七（从
这幅图中无法看到）的反射光映衬下，散发出蓝
色的光芒。

▲ 注视着你的眼睛
在红外图像中，旋涡星系NGC1097的中心看上去就像是一只眼睛。一个小伴星系紧紧地靠在它的左边。

▲ 星光
星团Pismis24是一个疏散星团，它所包含的3颗大质量恒星是已观测到的最大的恒星。恒星在炽热的星云中形成（本页右下图）。

▲ 奇异的景象
蚂蚁星云的主体部分实际上是一颗濒临死亡的恒星以1000千米/秒的速度喷射出的两团炽热的气体。

▲ 吹泡器
年轻恒星HH46/47喷射出两团温暖的气体喷射流，撞击恒星周围的尘埃和气体，形成巨大的气泡。

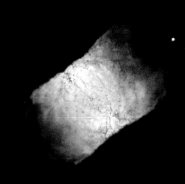

▲ 方形的眼睛
视网膜星云呈罕见的柱形，从边缘上看像是正方形。炽热的气体从边缘逸出，尘埃使周围变暗。

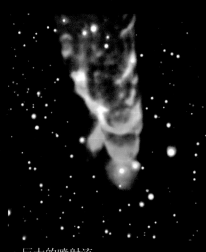

▲ 巨大的喷射流
HH49/50是一颗年轻恒星（本页右上图）喷射出的尘埃和气体的混合喷射流，看上去就像太空中的龙卷风。它的长度为0.3光年。

空间天文台

太空中天体所发出的高能粒子和辐射大部分都被地球的大气层吸收了。活动的大气因此产生了微光或闪烁，使我们很难透过大气获取清晰的太空图像。而通过空间天文台来观测这些物体就显得容易多了。

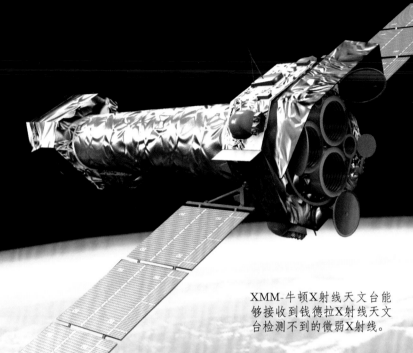

XMM-牛顿X射线天文台能够接收到钱德拉X射线天文台检测不到的微弱X射线。

钱德拉X射线天文台
美国国家航空航天局

- **命名** 为纪念诺贝尔奖获得者苏布拉马尼扬•钱德拉塞卡而命名
- **这是什么？** X射线天文台
- **发射时间** 1999年7月
- **配置** 4个柱面镜
- **轨道** 每65小时沿椭圆形轨道环绕地球一圈，轨道高度为10000~139000km

钱德拉X射线天文台能够探测宇宙中炽热的X射线，如爆炸的恒星、星系团以及黑洞的边缘。它甚至能够探测到即将陷入黑洞的粒子发出的X射线。钱德拉X射线天文台首次探测到的X射线是从银河系中心的超大质量黑洞获取的。

XMM-牛顿X射线天文台
欧洲空间局

- **命名** 为纪念17世纪著名科学家艾萨克•牛顿而命名，XMM代表X射线多镜面任务
- **这是什么？** X射线天文台
- **发射时间** 1999年12月
- **配置** 3架X射线望远镜，每架望远镜由58个套筒组成
- **轨道** 每48小时沿椭圆形轨道环绕地球一圈，轨道高度为7000~114000km

由于X射线会穿透普通的反射镜，而X射线望远镜装有套筒式曲面镜，这样一来，X射线通过曲面镜的折射会最终完成对X射线源的成像。

斯必泽空间望远镜
美国国家航空航天局

- **命名** 为纪念美国著名科学家，天体物理学家莱曼•斯必泽而命名
- **这是什么？** 红外望远镜
- **发射时间** 2003年8月
- **配置** 1个口径85cm的主镜和3个过冷科学仪器
- **轨道** 沿着罕见的追踪地球的轨道运行。随着时间的推移，它会离地球越来越远，因此它可以不间断地拍摄到天空的很大一片区域

这种望远镜拍摄了很多图像并研究宇宙中那些最为寒冷的物体发出的红外线，包括尘埃满布的星系，以及恒星和行星形成时周围的尘埃云。

▲钱德拉飞行的高度是哈勃的200倍。

▲星暴星系M82，雪茄星系。

▲斯必泽空间望远镜的阳光防护窗会阻挡太阳的热能和地球的红外辐射。

看一看：色彩缤纷的星云

每座空间天文台对天体的研究都有其所侧重的方面，举例来说，仙后座A是我们银河系中已知最年轻的超新星遗迹。

它距离地球大约1万光年。快速扩张的星云被认为是在1680年前后一颗大质量恒星爆炸形成超新星时的残余物。

▲ 哈勃空间望远镜拍摄的图像 这幅可见光图像显示了爆炸的冲击波所产生的热能形成的巨大碎片旋涡。

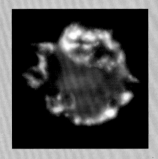

▲ 斯必泽空间望远镜拍摄的红外图像 热气体（绿色和蓝色）与寒冷的尘埃（红色）混合，形成黄色区域，这表明它们都是在爆炸中形成的。

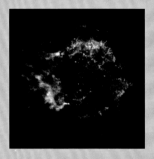

▲ 钱德拉X射线天文台拍摄的X射线图像 爆炸所形成的不断扩大的热气云层清晰可见，它的直径达10光年。

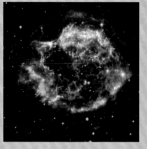

▲ 五彩缤纷的图像 这幅图是分别使用哈勃（黄色）、斯必泽（红色）和钱德拉（绿色和蓝色）拍摄的图像结合而成的，它可以帮助我们解释超新星的演变过程。

费米伽马射线空间望远镜

美国国家航空航天局

- **命名** 为纪念诺贝尔奖获得者、意大利科学家、高能物理学先驱恩里科·费米而命名
- **这是什么？** 伽马射线天文台
- **发射时间** 2008年6月
- **配置** 装备有大面积望远镜（LAT）和一个伽马射线爆发监视器（GBM）
- **轨道** 每95分钟环绕地球一圈，所处轨道高度为550km

该望远镜是由美国、法国、德国、意大利、日本和瑞典联合研制的。该卫星可以在没有获得指令的条件下自动检测新的伽马射线。

▶ 费米伽马射线空间望远镜发现了许多新的脉冲星（ 👁 229页）。

赫歇耳望远镜

欧洲空间局

- **命名** 为纪念出生于德国的英国天文学家威廉·赫歇耳而命名，他发现了红外线和天王星
- **这是什么？** 红外望远镜
- **发射时间** 2009年5月
- **配置** 口径3.5m的主镜和3个过冷科学仪器
- **轨道** 距地球1500000km的区域

能够探测到宽波段波长的赫歇耳望远镜，将用来研究第一批星系的形成和演化过程。它能够比从前的望远镜更加详细地探测寒冷、浓密的尘埃云。

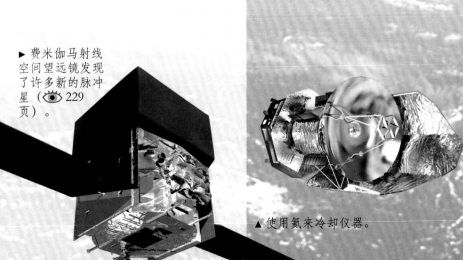

▲ 使用氦来冷却仪器。

詹姆斯·韦伯空间望远镜

美国国家航空航天局

- **命名** 为纪念美国国家航空航天局前局长詹姆斯·韦伯而命名
- **这是什么？** 光学和红外望远镜。它被认为是哈勃空间望远镜的接替者
- **发射时间** 2014年
- **配置** 口径6.5m主镜，是有史以来进入太空的最大镜面
- **轨道** 一直位于地球的夜晚的那一面，距地球1500000km

詹姆斯·韦伯空间望远镜是美国、欧洲和加拿大正在联合研制的望远镜。一旦发射成功，它将用来研究那些宇宙中最遥远和最暗的天体。

遮阳板

▲ 遮阳板有一个网球场那么大。

不同寻常的天文台

今天，科学家们使用各种奇特的仪器来观察宇宙。这里列出了几个来自世界各地的不同寻常的天文台。

全球太阳振荡监测网 (GONG)

▲ 在这些白色容器内，装有用来监测太阳的高灵敏度仪器。

■ 位置　共有6个观测站，分别位于美国的加利福尼亚州、夏威夷，还有澳大利亚、印度、智利以及加那利群岛
■ 功能　主要研究来自太阳的声波

这些观测站主要研究的是，由太阳表层所发生的那些小规模爆炸所引发的太阳内部的声波。这些爆炸会激发上百万的声波出现，每个声波都携带着太阳内部的重要信息。

激光干涉引力波天文台(LIGO)

■ 位置　3个探测器分别位于美国的华盛顿和路易斯安那州
■ 配置　仪器呈L形，长4km的管道内装有激光束和反射镜。
■ 功能　主要用于搜寻引力波

引力波被认为是存在于时空中的波纹，它可能是由于黑洞碰撞或超新星爆炸而形成的，也可能是在早期的宇宙中形成的。由于检测非常困难，至今人们还没有直接探测到引力波。

▲ 当引力波穿过地球时，管道中激光束的光就会发生变化。

南极望远镜(SPT)
弧度分宇宙学辐射热测量计阵列接收器

■ 位置　位于南极的阿蒙森·斯科特研究站
■ 配置　装有10m口径的望远镜
■ 功能　主要用于观测微波背景辐射

由于阳光无法到达冬天的南极，因此那里全天都是黑暗的。极度干燥的空气使南极成为了一个搜寻宇宙大爆炸后所残留辐射中的微小变化的理想场所。

▼ 望远镜工作环境的温度需要过冷温度，保持在-200℃以下。

▶ 波音747SP型飞机上的望远镜
即使飞机受到气流影响，机载望远镜也能稳定地指向太空中的同一物体。

同温层红外天文台 (SOFIA)

■ **位置** 位于一架改装的波音747SP机身左侧
■ **配置** 口径2.5m的红外望远镜
■ **功能** 用于观测可见光和红外线下的天空

飞机飞行在云层之上，每次都要在海拔11~14千米的大气层中飞行长达8小时。科学家们希望同温层红外天文台能够揭开宇宙形成的谜题。同温层红外天文台预期寿命为20年。

萨德伯里中微子观测站(SNO)

■ **位置** 加拿大安大略省的萨德伯里，地下2km的一个开采中的镍矿里
■ **配置** 配备直径12m的重水箱，周围环绕着9600个传感器
■ **功能** 主要用于研究来自太阳核心和恒星爆炸的高能粒子（中微子）

中微子通常悄无声息地穿过地球，当它们与重水原子相撞时就会产生闪光，并被重水箱周围的传感器捕捉到。

▼ 岩石会屏蔽宇宙射线对探测器的影响。

▲ 运输车可以将巨型抛物面天线移动到不同的位置。

阿塔卡马大型毫米/亚毫米阵(ALMA)

■ **位置** 位于智利阿塔卡马沙漠，海拔5000m的高原上
■ **配置** 由至少66个天线组成，总长约18.5km
■ **功能** 用于观测寒冷宇宙中的气体和尘埃

阿塔卡马大型毫米/亚毫米阵列是66个直径达12米的天线集合，它们完全运行时相当于一架巨型的单体望远镜。由于这里气候干燥、海拔高、大气稀薄，因此观测太空中的红外和微波辐射会更为清晰。

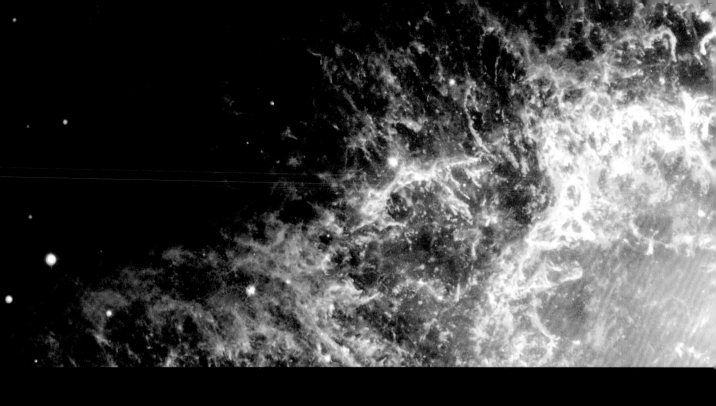

不平静的宇宙

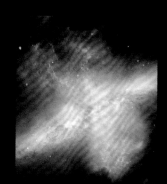

不断变化和运动着的宇宙是天地万物的总称，它包括：从最小的原子到最大的星系团间所有的物质，从空旷的太空到每一秒的时间，即所有的空间和时间。

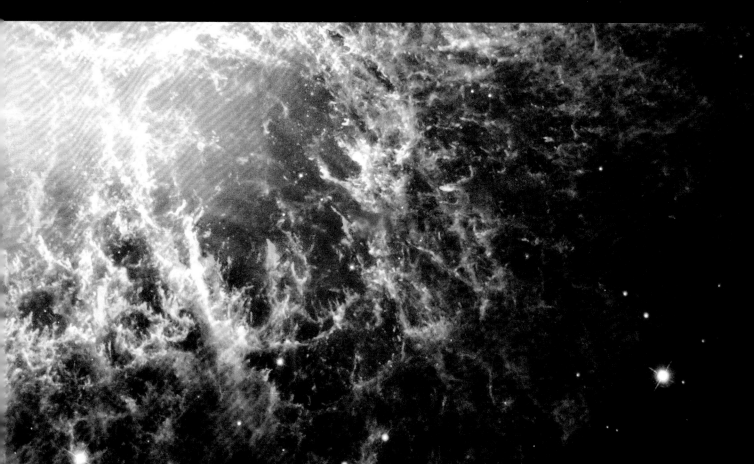

什么是宇宙？

宇宙包括天地间所有的一切——行星、恒星、星系以及它们之间的空间，甚至连时间也属于宇宙的一部分。没有人知道宇宙到底有多大，也没有人知道它的起点和终点在哪里，那些都距离我们太遥远了。来自恒星和星系的光线需要经过数十亿年才能到达地球，所以我们所看到的宇宙，是它数十亿年前的样子。但是我们可以利用这些光所提供的信息，去探索宇宙的起源以及它可能的终结。

光年

◀我们可以通过不同类型的望远镜探寻宇宙早期的模样。

望远镜就像是时光机器，被用来探测那些来自遥远恒星和星系所发出的光。我们今天所看到的星光，是星体在数千年甚至数十亿年前所发出的光。天文学家用光年来度量宇宙的大小，1光年是指光在真空中1年所走过的距离，大约为94605亿千米。我们能看到的最遥远的星系发出的光，到达地球大约需要130亿年。今天我们所看到的，是它们远在太阳和地球形成前的样子。

现在明白了…
光在真空中以30万千米每秒的速度传播。以这个速度，一秒钟内能够环绕地球7圈。

未来的宇宙

多年以来，科学家们一直认为恒星和星系的引力会使宇宙的膨胀逐渐减缓。然而最近的观测结果表明，宇宙正在加速膨胀。如果真是这样，那么星系间的距离将会越来越远，也不再会有新的恒星形成，黑洞也将消失，宇宙会成为一个寒冷、黑暗、死气沉沉并且空无一物的地方。

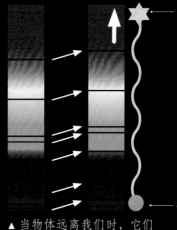

更多信息……

我们可以看见并测量三维空间的长度、宽度和高度。时间是空间的第四维度。科学家们认为，宇宙可能至少存在6个隐藏的维度。它们彼此间蜷缩在一起，被压缩成无限小。

测量距离

在宇宙中测量距离很困难。许多星系距离我们太遥远了，光线是我们唯一可以利用的工具。由于宇宙在不断地膨胀和扩展，因此物体所发出光线的波长也被拉长了。光谱中的黑色线条向红色的一端移动，天文学家称之为"红移"。通过测量红移的尺寸，天文学家可以计算出星系与我们的距离，以及它们远离地球的速度。最古老、运动速度最快的星系的红移尺寸最大。

▲ 当物体远离我们时，它们的光谱会发生变化。通过测量这种变化，我们可以计算出物体的运动速度。

宇宙的形状

由于我们生活在宇宙当中，因此很难想象宙的形状。然而科学家们认为宇宙的确具一个特定的形状，其形状取决于它所包含质的密度。当密度大于临界值时，宇宙是闭的。当密度小于临界值时，宇宙是开放的（鞍形）。观测结果表明，宇宙的密度经非常接近临界密度，因此科学家们将它述为平坦的。一个完全平的宇宙没有边界，且无限地膨胀下去。

◀ 天空中可见的所有星体、尘埃和气体只占宇宙很小的一部分。大部分的宇宙由神秘且不可见的暗物质和暗能量构成（ 62~63页 ）。

封闭状

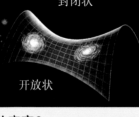

开放状

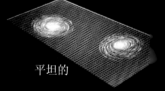

平坦的

多元的宇宙？

我们的宇宙是孤独的还是存在着多个我们无法看到的宇宙？没有人知道问题的答案，有些科学家认为可能存在着许多的宇宙。其结构可能类似于一个巨大的泡沫堆，其中的一些宇宙还没有膨胀。有些宇宙可能存在于与我们不同的物理定律和维度。从理论上讲，两个宇宙之间可能是通过一个旋转的黑洞相连接。然而由于其他宇宙没有对我们产生影响，所以我们无法证明它们的存在。

宇宙的诞生

科学家们认为，宇宙是137亿年前在一个巨大的火球中诞生的。这次"宇宙大爆炸"是包括时间、空间以及宇宙中所有物质和能量的起始点。

暴胀

宇宙在诞生的瞬间非常小，而且极其炽热和稠密。在火球的内部，能量被转化为物质和反物质。接着宇宙开始膨胀和冷却。在头一秒钟的极其短的时间内，宇宙的膨胀非常缓慢，之后飞速地向外延伸。自那以后，宇宙一直在稳步膨胀，它膨胀的速度可能还会加快。

1 宇宙从无限小膨胀到葡萄柚那么大，这一过程释放出了大量的能量，从而促使了物质和反物质的形成。

▼ 蓝色和紫色
颜色显示，当高能粒子流远离图片中心的白色脉冲星时，物质和反物质相碰撞所释放出的X射线。

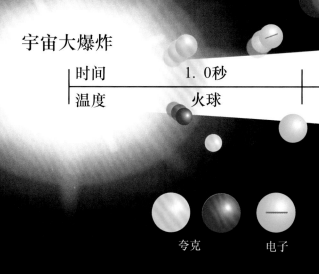

宇宙大爆炸	
时间	1.0秒
温度	火球

夸克　　　　电子

▲ 如今宇宙中最常见的粒子包括夸克和电子，它们是所有原子的组成部分。

物质和反物质

宇宙大爆炸之后，大量的能量快速转变为组成物质的粒子和反物质的镜像粒子。当这两者相碰撞时，它们会在瞬间毁灭并立即产生辐射。如果双方的数量相等，它们会共同湮灭。然而今天的宇宙主要是由物质组成的，唯一的解释可能是由于一些未知的原因，使宇宙大爆炸产生的物质数量比反物质数量略多。

谁先谁后?

宇宙大爆炸之前，包括时间和空间在内的一切事物皆不存在。宇宙大爆炸之后，空间开始膨胀，时间开始流逝。我们很难区分它们哪一个开始得更早一些。科学家们花了多年时间才搞清楚这个令人难以置信的事实！

最初的3分钟

在大爆炸最初的3分钟，宇宙的温度从令人难以置信的炽热冷却到了10亿开以下。与此同时，它的面积从相当于一个原子的几千万分之一扩展到了我们银河系的大小。

不平静的宇宙

2 到了这一阶段，宇宙的大小相当于一个足球场那么大。大量的物质和反物质粒子碰撞并摧毁对方，产生了更多的能量。

3 宇宙快速膨胀并冷却，形成一系列奇异粒子，包括夸克和电子。

4 宇宙温度仍然很高，无法形成原子。但夸克能够组合在一起并形成较重的粒子，主要是质子和中子。

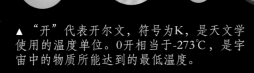

2. 10^{-43} 秒	3. 10^{-35} 秒	4. 10^{-7} 秒	3分钟
10^{32}开	10^{27}开	10^{14}开	10^{8}开

▲ "开"代表开尔文，符号为K，是天文学使用的温度单位。0开相当于-273℃，是宇宙中的物质所能达到的最低温度。

构成原子

质子　　　　　中子　　　　　氦原子核

质子和中子都属于基本粒子，它们都含有3个夸克。一旦膨胀的宇宙拥有足够的质子和中子，它们就会开始形成那些构成氢原子和氦原子所必需的简单的原子核。大部分恒星是由这两种原子构成的。在大爆炸最初的3分钟，几乎形成了宇宙中所有的氢原子核和氦原子核。

41

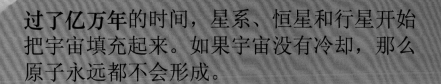

过了亿万年的时间，星系、恒星和行星开始把宇宙填充起来。如果宇宙没有冷却，那么原子永远都不会形成。

雾蒙蒙的宇宙

宇宙大爆炸后大约过了30万年，当宇宙的温度降至3000开时，第一批原子形成了。在寒冷的宇宙中，质子和原子核捕捉到了极其微小的粒子——电子，并形成原子。由于光线不断地受到原子粒子的反射影响，而无法远距离传播，那时的宇宙仍然是雾蒙蒙的。所以即使使用功能最强的望远镜，我们也很难看清宇宙中所发生的事情。

30万年

3000开

什么是原子？

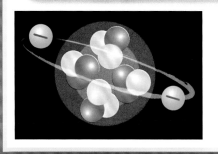

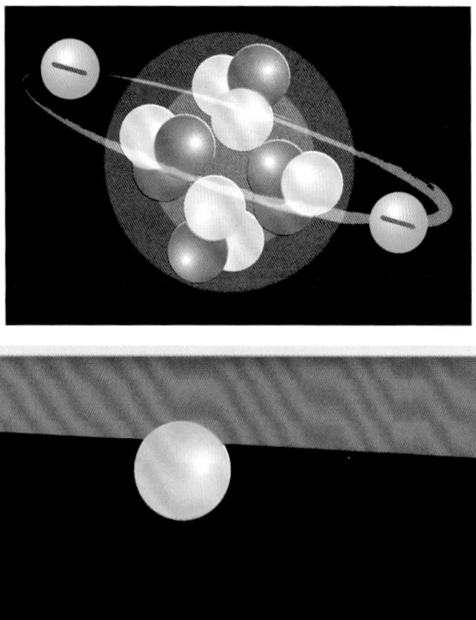

原子是可以独立存在的最小物质，它有一个由质子和中子组成的中心核（原子核），周围围绕着电子。原子所包含的质子、中子和电子的数目决定了它是何种元素。当第一代恒星爆炸形成超新星时，所释放出的能量产生了新的重元素，如碳、氧和铁。这个过程直到今天仍在持续。

42

第一道星光

宇宙大爆炸大约2亿年后，氢气和氦气开始堆积成巨大的气团。在引力作用下气团塌缩，形成稠密的原子团。当这些气团收缩变热时，它们自燃并形成了第一代恒星。这些恒星很快又爆炸，推动新恒星的诞生。

星系的起源

在第一代恒星诞生后不久，星系也开始产生了。稠密的气云和年轻的恒星在暗物质和引力的作用下聚集在一起，形成了小型星系和新恒星。逐渐地星系之间开始互相碰撞并形成了更大的星系。

基本力量

宇宙大爆炸还创造了4个影响宇宙的基本力量，它们分别是引力、电磁力、弱力以及强力。引力使行星环绕恒星运行，电磁力是连接电和磁的力量，弱力控制恒星闪耀，而强力则保证原子核的质子和中子凝聚在一起。

月球在引力的作用下环绕地球运行。

2亿年	5亿年	如今
100开	10开	2.7开

▲ 宇宙微波背景辐射为宇宙大爆炸提供了最好的证据。它标志着温度降到该点时，足以形成原子。

宇宙大爆炸的红色灰烬

我们无法看到宇宙大爆炸所发出的任何光线，不过我们可以检测到布满天空的微弱辐射红光，即宇宙微波背景辐射（CMB）。这些残余的辐射揭示了宇宙诞生30万年后的样子。上图显示了温暖和寒冷的波纹。第一个星系很可能是由逐渐冷却和稠密的（蓝色）气团形成的。

宇宙大爆炸机器

科学家们无法得知宇宙大爆炸结束瞬间宇宙的模样，不过他们正在通过在地球上建造大型机器来进一步分析了解。其中最新、最先进的当属瑞士的大型强子对撞机。这一造价40亿美元的机器将尝试通过每秒8亿次的频率让质子束对撞，以模拟宇宙大爆炸之初的情

景。预计碰撞的质子束将产生许多新粒子，同时可能在第一瞬间进行宇宙大爆炸的重现。

一千亿个星系

不论我们身在何处，只要抬头望向天空，就可以看到宇宙中布满的各种星系（巨大的恒星系统），它们在引力作用下连接在一起。第一批星系是在宇宙大爆炸后不到10亿年的时间里形成的。

巨星系和矮星系

宇宙中至少存在着1000亿个星系。有些星系是巨大的，含有数以亿计的恒星；有些矮星系则小得多，所包含的恒星甚至不足100万颗。总的来说，矮星系的数量要比巨星系多得多，不过久而久之矮星系难免会被其周围的"大邻居"吞并。我们生活在由大约2000亿颗恒星组成的星系——银河系中。

▲ M51为旋涡星系，距离地球大约3000万光年。

M51星系

观测光线

仅仅在可见光下，星系的很多特征无法显露出来。要想知道一个星系的真正特性，你需要通过不同波长的各种仪器来观测它。上面这幅M51的图像是由4架空间望远镜采集的数据合成的。X射线下显示了黑洞、中子星以及恒星间的炽热气体（紫色）。红外线和光学仪器下显示了恒星、气体和旋臂内的尘埃（红色和绿色）。年轻、炽热的恒星所形成的大量紫外线是蓝色的。

看一看：旋涡

到了19世纪中叶，天文学家们发现，在夜晚的天空中布满了许多模糊的斑块，他们称这些斑块为星云。为了增进了解，罗斯爵士建成了当时世界上最大的望远镜——口径1.8米的比尔望远镜。罗斯爵士使用这架望远镜第一个发现就是如今被称为M51的旋涡星系，他在1845年描绘出了M51的星系图。

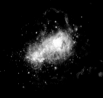

这是哈勃空间望远镜拍摄的兹威基18，它是一个距离地球6000万光年的矮星系。

兹威基18

气体星系

有些星系非常巨大，但是所包含的恒星数量却极少。这种看上去很模糊的星系几乎全部是由气体组成的，在图像中它只是一个斑点。比如马林1这个气体星系所包含的气体足够组成1000个银河系。它看上去似乎刚刚开始制造恒星。它广阔却暗淡的光盘是银河系大小的6倍。在图像的底部有一个非常接近的正常星系。

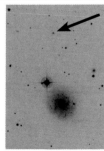

箭头指向马林1。

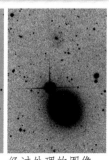

经过处理的图像，可以看得更清晰。

哈勃空间望远镜于1998年10月进行了为期10天的深空观测，它通过对太空中一小块区域的观测，得到了一幅从未见过的图像——距离地球120亿光年的数以千计的星系。图像显示许多类似于我们银河系的旋涡星系、椭圆星系和特殊形状的星系都卷入了相互碰撞中。

星系的形成

星系已经存在数十亿年了，但你有没有想过，它们是从哪里来的呢？如今天文学家们通过天文台来观测早期的宇宙。这些来自远方的图像显示了卷入剧烈碰撞中的气体星系。这是否就是第一批星系形成的原因呢？

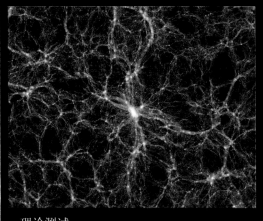

▲ 理论测试

这幅计算机模拟图像显示，物质在引力的作用下凝聚在一起。第一批星系就是从这些凝聚物的内部衍生出来的。

发生了什么？

关于星系的形成主要有两种理论。一派学说的解释是，由巨大的气体和尘埃组成的云团崩塌而形成了星系。另一派学说称，恒星组成了小的星团，小星团合并后形成了更大的星团，之后形成星系，最终形成星系团。

改变形状

许多小的旋涡星系会变成大一些的椭圆星系，这往往是星系之间碰撞的结果。但是星系不会因为互相碰撞而碎裂。在星系内，恒星之间的距离很大，足以让其他星系通过。不过这确实会改变星系的形状。

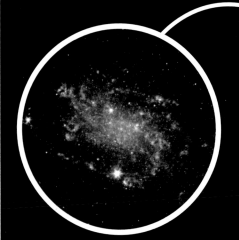

▲ 年轻的旋涡星系
NGC300是一个包含大量新形成的恒星旋涡星系。

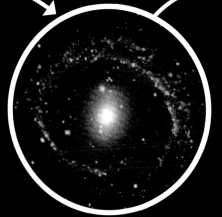

▲ 青年期的过渡
随着星系变老，星系中新形成的恒星越来越少。

▲ 老年的椭圆星系
气体含量稀少的巨大椭圆星系中，包含着年老的恒星们。

格格不入如鹤立鸡群

哈氏天体是一个不寻常的环星系。它既不像旋涡星系，也不像椭圆星系，与不规则星系也不同。它黄色的中心（核心）由老年恒星组成，周围则由年轻的蓝色恒星围成了一个圆环。

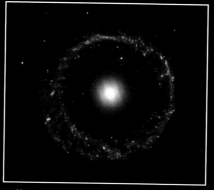

▲ 蓝环
炽热的蓝色星团围成一个圆环。它们可能是另一个近距离星系的残余物。

◀ 雪茄星系
雪茄星系是一个不规则星系，其中有很多新形成的恒星。相比年老星系来说，年轻星系中新形成的恒星要多得多。

旋涡星系的起源

多数科学家认为，早期宇宙中充满了氢和氦。他们提出，由于气体和尘埃组成的云团在引力的作用下塌缩、旋转，从而形成了旋涡星系。

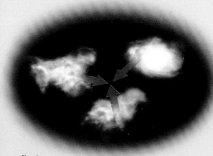

▲ 集合
尘埃、气体和恒星在引力的作用下聚集在一起。

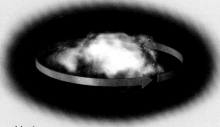

▲ 转动
引力使得塌缩的云团旋转起来。新形成的恒星围绕着云团的中心旋转。

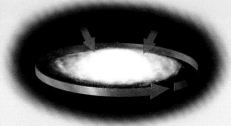

▲ 收缩
收缩过程使云团变得平展，形成了由尘埃、气体和恒星组成的星系盘。

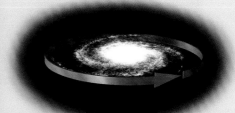

▲ 旋臂形成
星系盘继续旋转，旋臂形成。

星系的种类

按照星系的形状以及内部恒星的排列，星系主要分为3种。

■ 不规则星系中含有大量的气体、尘埃和炽热的蓝色恒星，它们没有特定的形状。往往是两个星系碰撞的产物。

■ 椭圆星系是圆形、椭圆形或雪茄形恒星的集合。它们通常由老年的红色和黄色恒星，以及恒星间少量的尘埃和气体组成。

■ 旋涡星系是巨大、扁平并含有气体和尘埃的星系，呈盘状，有旋臂。

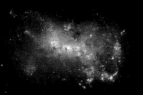
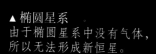

▲ 不规则星系
这些星系有时会成为旋臂的源头。

▲ 椭圆星系
由于椭圆星系中没有气体，所以无法形成新恒星。

▲ 旋涡星系
由于椭圆星系中没有气体，其旋转速度缓慢，旋转一周需要几百万年的时间。

太空中的草帽

在距离地球大约2800万光年的室女座，有一个核心明亮的旋涡星系。星系的中心异乎寻常的隆起，周围是暗色的尘埃线（图中显示的是侧上视图）。由于它的外形很像一个帽子，人们命名它为草帽星系。

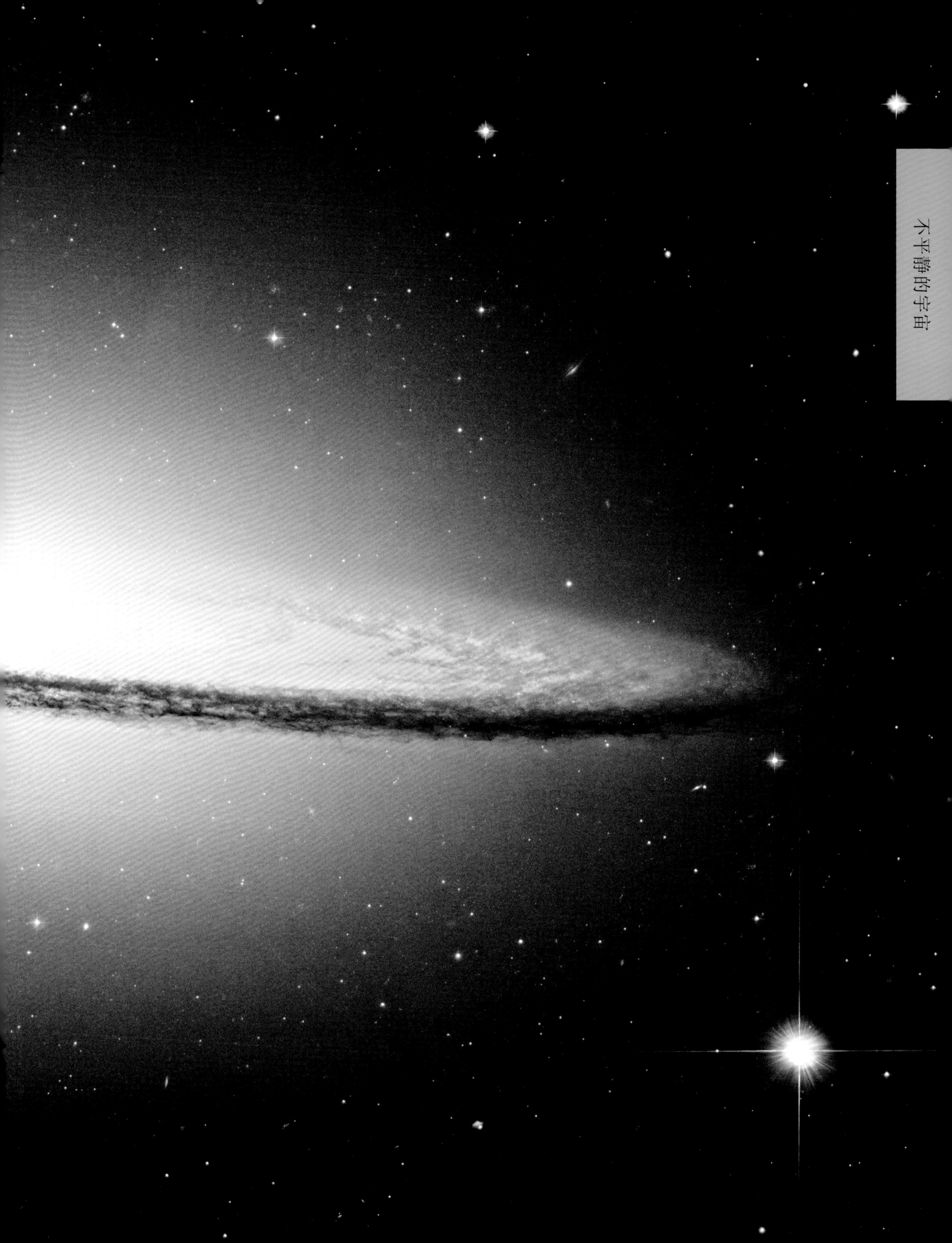

银河系

我们所生活的星球只是巨大的银河系中很微小的一部分，它围绕着一颗不起眼的恒星（太阳）旋转。银河系形成于大约100亿年前，有可能还会存在数十亿年。

矩尺臂

船底-人马臂

南十字-盾牌臂

银心

英仙臂

银河系棒

猎户臂

我们的太阳

激光精确地指向银河系的中心。

看星星

如果你居住的地方远离城市明亮的灯光，你可能会看到一条乳白色亮带横跨在夜空。它看上去就像是天空中一股倾洒出的牛奶，古代的观察者称其为"牛奶河"，当时他们并不知道那是什么。这个谜题直到1610年才被伽利略揭开，伽利略通过望远镜观测银河系后，发现它是由成千上万的恒星组成的。

一个棒旋星系

银河系是一个棒旋星系（一种有棒状结构贯穿星系核的旋涡星系），它的形状就像一个巨大的轮子，当它转动时弯曲的悬臂紧随其后。在银河系旋转时，所有的恒星也会围绕其中心旋转。我们的太阳距离银河系的中心约2.8万光年，它每2.2亿年绕银河系中心旋转一周。靠近银河系中心的恒星旋转一圈所需的时间比太阳短，而远离中心的恒星所需的时间就比太阳长了。

太阳系　　数以百万计的恒星组成的球状星团　　核球　　暗晕　　银盘

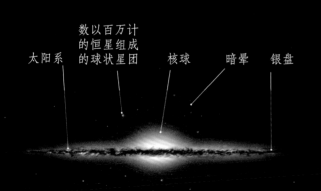

▲ 我们的银河系有多大？
银河系的跨度约为10万光年，厚度约为2000光年。银河系中的大部分质量由无形的暗物质（👁 62~63页）组成。

X射线双星系统

寒冷的气体云

银河系的中心存在着
黑洞（人马座A*）

可能有黑洞
的双星系统

银河系的中心

银河系的中心是一个跨度为600光年的神秘区域。虽然这里只是银河系中很小的一部分，但其核心包含了整个星系1/10的气体以及数以亿计的恒星。这里还有超新星遗迹以及X射线的明亮光源，还被认为含有一个黑洞的双星系统。

太阳只是银河系中大约2000亿颗恒星中的一颗。大部分恒星位于银河系的中央隆起部分，而年轻恒星和尘云则位于5个旋臂上。一个超大质量黑洞位于银河系的中心。

巨大的黑洞

在银河系的中心隐藏着一个巨大的黑洞，其所包含物质的质量是太阳的400万倍。因其位于人马座，我们称它为人马座A*（或SGR A*）。目前它还是一个沉睡的巨人，它所产生的能量是其他星系中巨大黑洞的数十亿倍。

人马座A*

▲ 人马座A*似乎曾经非常活跃。300年前X射线爆发所形成的光回波能够穿过周围的尘埃云，被我们观测到。

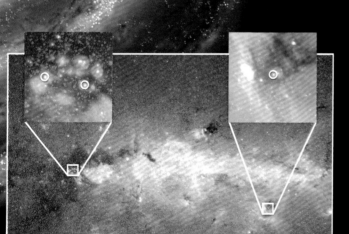

婴儿星

银河系的中心充斥着恒星、尘埃、以及环绕着黑洞的气体。那里环境恶劣，猛烈的恒星风（强大的冲击波）使新恒星的形成困难重重。我们无法得知那里的恒星是如何形成的，因为直到今天也没有人能够透过宇宙尘埃观察到新生的恒星。然而在2009年，通过红外望远镜——斯必泽空间望远镜观测到3颗像厚茧中蚕蛹一样，在气体和尘埃重重包裹中的婴儿星，它们的年龄均不足100万年。

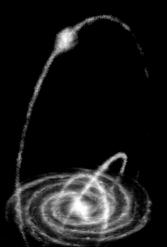

古老的恒星流

银河系中的物质并不是都位于一个平面上，在星系的上方还形成了三道恒星流，它们位于距离地球1.3万~13万光年的区域，遍及北部地区的大部分天空。最大的恒星流被认为散布在与银河系相撞的一个矮星系的残余物中。

麦哲伦云

银河系并不是天空中所能看到的唯一星系。在南半球，你可以看到两个麦哲伦云。它们一向被认为是在引力作用下与银河系相连接的两个卫星星系。但是最近的研究结果显示，它们也许只是从我们这里路过的邻居星系。

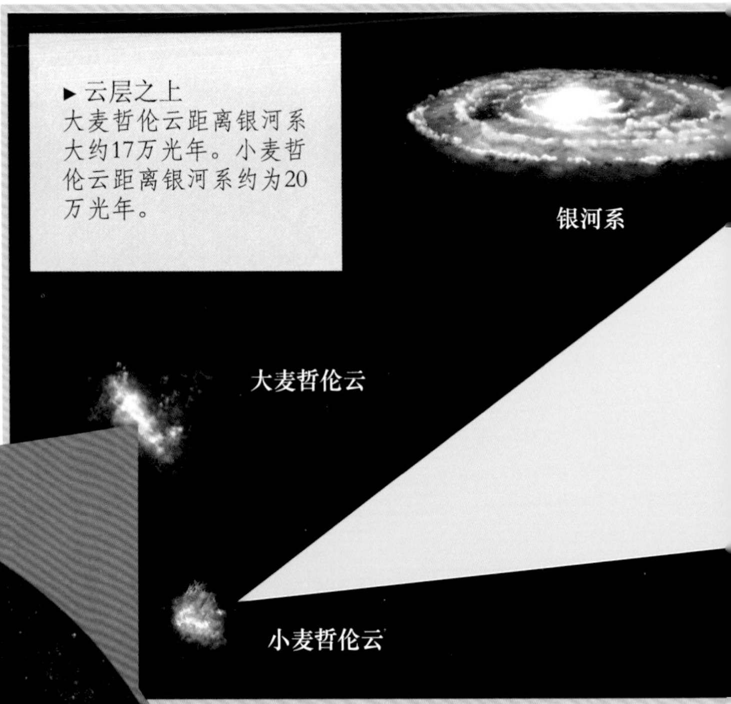

▶ 云层之上
大麦哲伦云距离银河系大约17万光年。小麦哲伦云距离银河系约为20万光年。

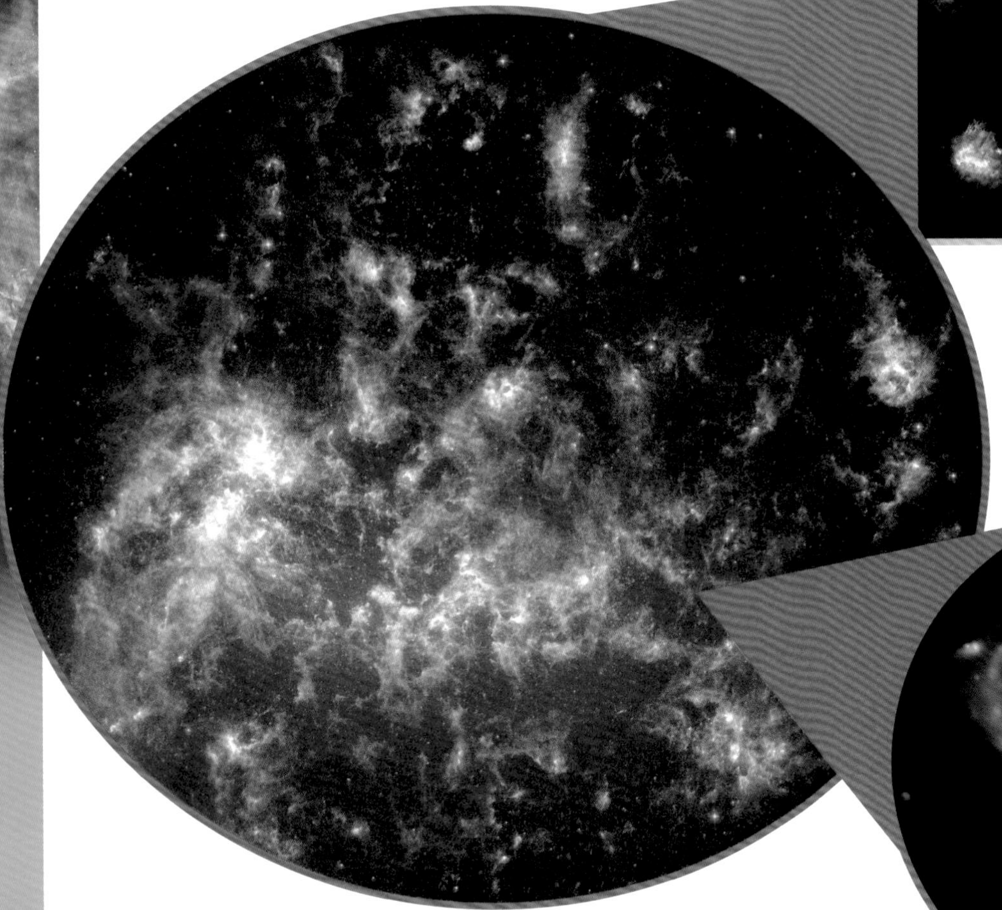

银河系

大麦哲伦云

小麦哲伦云

◀ 大麦哲伦云的特写镜头
这幅由斯必泽空间望远镜拍摄的细节图像，拍到了近100万个对象，显示了整个星系的1/3。其中蓝色代表年老的恒星，红色代表被恒星加热的尘埃。

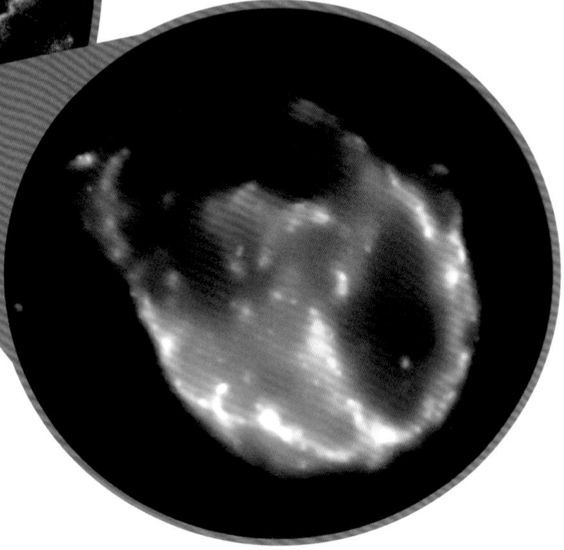

大麦哲伦云

大麦哲伦云（LMC）位于剑鱼座和山案座交界处。它的跨度为2.5万~3万光年，包含了大约1000亿个太阳的质量。尽管其中心有一个星系棒及一些旋臂标志，但仍属于不规则星系。它最初也许是个旋涡星系，但是在银河系引力的作用下被拉伸成了不规则形状。

多彩的气云

麦哲伦云中含有许多超新星遗迹。它们都是由数千年前爆炸的巨型恒星所遗留下来的色彩鲜艳、不断扩散的热气云。

▼命名
麦哲伦云是以16世纪探险家费迪南德·麦哲伦的名字命名的。他是最早在南半球的天空中观测到麦哲伦云的欧洲人之一。

▶恒星诞生区
这幅假彩色图像显示了位于NGC2074星团附近的蜘蛛星云的一部分。它显示了一个新生恒星诞生的"温床"。该区域有着显著的隆起，尘埃凹谷以及在紫外线中发光的气体流。

不平静的宇宙

小麦哲伦云

小麦哲伦云（SMC）是能够用肉眼观察到的最遥远的天体之一。这个不规则的矮星系是大麦哲伦云的缩小版。它含有少量的尘埃和气体，但是仍然有许多产星区（上图红色区域）。小麦哲伦云的可见直径约为1.5万光年，其中含有数亿颗恒星。它的质量大约是太阳质量的70亿倍。

蜘蛛星云

剑鱼座30是大麦哲伦云中一个庞大的产星区。由于该区域的外形与蜘蛛十分相像，因此人们称它为蜘蛛星云。它的跨度约1000光年，与地球距离约17万光年。当它与距离地球最近的恒星温床（猎户座星云，距离地球1500光年）足够接近时，白天用肉眼就能观测到盘踞1/4天空的蜘蛛星云。它所含有的炽热恒星有我们目前所知的最大恒星。

 看一看：麦哲伦流

连接麦哲伦云和银河系的是一个不寻常的氢气延长带——麦哲伦流。通过无线电波，可以看到麦哲伦流延伸环绕着半个银河系。它也许是在麦哲伦云经过银河系的晕轮时，由星云脱落下的物质形成的。另一种理论认为，两个星云彼此接近，引发了大规模的恒星形成爆发。恒星形成爆发所引发的强烈恒星风和超新星爆炸会将氢气流推往银河系。

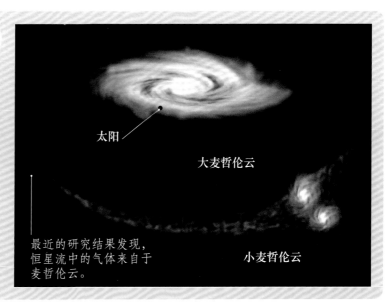

太阳

大麦哲伦云

小麦哲伦云

最近的研究结果发现，恒星流中的气体来自于麦哲伦云。

本星系群

银河系并不是太空中唯一的星系，它属于本星系群中的一员。本星系群中至少包含45个星系，还有一些星系分散在它的边缘区域。

仙女星系

仙女星系（M31）是我们最大的星系邻居，它的大小是银河系的2.5倍。这个旋涡星系的跨度约为26万光年，这意味着光从星系的一端传播到另一端需要26万光年的时间。

我们的邻居

本星系群中的星系都位于距离银河系300万光年的区域内。银河系和仙女星系是本星系群中两个最大的成员。各率一批星系形成两个次群结构。在数十亿年后，银河系和仙女星系有可能会碰撞合并成一个巨大的星系。

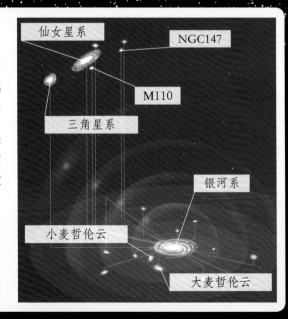

▶ 聚集在一起
图中显示了本星系群中较大的星系。

仙女星系
NGC147
M110
三角星系
银河系
小麦哲伦云
大麦哲伦云

核心炽热的仙女座

仙女星系的中心是一团散射着X射线的热气云。X射线被认为是由一个双星系统（一对恒星）发出的，星系中所包含的中子星或黑洞不断地将物质从正常恒星中吸引出来。当物质靠近中子星或黑洞时，摩擦生成的热量会使其温度升高几千万摄氏度，同时产生X射线。

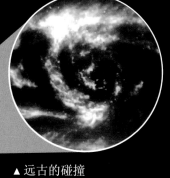

▲ **远古的碰撞**

环绕着仙女星系的尘埃表明，在2亿多年前，该星系曾与矮星系M32发生了剧烈碰撞。

▶ **钱德拉拍摄的图像**

这幅图像是由美国国家航空航天局的钱德拉X射线天文台拍摄的。图像显示了仙女座的中心。红色代表低能量X射线，绿色代表中能量X射线，蓝色则代表高能量X射线。

影像定格

这幅M33的紫外和红外图像呈现了星系中尘埃和年轻恒星的混合状态。在星系的外层区域，有大量年轻的恒星（蓝色发光区域）和少量的尘埃。

矮星系

本星系群中含有几十个矮星系，可能还有一些未被发现。大部分矮星系都非常小，并且模糊，矮星系中含有大约数亿颗恒星。那些潜伏在尘埃和恒星之后，位于银河系盘面附近的，是最接近我们的"星暴星系"。星暴星系是一个不规则矮星系，也叫IC10。尽管它的光芒被灰尘所掩盖，但是仍然可以看到产星区发出的红光。

三角星系

M33星系又称三角星系，是本星系群中的第三大星系。由于其外形是正向螺旋形，跨度达5万光年，所以它也被称为风车星系。同仙女星系一样，M33也被用作测定宇宙距离的尺标。

不平静的宇宙

银河系的中心

当你抬头望向银河系时，你会看到夜空中镶嵌着无数颗星星。近红外线（黄色）表明了恒星诞生的区域。红外线（红色）代表尘埃云，而X射线（蓝色）则显示超热气体和黑洞的排放物。

▼ 明亮的双子星
双子星是X射线的主要来源。围绕大质量恒星运行的大多是中子星或黑洞。

▲ 手枪星
银河系中最明亮的恒星，也许比太阳要亮1000万倍。

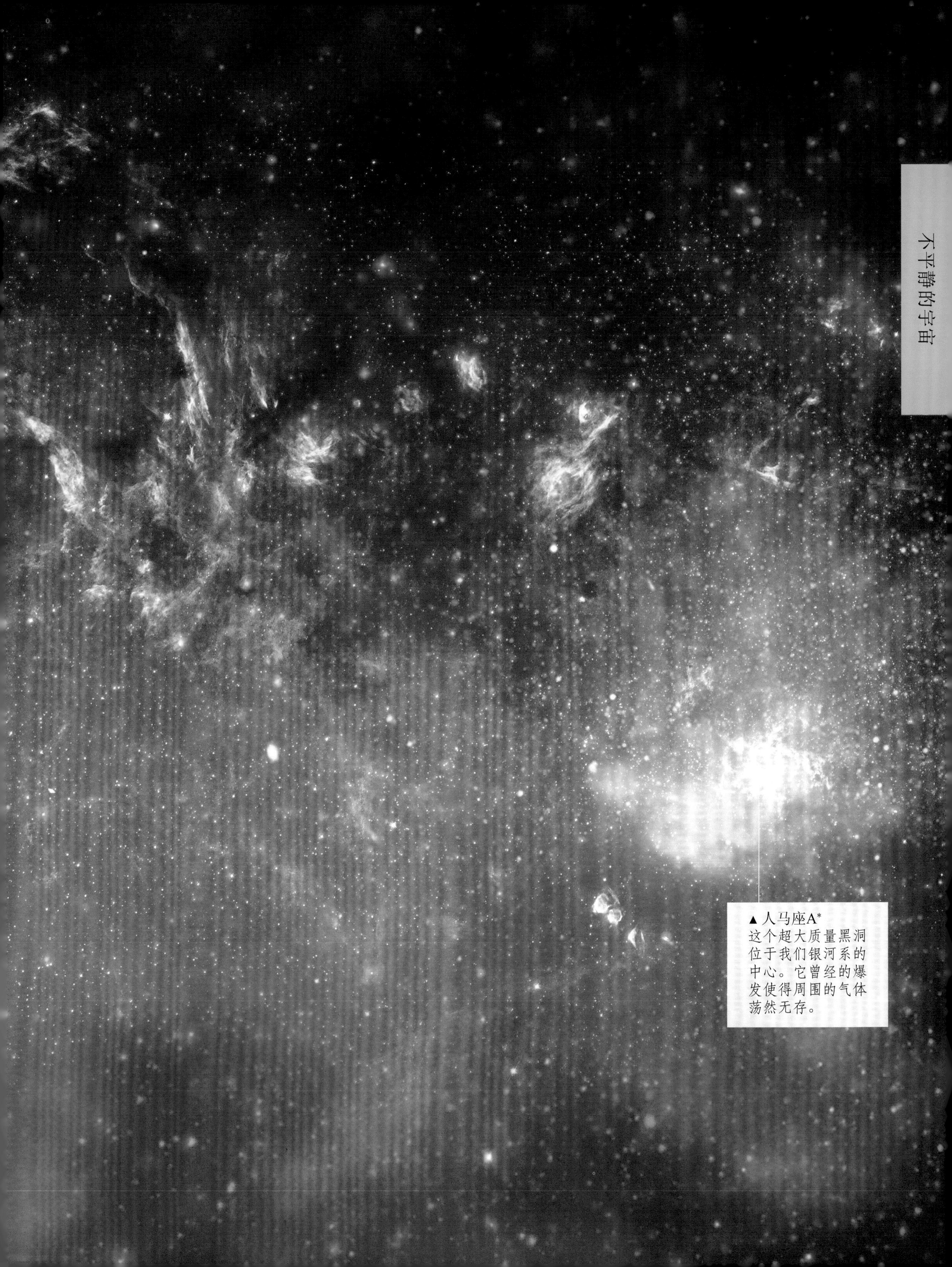

▲ **人马座A***
这个超大质量黑洞
位于我们银河系的
中心。它曾经的爆
发使得周围的气体
荡然无存。

当星系碰撞时……

宇宙中的星系就像海洋中的岛屿一样，多数星系之间都间隔着数百万光年的距离。然而当一些星系的间距足够紧密时，就会在引力的作用下变成星系团。当星系团中某些星系间的引力增大到一定程度时，就会发生碰撞。

史蒂芬五重奏

组成史蒂芬五重奏的5个星系看上去似乎要彼此碰撞，其中的4个星系距离地球大约2.8亿光年，另一个星系距离我们稍近一些。星系NGC7318b以大约3.2亿千米每小时的速度穿过主星群，这一过程形成了一个冲击波，致使星系间气体升温并释放出X射线（中心的淡蓝区域）。

NGC7319旋涡星系中含有一个类星体（👁 60~61页）。

NGC7318a星系（右）位于NGC7318b星系（左）的前方。

与其他星系相比较，NGC7320星系更接近地球。

碰撞过程

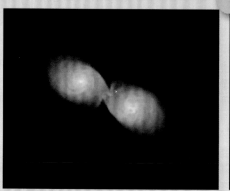

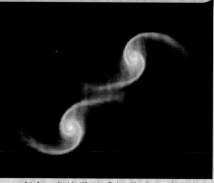

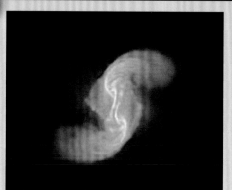

▲虚拟碰撞 在现实中，星系的碰撞需要经历数十亿年的时间，因此人们会使用计算机来模拟星系碰撞。

▲60亿年 当旋涡星系相遇时，引力会不断地拉伸星系，从而形成长长的尾巴。

▲240亿年 随着时间的推移，曾经断裂的星系又重新聚合在一起，之后再次分开，如此这样周而复始。

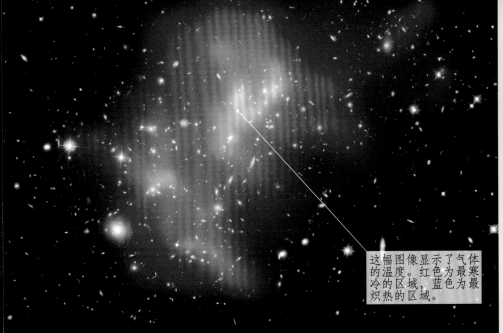

这幅图像显示了气体的温度。红色为最寒冷的区域，蓝色为最炽热的区域。

星系团碰撞

迄今为止，天文学家所观测到的最剧烈的碰撞是名为MACS J0717的4个星系团的碰撞。它所产生的星系流、气体和暗物质长达1300万光年。当它运行到一个充满物质的宇宙空间时，引发了反复的碰撞。当两个或更多星系团的气体碰撞时，热气团会逐渐放慢速度。而在这一过程中，星系并不会放慢速度，最终星系会运行到气团的前方。

扭曲的图像

有些星系团就像空中的放大透镜，它们强大的引力扭曲了周围的空间。这意味着，从更远的星系或类星体发出的光线在到达地球的途中弯曲了。我们看到的是遥远物体的多重弧和畸变图像，就像太空中的海市蜃楼。

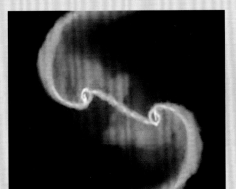
▲260亿年 两个星系的中心区域结合在一起并最终合并为一个星系。

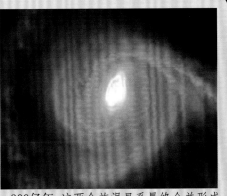
▲300亿年 这两个旋涡星系最终合并形成了一个庞大的椭圆星系

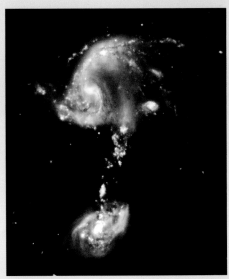
▲ ARP194
ARP194星系群的顶部由两个正在合并的星系组成（图像的左上）。蓝色的"喷泉"向下坠落，看起来像是要与第三个星系连接在一起，然而实际上这个星系十分遥远，并未与其连接。喷泉由恒星、气体和尘埃组成。

▲ 老鼠星系
老鼠星系（NGC4676）因其拖着由恒星和气体组成的长长的"尾巴"而得名，这两个相互作用的星系最终将合并并形成一个巨大的独立星系。老鼠星系距地球3亿光年，位于后发座中。

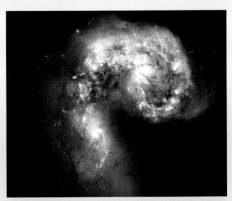
▲ 触须星系
触须星系也称天线星系，是一对距离我们最近，也最为年轻的碰撞星系。早期的照片显示，它们的外形看上去就像昆虫的触须。当这两个旋涡星系在2亿~3亿年前首次碰撞时，形成了这些"尾巴"。在星系继续碰撞的过程中，将会形成数十亿的新恒星。

活动星系

宇宙中有许多活动星系。当我们的银河系非常平静时，其他星系也许正在繁忙地创造巨大的能量。每个星系的中心都有一个引力极强的超大质量黑洞，那就是星系的动力室。

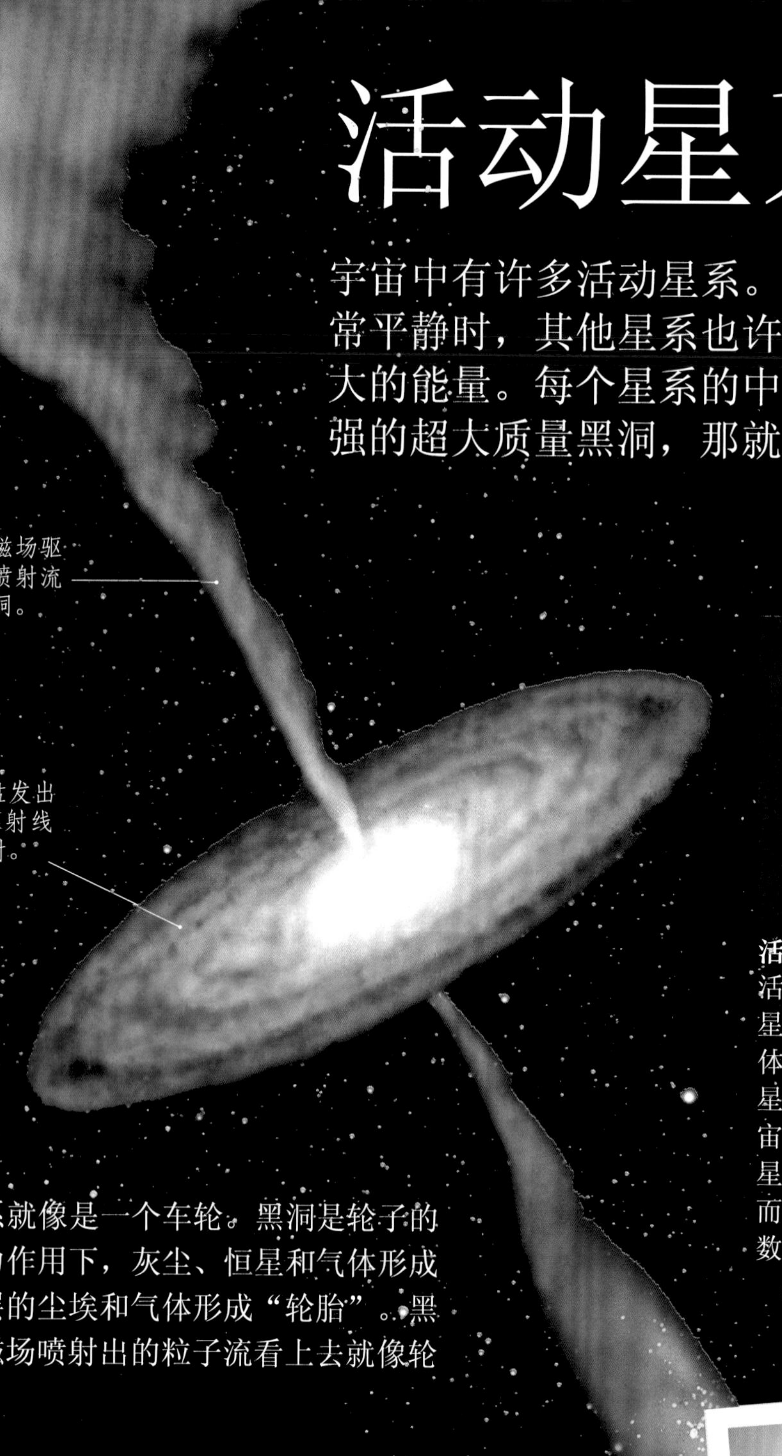

强大的磁场驱使高速喷射流远离黑洞。

热气盘发出类似X射线的辐射。

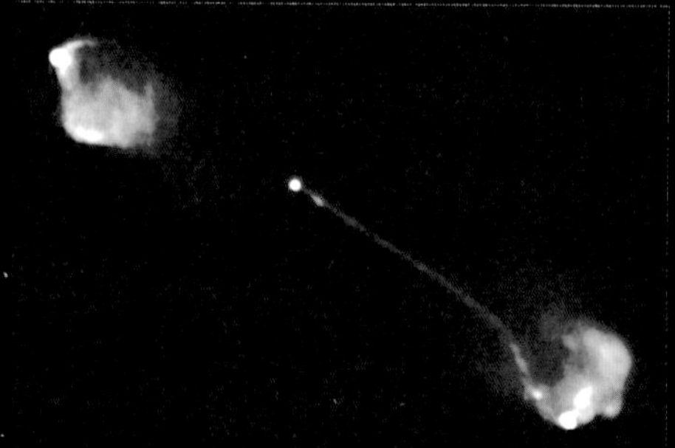

活动型

活动星系主要分为4种类型：射电星系、赛弗特星系、耀变体和类星体（类星体射电源的简称）。射电星系（如上图所示的天鹅座）是宇宙中最强的无线电波的源头。射电星系可以出现在宇宙的任意角落，而耀变体和类星体只出现在离我们数十亿光年以外的区域。

纺车

一个活动星系就像是一个车轮。黑洞是轮子的中心。在引力作用下，灰尘、恒星和气体形成涡流盘，外层的尘埃和气体形成"轮胎"。黑洞周围的强磁场喷射出的粒子流看上去就像轮子的轮轴。

尘埃无线电

距离地球最近的射电星系是半人马座A（Cen A）。这个椭圆星系的中心隐藏在一个黑暗且稠密的尘埃区域。它是我们在银河系以外发现的第一个无线电波、X射线和伽马射线源。两条巨大的无线电信号流（淡蓝色）长达2亿光年。它们是与一个旋涡星系碰撞而形成的。

影像定格

这是由哈勃空间望远镜拍摄的椭圆射电星系M87的图像。图像显示了星系核心所喷射出的明亮的高速电子流。喷射流是由一个质量相当于30亿个太阳的黑洞发出的。

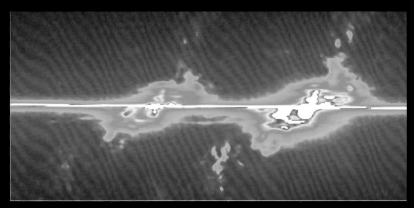

赛弗特星系

赛弗特星系由一个中央黑洞提供动力,其质量是太阳质量的几亿倍。被黑洞捕获的物质盘旋地被吸入黑洞,部分物质在高速下爆炸时会形成喷射流。NGC4151是最明亮的赛弗特星系,这幅图像显示的是它的喷射流射入太空时的侧面图。

呈螺旋状的赛弗特星系

M106看起来像是一个典型的旋涡星系,它有两个明亮的旋臂,星系核附近有黑暗的尘埃带。然而在无线电波和X射线图像中,可以看到两个旋臂的气体位于主臂之间。此外还可以看到M106明亮的中心,一对围绕着星系流动的喷射流。M106是最典型的赛弗特星系,大量的热气作为驱动力,向着核心超大质量黑洞靠近。

看一看:耀变体

耀变体位于寄主星系中一个超大质量黑洞的附近,它所发出的巨大能量会不断改变它的位置。我们眼中的耀变体不同于其他活动星系。从地球上看,星体上有很多喷射流和热气盘。强大的磁场驱使高速喷射流远离黑洞。热气盘会发出类似X射线的辐射。

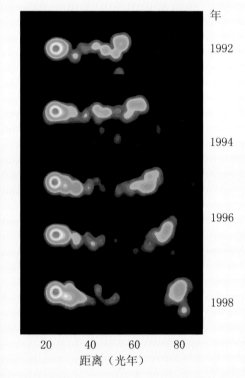

▲ 这组图像展示了耀变体3C 279释放出物质的运动图像。看起来它的移动速度好像比光速快,不过这只是一种错觉。

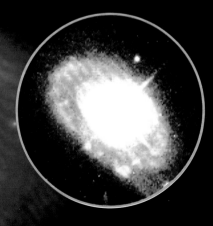

类星体

类星体是遥远星系明亮的中心。它们类似于赛弗特星系,但更为明亮。由于类星体非常亮,它所发出的光线会掩盖住周围的暗星系。类星体的能量来源于超大质量黑洞所吸收的星际气体。它们所产生的强大能量超过了太阳数万亿倍。

▲ 颜色编码
在这幅M106的图像中,金色是你在可见光下能够看到的图像。红色是红外视图,蓝色是X射线,紫色是无线电波。

暗物质

暗物质是宇宙中最神秘的一种物质。天文学家们发现，恒星之间有一些看不见的物质，这些物质会产生一定的引力，使得射向地球的光线弯曲。然而没有人知道暗物质是什么样子，也没有人知道它是由什么组成的。

▲ 遗失的拼图
如今我们对于暗物质几乎一无所知，科学家们正在寻找能够填补宇宙拼图的亚原子粒子

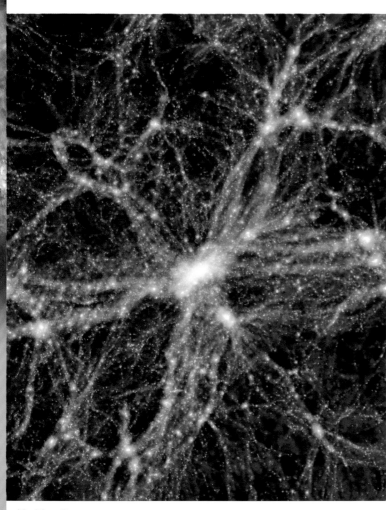

找找看
这幅计算机模拟图像表明了暗物质是如何遍及整个宇宙的。其中黄色区域内的暗物质含量最高。这些地方的引力足以将可见物质汇聚在一起，形成星系。

这是一个秘密
在可见的宇宙中，有5%的恒星和行星属于正常物质。然而这些物质无法产生足够的引力将星系聚集在一起。因此天文学家们知道，宇宙中一定存在着另一种物质，也许它是不可见的。暗物质不是由原子构成的，不能反射光线或其他任何类型的辐射，不过据估计它占据了宇宙中1/4的物质。

原子

暗能量

天文学家们认为，和暗物质一样，宇宙中也充满了暗能量。事实上，尽管没有人能够看到暗物质，但是大约70%的宇宙都是由这种物质组成的。由于某种物质使宇宙不断膨胀，科学家们开始设想它的存在。然而没有人能够确定这种能量是否真的存在，也没有人知道这种能量是从哪里来的。

子弹星系团

当两个星系团发生碰撞时，就会形成子弹星系团。其中一个星系团从另一个星系团的中央一闪而过，就像一颗子弹。星系团中的正常物质（粉色区域）在碰撞过程中，由于阻力的作用而逐渐减速。但是暗物质却没有减速，它们继续向前移动，并形成了一个弯曲的光环（蓝色区域）。

发生了什么？

这个来自遥远星系团的图像显示了围绕其中心的一个暗物质环。暗物质环通常是不可见的，但是我们可以根据这些因为引力而弯曲了的，来自遥远星系所散发出的光线，分辨出暗物质的位置。

◀ 天文学家们认为，暗物质环可能是由两个星系团的碰撞而产生的。

发射！

1942年，V-2火箭第一次成功完成了亚轨道飞行。接下来，人们开始思考如何能够将巨大的重型机械等人造天体送入太空。

火箭是如何工作的

运载火箭是用来把航天员或有效载荷（如卫星）从地球送入太空的运载工具。它必须达到28000千米/时的速度才能克服地球的引力进入轨道。这个过程需要燃烧化学制剂来产生推力。

第三级火箭将机组人员或有效载荷（承载的货物）送往地球轨道。

当第一级火箭脱落时，第二级火箭将继续推进火箭上升。

第一级火箭利用发动机和燃料推动火箭升空。

发射

地球上所有的物体都在地球引力的作用下向下坠落。那么如何才能使一个巨大、沉重的火箭升空呢？当热气体从火箭发动机中向下喷出时，所形成的推力可以使火箭克服地球引力，从而推动火箭上升。牛顿解释说，火箭能够升空，是因为每一个作用力（气体向下推）都有一个大小相等，方向相反的反作用力（火箭向上升）。

▲ 牛顿定律
艾萨克·牛顿提出的牛顿运动三定律指出：每个作用力都有一个大小相等，方向相反的反作用力。

推力

引力

◀ 不同的分级
多级火箭的每一部分都装有独立的发动机，当某一级火箭的燃料用尽了，该级火箭将自动分离。

火箭登记表

■ R-7（苏联）最初为导弹，之后改装为火箭并运载了第一颗人造卫星——"人造地球卫星"1号。

■ "东方"号（苏联）被用于首次载人航天飞行。1961年，它将第一名航天员尤里·加加林送入太空。

■ "土星"5号运载火箭（美国）是世界上最大、最强的火箭，1969年，它将首批登月航天员送往月球。

■ 美国研制的"泰坦"系列火箭共发射了368次，在载人航天飞行任务中将探测器送往包括火星在内的5颗行星。

■ "联盟"号（苏联）系列火箭于1966年首次使用，服务于国际空间站。

■ 阿丽亚娜公司（欧洲）研发的5种不同类型的"阿丽亚娜"火箭将卫星和探测器送入太空。

■ "长征"号运载火箭（中国）有多个系列，已发射百余次，把卫星和航天员送入太空。

发动机和燃料

■ 火箭发动机分两种类型：使用固体推进剂（燃料）的固体火箭发动机和使用液体推进剂的液体火箭发动机。许多小型火箭都使用固体推进剂。大型火箭会在不同的阶段使用不同的推进剂。

■ 助推器是用来提供额外推力的补充发动机，任务完成后会从火箭上分离下来。

■ 固体燃料助推器（见下图）就像烟花，一旦被点燃，就只能在所有推进剂用尽后才能停止。

自备氧气

在太空飞行的火箭不仅需要携带燃料，还需要携带氧化剂。这是因为化学物质（燃料）需要氧气才能点燃并燃烧。在地球上，氧气存在于空气中，然而太空中却没有足够的氧气助燃。燃烧所产生的高热气体直接从喷嘴高速喷出，形成了推力。

▲ 试验
RS-68火箭使用液体燃料火箭发动机，它所排出的气体近乎透明。

推进剂　套管　燃烧面

燃料燃烧所需的液态氧

液态氢

燃烧室

■ 使用液体燃料（左图）的发动机比使用固体燃料的助推器更为复杂。这是因为燃料和推进剂必须存储在单独的容器里，需要时才在燃烧室内混合，燃烧后形成炽热的气体喷出。

喷嘴

喷嘴可以通过变换角度来改变飞行方向。

助推器

▲ 后视图
"联盟"号火箭的核心级周围安装了4个助推器。从喷嘴喷出的热气速度越快，火箭的飞行速度就越快。

3，2，1……

"联盟"号TMA-16飞船发射升空。它的4个助推器燃烧了118秒，产生了刺眼的火光和震耳欲聋的轰鸣声。然而在全封闭的密封舱里，3名机组人员只听到了低沉的嗡嗡声。用了大约8分30秒的时间，"联盟"号飞船驶入距离地球200千米的近地轨道。

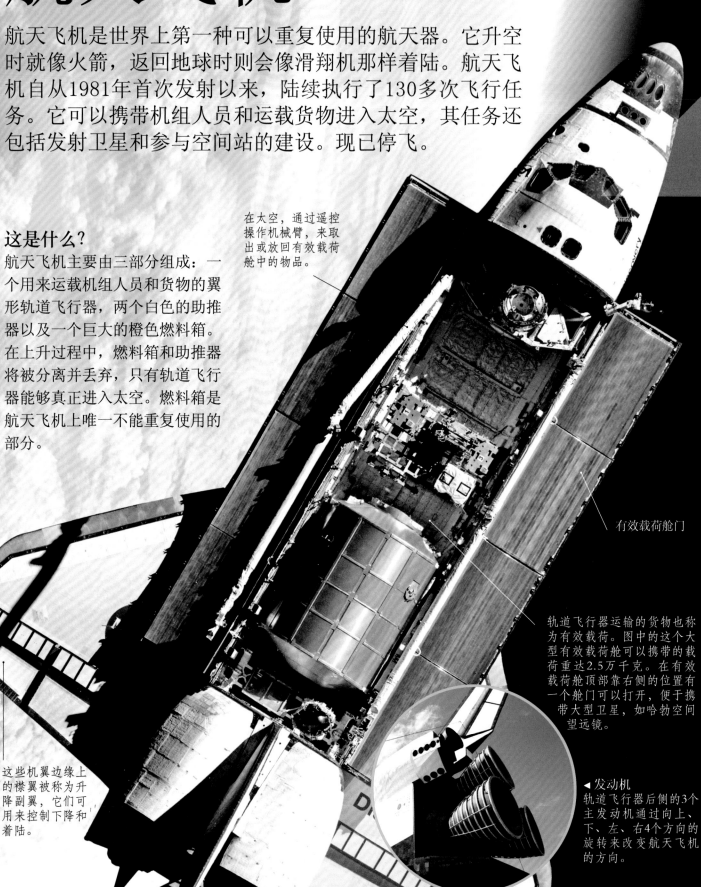

航天飞机

航天飞机是世界上第一种可以重复使用的航天器。它升空时就像火箭，返回地球时则会像滑翔机那样着陆。航天飞机自从1981年首次发射以来，陆续执行了130多次飞行任务。它可以携带机组人员和运载货物进入太空，其任务还包括发射卫星和参与空间站的建设。现已停飞。

这是什么？

航天飞机主要由三部分组成：一个用来运载机组人员和货物的翼形轨道飞行器，两个白色的助推器以及一个巨大的橙色燃料箱。在上升过程中，燃料箱和助推器将被分离并丢弃，只有轨道飞行器能够真正进入太空。燃料箱是航天飞机上唯一不能重复使用的部分。

在太空，通过遥控操作机械臂，来取出或放回有效载荷舱中的物品。

有效载荷舱门

轨道飞行器运输的货物也称为有效载荷。图中的这个大型有效载荷舱可以携带的载荷重达2.5万千克。在有效载荷舱顶部靠右侧的位置有一个舱门可以打开，便于携带大型卫星，如哈勃空间望远镜。

这些机翼边缘上的襟翼被称为升降副翼，它们可用来控制下降和着陆。

◀发动机
轨道飞行器后侧的3个主发动机通过向上、下、左、右4个方向的旋转来改变航天飞机的方向。

机组人员

在一个标准的飞行任务中，航天飞机会携带5~7名机组人员。其中包括一名指挥官、一名飞行员和几名科学家，有时还会有一名飞行工程师。在轨道飞行器的前部有为他们准备的船员舱位，包括驾驶舱和生活区。

灾难

迄今为止，曾经发生过两次重大的航天飞机空难：

▲ 1986年，"挑战者"号航天飞机在升空73秒后爆炸碎裂，机组人员全部丧生。这次爆炸是由于热气从助推器中逸出造成的。

▲ 2003年，"哥伦比亚"号航天飞机在返回地球大气层时解体，事故起因是一侧机翼的防热系统损坏。七名机组人员全部丧生。

旅程的开始

航天飞机从美国佛罗里达州的肯尼迪航天中心发射升空。两个助推器和轨道飞行器上的3个主发动机通过燃烧燃料箱中的液氢和液氧，为发射提供动力。起飞后大约2分钟，助推火箭脱离航天飞机并坠落到地球上。当航天飞机抵达轨道时，主发动机关机，燃尽的燃料箱脱离机体并在大气层中烧毁。

▼ 返回
2009年，"亚特兰蒂斯"号返回地面，图为它着陆时打开了减速伞。

▲ 溅落
两级助推火箭落入大西洋的佛罗里达海岸。经打捞回收后，可以再次使用。

知识速览

- 轨道飞行器长37米，翼展24米。
- 轨道飞行器中有5个，它们分别是："哥伦比亚"号、"挑战者"号、"发现"号、"亚特兰蒂斯"号和"奋进"号。
- 一次飞行任务通常持续12~16天。
- 航天飞机的主燃料箱中装有大约200万升燃料。
- 轨道飞行器返航时，其外层温度高达1500℃。
- 航天飞机在8分钟内，速度可以从静止达到27500千米/时。

着陆

在离开轨道时，轨道飞行器点燃推进器，速度从高超声速逐渐减缓。当它进入地球大气层时，会与大气摩擦并产生大量的热能。航天飞机通常会在肯尼迪航天中心长长的跑道上着陆，并利用减速伞协助减速。

发射中心

第一批发射中心建在美国和苏联，如今那里仍是主要的发射场。现在中国、法属圭亚那、日本和韩国等多个国家和地区都已经建成或正在建设发射中心。

▲ 第一个发射台位于哈萨克斯坦的拜科努尔，这里曾把"人造地球卫星"1号和尤里•加加林（上图）送入太空。

▼ 图中这个位于肯尼迪航天中心运载器装配大楼中的火箭，是正在等待发射的"土星"5号运载火箭，它是"阿波罗"4号所使用的火箭。

UNITED STATES

理想场所

火箭发射场不允许建在人口稠密地区，一般位于比较偏远的地区。沿海地区是理想的发射场地，如佛罗里达州海岸的卡纳维拉尔角。火箭向东方发射，越过大西洋上空，脱落下来的助推器会直接落入海中。

卡纳维拉尔角（美国）

这个发射中心最初是一个导弹试射中心，它坐落于一个老空军基地。1950年，这里首次发射火箭。1958年以后，这里成为了美国主要的发射中心，所有载人飞行任务都是从这里发射。位于卡纳维拉尔角北部一个岛屿上的综合发射设施39号（也叫肯尼迪航天中心），自20世纪60年代起，开始用于"土星"5号的发射。卡纳维拉尔角总计完成了500多次火箭的发射。

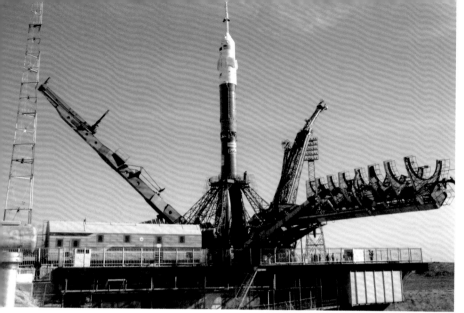

普列谢茨克（俄罗斯）

普列谢茨克航天发射场共计发射了1500多枚导弹和火箭，是世界上发射次数最多的发射场。该发射场位于北极圈附近，在莫斯科东北方向大约800千米的地方。自1957年起，普列谢茨克以导弹试验和航天发射中心领先于全世界。多年来，这里一直是个绝密的基地，苏联政府在1983年才承认了它的存在。

▲ 普列谢茨克航天发射场位于森林和湖泊地区。发射场约4万多名工作人员和他们的家人住在附近的米尔内镇。

拜科努尔（俄罗斯）

俄罗斯（苏联）所有的载人航天飞行和探索行星的任务，都是在位于哈萨克斯坦的拜科努尔发射场进行的。该发射场位于一片平坦、荒芜的平原。拜科努尔发射基地建有数十个发射台、9个追踪站和一个1500千米长的火箭试验场。1955年，苏联开始在这里进行导弹和火箭测试。

▶ "阿丽亚娜" 5号运载火箭在库鲁发射场发射升空，火箭上运载着欧洲空间局的有效载荷。

库鲁（欧洲空间局）

位于法属圭亚那的这个发射场是世界上地理条件最好的发射场之一。由于位于赤道附近，这里发射的火箭进入赤道轨道时可以获得地球自转的最大便利，此外，这里全年的气候条件都利于发射。自1966年7月起，这里成为了欧洲主要的发射场。最近这里刚刚建成了一个新的发射台，用于发射俄罗斯"联盟"号飞船。

酒泉（中国）

酒泉发射中心位于甘肃省的戈壁沙漠。发射场于1960年投入使用。1970年，"长征"1号运载火箭在这里发射，将中国第一颗人造卫星（"东方红"1号）送入太空，使中国成为世界上第五个成功将人造卫星发射升空并送入轨道的国家。如今"神舟"号载人飞船也是在这里发射的。为了避免飞越俄罗斯和蒙古领空，这个发射场仅限于东南方向的发射。

奥德赛（海上发射公司）

在太平洋中央区域发射火箭的奥德赛发射平台是最不寻常的发射场。卫星先在美国加利福尼亚州的陆地上准备好，然后装载在"天顶"运载火箭上，之后再转移到奥德赛海上发射平台。经过11~12天的航行后，平台到达赤道附近进行发射。

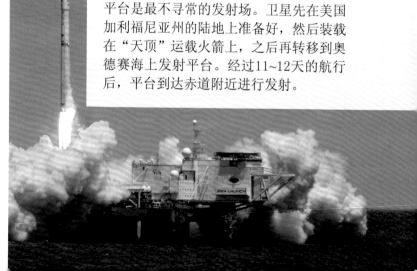

发射"阿丽亚娜"5号运载火箭

在法属圭亚那库鲁航天发射场发射的"阿丽亚娜"5号运载火箭能够将两个总重达9吨的卫星送入轨道。火箭和卫星利用特别的设施来进行组装和发射前的准备工作。

综合发射场

ELA-3发射台始建于20世纪90年代，主要用于发射欧洲的"阿丽亚娜"5号运载火箭。这里每年大约发射8~10次，每次发射任务大概20天。发射场的控制中心设在一个防护罩内，能够承受火箭残骸坠落的冲击力，此外还设有两个独立的发射控制室。

▼工作人员将"菲莱"号着陆器加载到"罗塞塔"号登陆探测器上，以做好探测丘留莫瓦-格拉西梅彗星的准备（👁 157页）。

▼在装配大楼内，一个固体火箭助推器正在准备与"阿丽亚娜"5号运载火箭组装。

准备有效载荷

卫星在巨大的有效载荷转接厂房进行发射前的准备工作。转接厂房十分宽敞，可以同时对多个卫星进行操作。有效载荷转接厂房还有两个专门处理危险任务的区域，如装载易燃推进剂（燃料）区域。装载好并准备发射的卫星会被转移到装配大楼，装载到火箭上。

多级火箭

在这座58米高的航天器装配大楼里，"阿丽亚娜"5号运载火箭的各级被组装在一起。火箭的核心级被安放在一个可移动的发射台上，两个固体助推器分别装载在核心级的两侧。核心级的上方是其他几级火箭。发射台和火箭最终会被转移到总装大楼。

▲装有液体推进剂的主要火箭级已经被悬挂到指定位置，并完成喷嘴连接。

◀ "阿丽亚娜"5号运载
火箭由一个位于中央的核
心火箭，两个固体助推器
和一个上面级组成。整个
火箭长52米。

▶ 水塔
水塔中的水用于喷射
火焰槽及发射台周围
的区域。它能够存储
150万升水。

发射！

总装

在总装大楼内，卫星被安装在
火箭的顶部。卫星表面覆盖着
一层外壳，也就是我们所说的
用于在发射过程中保护卫星的
有效载荷整流罩。下一步就是
装载火箭的上面级和姿态控制
系统。在发射前12小时，移动
发射台和已经完成装配的火箭
将被移往发射区。

▲ 有效载荷通过一个特殊的移动
式起重机被放置到火箭的顶部。

▶ 火箭被履带牵
引车缓缓移出。

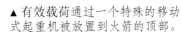

发射区

这个区域的操作最为危险，因此需要
距离其他建筑物至少2.8千米。火箭
的核心级充满了液氢和液氧推进剂，
主发动机和固体助推器被引燃后，火
箭升空。发射区的一个混凝土底座和
3个火焰导流槽会排出气体和火焰。
在火箭升空的过程中，整个发射区域
通过喷水来降低噪声和高温的影响。

人造地球卫星

在天文学中，卫星指那些环绕行星运行的天体。卫星分为两种，一种是天然卫星，如月亮；另一种是人造地球卫星（简称人造卫星），如通信卫星和空间站。早期的人造卫星构造非常简单，现代的人造卫星已经发展得更加复杂了。

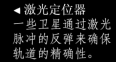

人造卫星上的4根天线会发送无线电信号。

值得一提

人们设计制造了许多人造卫星，它们发送各种数据，如电视广播、移动电话信号、云层和土地的图像以及其他科学信息。卫星的所有者可以通过地面和卫星上的抛物面天线对卫星进行追踪。

"人造地球卫星" 1号

1957年10月4日，苏联的"人造地球卫星"1号作为第一颗人造卫星成功进入绕地轨道。它由一个直径58厘米的铝球和4根3米长的天线组成。它的蜂鸣信号持续了21天，在轨时间共计92天。1958年1月4日，它返回时在大气层中烧毁。

◄ 激光定位器
一些卫星通过激光脉冲的反弹来确保轨道的精确性。

获取能量

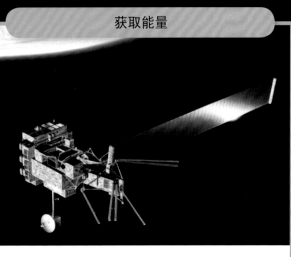

■ 人造卫星必须为自身提供能量。这通常是通过使用嵌满光敏太阳能电池的大型太阳能电池阵来实现。这种电池阵一般有几米长，在发射过程中会被折叠起来。

■ 太阳能电池可以提供几千瓦的能量，不过随着时间的流逝，其功率也会逐渐减弱。

■ 太阳能电池阵能够改变方向，从而收集尽可能多的太阳光。当卫星进入阴影区域时，它会启用蓄电池中的电量。

可别坐失良机

大多数商业卫星的设计理念都基本相同——尽可能牢固、轻便。被称为运载舱的平台包含了卫星的主要系统，包括电池、计算机和推进器。与运载舱相连的是天线、太阳能电池阵和作为有效载荷的仪器（如照相机、望远镜和通信设备）。卫星通过这些仪器来完成工作任务。

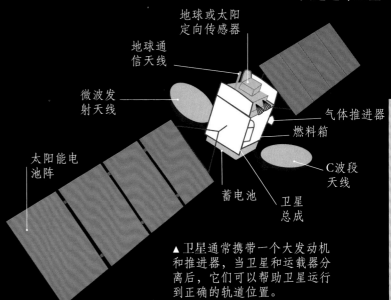

地球或太阳定向传感器

地球通信天线

微波发射天线

气体推进器

燃料箱

C波段天线

太阳能电池阵

蓄电池

卫星总成

▲ 卫星通常携带一个大发动机和推进器，当卫星和运载器分离后，它们可以帮助卫星运行到正确的轨道位置。

发射！

超级太阳能卫星

"先锋"1号是太空中最古老的人造天体。它于1958年发射升空，是第四个成功进入轨道，也是第一个由太阳能电池板提供能源的人造卫星。1964年，"先锋"1号的使命终结，但至今该卫星仍在空间碎片层中继续环绕着地球运行。

卫星会受到很多因素的影响。小陨石的撞击、太阳风、太阳辐射以及引力的微小变化都会改变它的姿态，甚至对它造成损坏。

◄ 保持正确的方向
卫星需要调整到正确的方向，以保证天线和地球之间的通信顺畅。保持正确的角度或姿态，是一件棘手的工作！

热与冷

卫星朝向太阳的一面温度很高，而相反的阴影面则非常寒冷。由于大多数卫星设备对极端的冷、热温度非常敏感，因此这会导致很多问题的出现。保护卫星设备的方法包括使用一种看上去像箔的多层绝缘涂层，以保持卫星的温度，此外还可以通过增加散热器来排出电气设备中的热量。

美国国家航空航天局的月球勘测轨道飞行器（LRO）是一个用来研究月球表面情况的机器人航天器，它的轨道距月球50千米。

卫星的轨道

从1957年的"人造地球卫星"1号发射以来，数以千计的卫星陆续被送入太空。它们分为不同的类型，大小不一，有着各种不同的用途。大多数卫星位于距离地球表面200~2000千米的近地轨道。这类卫星环绕地球运行一周大约需要90分钟的时间。

天气守望者

一些气象卫星位于地球静止轨道，它们可以停留在地球上方的同一位置，如欧洲空间局的欧洲气象卫星。轨道位于地球上空36000千米，环绕地球一周需要24小时。通过在固定点的观测，便于对某一地区的天气变化进行研究。

天气预报

卫星，尤其是那些位于低极地轨道上的卫星，可以获取极为详细的天气图像。人们利用卫星来预测天气，不过我们也有弄错的时候。下面这幅图像是美国国家航空航天局的遥感卫星拍摄的。图中显示热带气旋"古努"正在影响阿曼湾。依据此图，人们预测风暴将移向内陆地区，然而事实并非如此。

▲ 很有耐性
这颗欧洲气象卫星位于非洲西部的赤道上空。当地球转动时，卫星也随之同步移动。

发射！

导航卫星家族

■ 很多卫星都能够提供导航信息。这其中知名度最高、用途最广泛的当属美国的全球星导航定位系统（GPS）。

■ 全球星导航定位系统分布在6个轨道的24颗纵横交错的卫星上，覆盖了地球上空24000千米的区域。无论何时、何地，地平面上空总能覆盖三四颗卫星。

■ 俄罗斯的全球导航卫星系统（GLONASS）类似于GPS系统。

■ 欧洲的伽利略卫星星座计划将于2014年开始。

■ 中国的"北斗"导航定位系统已开始工作。

轨道的类型

不同的轨道被用于不同的任务。许多通信和气象卫星都位于赤道上空，这一区域或接近这一区域的轨道被称为近地轨道，更远一些的，则被称为地球静止轨道。地球自转时，位于其上空的卫星可以在低极地轨道上获取整个星球的详细信息。在高椭圆倾斜轨道上能够发现地球观测卫星和天文观测台的身影。

卫星导航

许多汽车、卡车和飞机都安装了卫星导航设备（导航仪），用作电子地图和路线查找器。卫星导航设备通过获取卫星的即时信号，定位目标在地球上的准确位置，以完成导航工作。

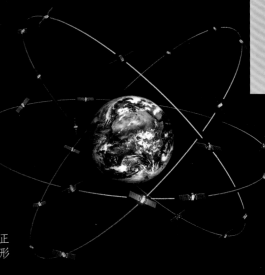

▶ 伽利略导航
欧洲的伽利略卫星导航系统目前正在设计中。整个系统包括3条圆形倾斜轨道上的30颗卫星。

观测地球

许多卫星被用于研究地球的表面。从卫星拍摄的图像中我们可以得到很多信息，包括洋流、空气污染和地貌的改变。通过从不同角度拍摄同一地区的图像，还能够生成三维图像。有些卫星能够看到小于50厘米的物体，有的甚至可以看到报纸的头条新闻。雷达成像卫星甚至能够获取夜间或被云层覆盖的某一地区的图像。

通信卫星

卫星技术改变了广播、电视和电话通信。1962年，首次实现了从美国到英国的实时电视信号转播。今天，卫星可以将数以百计的数字电视信号直接传送到居民屋顶上的天线，使我们可以看到世界各地的实时新闻和体育赛事的实况转播。通信卫星还将把在沙漠腹地或山顶拨打电话变为可能。

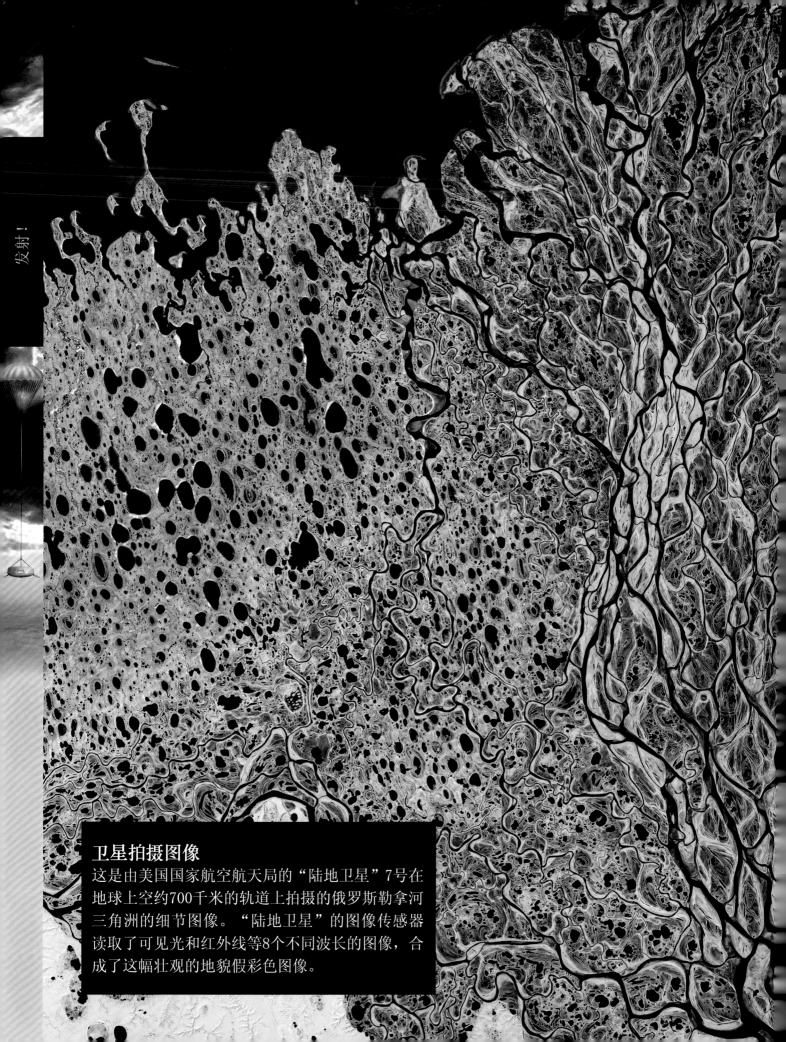

发射！

卫星拍摄图像

这是由美国国家航空航天局的"陆地卫星"7号在地球上空约700千米的轨道上拍摄的俄罗斯勒拿河三角洲的细节图像。"陆地卫星"的图像传感器读取了可见光和红外线等8个不同波长的图像，合成了这幅壮观的地貌假彩色图像。

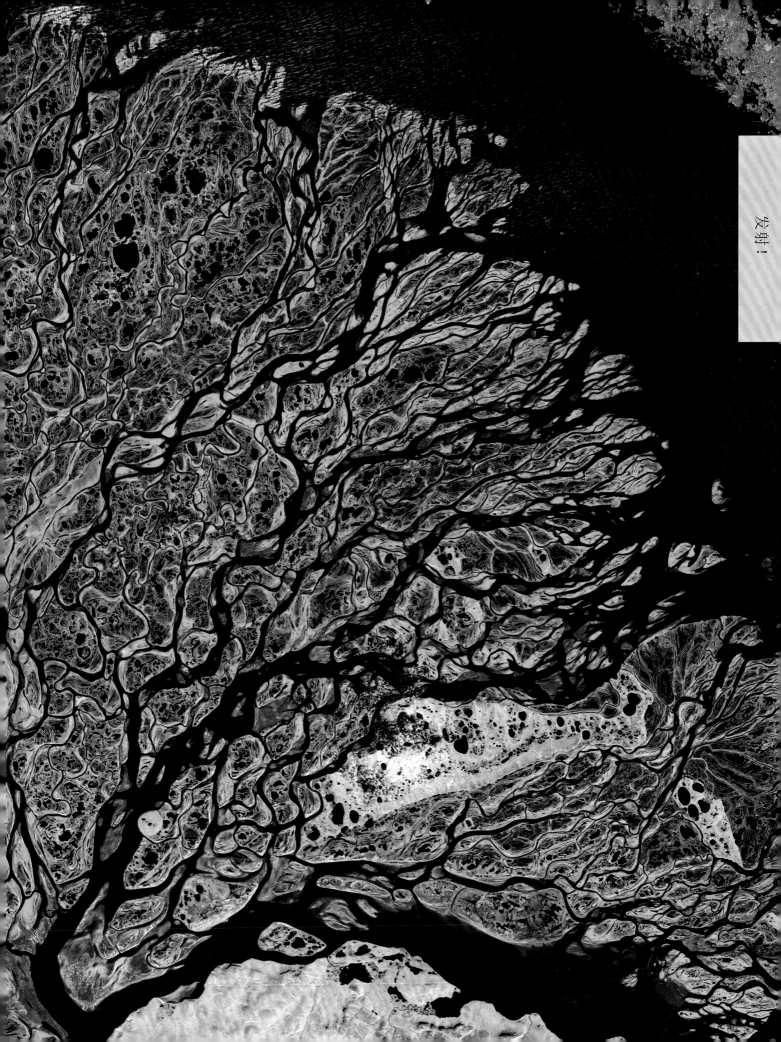

发射！

空间探测器

在20世纪50~60年代，苏联和美国分别派出了各自的无人驾驶宇宙飞船或探测器，去探索月球、金星和火星。从那时起，有多个探测器先后探测了我们太阳系的太阳、行星以及多个卫星、小行星和彗星。

发射！

月球背面

1959年1月，苏联"月球"号探测器中的"月球"1号成为第一个飞越月球的航天器。1959年10月发射的"月球"3号传回了第一批月球背面的图像。由于"月球"3号进入了大椭圆形地球轨道，所以它能够移动到月球的背面。在位于月球上空6200千米的位置，探测器上搭载的照相机拍摄到了月球背面的图像，图像中显示了月球上有少量的"月海"。

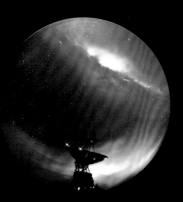

跟踪探测器

探测器通过将图像和其他数据以超高频无线电波的形式传回地球，地面站的跟踪天线负责获取并接收。

▲ 地球上一架航天器跟踪天线所观测到的夜空中的银河系。

火星

火卫一，是火星两颗卫星中的一颗。

第一颗人造火星卫星

1971年5月，美国的"水手"9号探测器发射升空并环绕火星轨道运行。它发回了火星上的巨大火山、巨大峡谷、干涸河床以及火星两颗卫星的近距离图像。

发射！

首次访问金星

"水手"系列探测器是美国首批发送到其他星球的探测器。"水手"2号于1962年7月成功发射，1962年12月14日在金星上空34838千米处掠过。探测器跨越金星用时42分钟，期间对金星进行探测的结果显示，金星云层的温度很低，而它地表的温度却高达425℃。

▲"水手"2号
飞行器有一个镁铝合金制成的锥形架，配有两个太阳能电池板和一个抛物面天线。

木星之旅

"先驱者"10号于1972年3月发射，在1972年7月至1973年2月期间第一次穿越小行星带，它也是第一个抵达木星的飞行器。该探测器在传回木星的近距离图像后，又开始了其飞离太阳系的旅程。探测器于1983年5月穿过海王星轨道。2003年我们收到了探测器发出的最后一个信号。"先驱者"10号正向着金牛座中毕宿五的方向飞去，不过它需要至少200万年的时间才能到达那里！

▶消失
从这幅行星表面的图像中无法看到"水手"10号所处的位置。

水星计划

1974年3月29日，"水手"10号成为第一个访问水星的飞行器。此外，当它于1974年2月5日飞过金星时，它也成为了第一个利用另一个星球的引力改变航向的飞行器。在"水手"10号飞越水星后的几个月中，又陆续有两个飞行器掠过水星。探测器发回了大约12000幅水星图片，为我们呈现了一个看起来类似月球一样环形山密集的水星世界。

小知识

■ "先驱者"10号是有史以来飞行速度最快的飞行器。它以51670千米/时的创纪录速度飞离地球。

■ 多年来"先驱者"10号一直是太阳系中飞得最远的人造天体，这个纪录在1998年2月17日被"旅行者"1号探测器打破。

■ "织女"1号和"织女"2号掠过金星后继续飞行，并于1986年3月飞过哈雷彗星。

第一个行星气球

1984年12月，苏联发射了"织女"1号和"织女"2号两个探测器对金星进行了探测。期间将两个分别搭载着着陆器和工具包的聚四氟乙烯涂层气球投放到了金星大气层中。两个气球在大气层中停留了46小时，传回了云和风的数据，着陆器则对低层大气和地表岩石进行了探测。

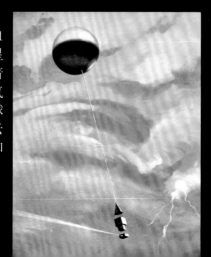

"织女"探测器由太阳能电池板提供能源，载有抛物面天线、照相机和红外探测仪。

太空碎片

现在大约有900颗人造卫星在太空中运行，其中大部分环绕地球运行。然而这些卫星正飞行在一个不断增长的，由太空碎片组成的"海洋"中。这些碎片有的如汽车般大小，有的小如尘埃和油漆斑点。

▼外环
外环主要由通信卫星的碎片组成。

▶近地轨道
大约70%的碎片都位于地表上方大约2000千米的近地轨道上。其中碎片最密集的地方位于极地高纬度区域上空。

碎片在哪里？

目前有大约19000个直径大于10厘米的碎片以及数百万个小一些的碎片环绕着地球运行，其中大部分碎片位于近地轨道。在轨道高度为36000千米的地方还有第二层碎片环，这里是通信卫星的主要轨道。这一轨道环的碎片增加速度非常快，以至于早先发射的卫星不得不提高自身轨道高度才能继续运行。

向地球坠落
通常情况下，坠入地球大气层的碎片会像人造流星一样燃烧起来。然而有时候也会有几乎完好无损的碎片掉落到地面。图中是1997年美国得克萨斯州发现的"德尔塔"2号火箭推进剂贮箱。

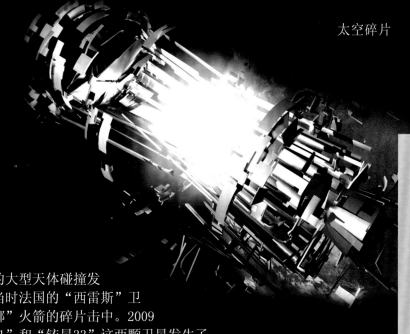

爆炸

迄今为止，太空中已经发生了200多次爆炸，这样的爆炸很可能还会出现。爆炸通常是由无法控制的事件所引发的，如火箭燃料箱中的压力过大，电池爆炸或燃料爆燃。每次爆炸都会产生无数个小碎片。

碰撞

第一次有记录的大型天体碰撞发生在1996年，当时法国的"西雷斯"卫星被"阿丽亚娜"火箭的碎片击中。2009年，"宇宙2251"和"铱星33"这两颗卫星发生了撞击（上图）。此次爆炸产生了大量碎片，形成的太空垃圾可能多达10万个。

"西雷斯"卫星被"阿丽亚娜"火箭的碎片击中。这次碰撞使卫星损伤严重。

知识速览

■ 碎片运行的速度可高达27000千米/时，所以即使是很小的碎片也具有极大的破坏力。高速能使一滴油漆具有一颗步枪子弹的威力。

■ 国际空间站上装着特殊的防护罩，以防止碎片的撞击。当特大的碎片对空间站构成威胁时，防护罩就能够起到保护的作用。

■ 地面上的光学望远镜和雷达主要用于追踪空间的大块碎片。

■ 未来即使没有更多的爆炸，人造太空碎片的数量也会不断增加。因为每次碎片之间的相互碰撞会形成数十个，甚至数百个更小的碎片。

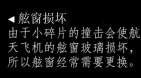

▲ 碎片块
这块5厘米长的碎片足以对飞行器造成重大损害。

对航天飞机的损害

载人航天器，如航天飞机，在碎片频出的近地轨道飞行。美国军方时刻追踪大块碎片，并在可能发生碰撞时发出预警，以便航天飞机调整航线远离危险。然而，小块碎片的撞击往往难以避免。到2005年，航天飞机在54次飞行任务中，总计被太空垃圾和小陨石击中舷窗1634次。

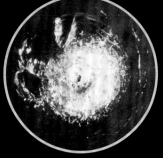

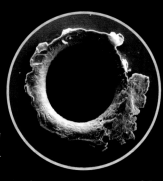

◀ 舷窗损坏
由于小碎片的撞击会使航天飞机的舷窗玻璃损坏，所以舷窗经常需要更换。

▶ 碎片洞
这是用于监测太阳耀斑的卫星帆板上的碎片撞击洞。

航天国家

多年以来，俄罗斯（或苏联）和美国在太空探索方面一直占据着主导地位。随着时间的推移，包括欧洲以及中国、日本、印度、巴西、韩国在内的一些国家，成了新一代航天力量的代表。以色列更是投入了大笔经费用于航天事业的发展。

知识速览

▶▶▶ **知识速览** ◀◀◀

- 火箭上的卫星只需要大约10~30分钟的时间就能够进入轨道。
- 中巴地球资源卫星能够在700千米的高空获取城市的细节图像。
- 美国的空间目标监视系统会追踪太空中的目标。目前有大约900颗卫星在地球上空运行。
- 地球同步轨道卫星运行时，由于卫星和地球的运行速度相同，所以从地球上看到的卫星似乎是静止不动的。

火箭战队

许多小国家借助欧洲、俄罗斯或日本的火箭来发射自己的卫星。如今中国和印度也建设了发射场，拥有了可靠的火箭队伍，也能够帮助别的国家发射卫星。到目前为止，印度的极轨卫星运载火箭（PSLV）已经发射了40多颗卫星，其中仅2008年就发射了10颗。以色列有一个小型发射台，而巴西、伊朗、朝鲜和韩国正在设计建造自己的火箭和发射基地。

看一看：月球之上

2009年，搭载着美国国家航空航天局设备的印度月球探测器——"月船"1号传回的数据显示，月球的岩石中存在着水。这一发现印证了之前美国的两个飞行器"卡西尼"号和"深度撞击"号所采集的数据结果。

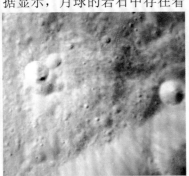

▲ 从这幅月球背面环形山的红外影像来看，月球看上去是干巴巴、灰蒙蒙的。

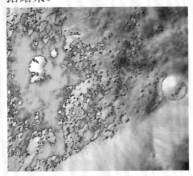

▲ 在这幅假彩色图像下看环形山，能够发现在岩石和土壤下方存在着水源的大量证据。

载人任务

到目前为止，中国是第三个有能力将人类送入太空的国家。2003年，中国将一名航天员杨利伟送入太空。2005年的第二次载人飞行任务中，将两名航天员送入太空。2008年的第三次载人飞行任务中，翟志刚成为了中国第一位实施太空行走的人。他出舱活动20分钟，对舱外仪器进行了检查。2012年6月16日～29日，中国的"神舟"9号进入太空，与"天宫"1号对接。3名机组成员中，刘洋成为第一位进入太空的中国女航天员。

▲ 中国"神舟"7号载人航天飞行任务中的3名机组人员在发射前和返回后都受到了英雄般的待遇。

进入轨道

卫星被赋予了许多不同的使命。中国、印度、巴西和韩国等国利用卫星来监测天气状况和污染情况，寻找矿产和资源，巡查农村和城市。还有的卫星被用于通信或全球定位设备。

▲ 中国和巴西联合研制的中巴地球资源卫星（CERBS-1）用于环境监测，它能准确定位亚马孙雨林的砍伐区域（粉红色显示区域）。

中国的"嫦娥"1号

中国首个月球探测器于2007年10月发射升空。它是以中国神话中人物的名字命名的无人探测器"嫦娥"1号，在发射15天后到达月球。"嫦娥"1号总计运行16个月，绘制出月球表面图像后，探测器在月球表面撞击自毁。

▼ 日本的航天探索

日本宇宙航天研究开发机构（JAXA）是当今太空探索的主要参与者。它们利用自己研制的火箭来发射自己的卫星和航天器。"月亮女神"探测器就是由日本自行研制的H-IIA火箭发射升空的。

高清晰月球图像

2007年9月，日本发射了以传说中月亮公主的名字命名的，绰号为"辉夜姬"的"月亮女神"探测器。这是继"阿波罗"之后规模最大的月球探测任务。此次任务的目标是研究月球的形成和演变。除此之外，"辉夜姬"配备的高清摄像机还拍摄到了一段地球从月球地平线升起的精彩影像。

影像定格

日本宇宙航天研究开发机构的航天器也通过三维图像描绘出了月球的地貌，它还对月球的磁场进行了研究，该任务获得重大成功。2009年，经过一年零八个月的工作，轨道飞行器最终按计划在月球上撞毁，完成了它的使命。

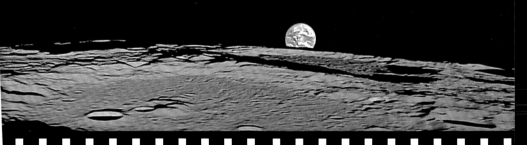

◀ 这段地球升起的精彩视频被上传到视频网站（YouTube）后，被100多万观众点击观赏。

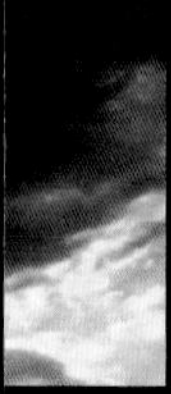

超级航天器

太空旅行需要花费很长的时间。如今无人航天器已经能够进行远距离飞行，去探索太阳系深处的秘密，但是人类要想去往火星甚至更遥远星球的难题还没有完全攻克。许多加快飞行速度和节省燃料的构想正在测试中，这些构想有可能会加快人们在不久的将来探索遥远世界的步伐。

电力驱动

传统的火箭发动机需要燃烧大量的燃料，这使得运载器大而笨重，因此其飞行成本很高。电力推进器，即离子发动机，相对于传统的发动机来说更加轻便高效。它通过引燃带电粒子（离子）流来提供能量。离子通过带电栅极后会加速运动。尽管这一过程产生的推力很弱，但久而久之，它所积累的能量能够将航天器以高速推向太空。

欧洲空间局的"智慧"1号月球探测器由离子发动机提供能量。

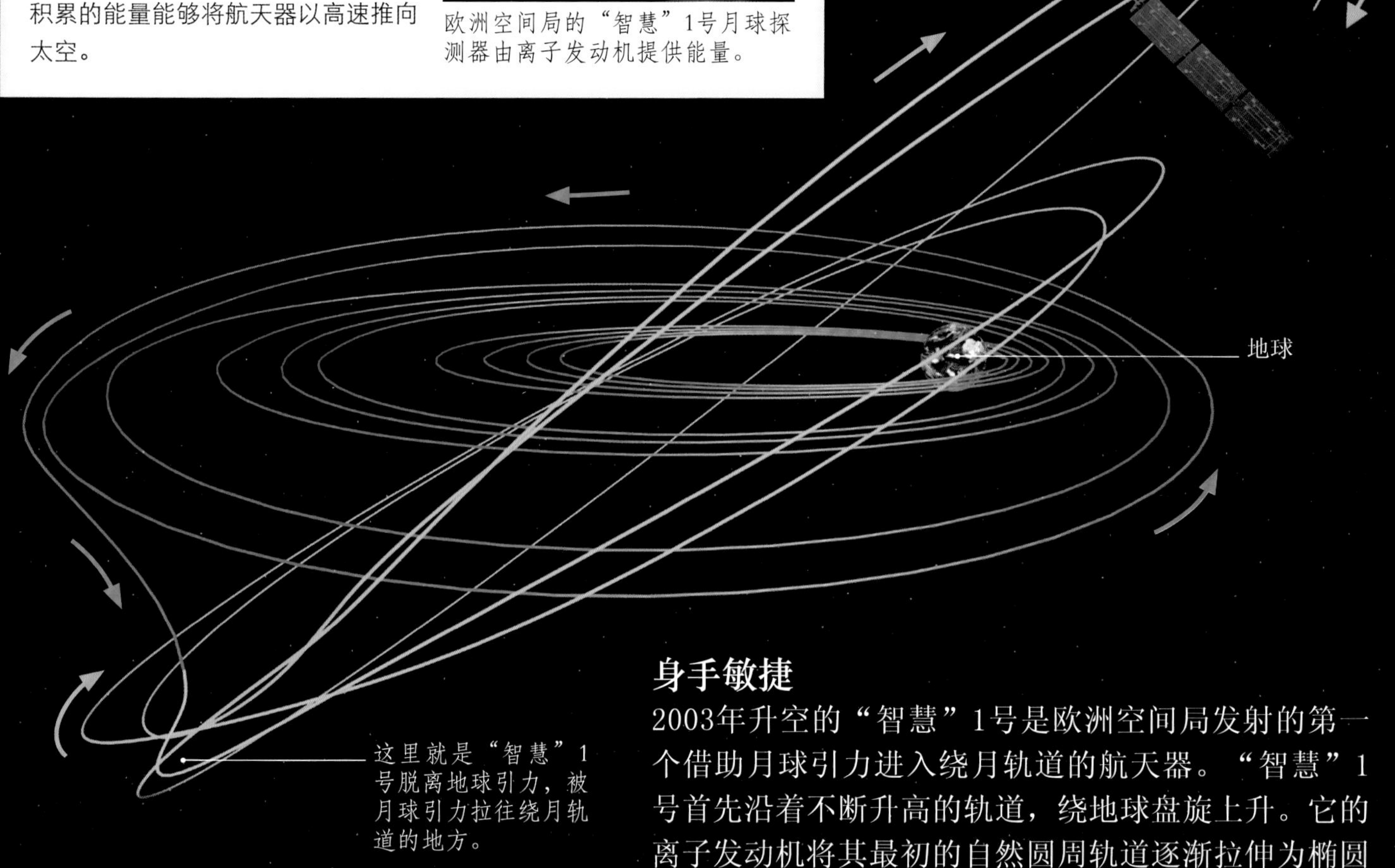

"智慧"1号月球探测器

月球

地球

这里就是"智慧"1号脱离地球引力，被月球引力拉往绕月轨道的地方。

身手敏捷

2003年升空的"智慧"1号是欧洲空间局发射的第一个借助月球引力进入绕月轨道的航天器。"智慧"1号首先沿着不断升高的轨道，绕地球盘旋上升。它的离子发动机将其最初的自然圆周轨道逐渐拉伸为椭圆形轨道。当它距离地球足够远时，就会脱离地球引力，并在月球的引力作用下进入一个全新的轨道。

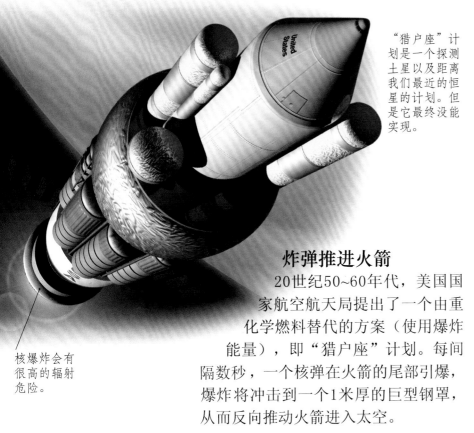

"猎户座"计划是一个探测土星以及距离我们最近的恒星的计划。但是它最终没能实现。

核爆炸会有很高的辐射危险。

炸弹推进火箭

20世纪50~60年代，美国国家航空航天局提出了一个由重化学燃料替代的方案（使用爆炸能量），即"猎户座"计划。每间隔数秒，一个核弹在火箭的尾部引爆，爆炸将冲击到一个1米厚的巨型钢罩，从而反向推动火箭进入太空。

空气动力制动

航天器在减速进入月球或其他行星的轨道时，会消耗很多燃料。然而如果行星具有大气层，那么就有可能在不使用火箭发动机的情况下减速。通过吸入或释放上层大气来减速的技术，称为空气动力制动。每当航天器进入大气层时，都会在摩擦力的作用下减速。这一技术也可以用来改变航天器的轨道。

火星勘测轨道飞行器利用大气摩擦减速。

"代达罗斯"计划

20世纪70年代，英国星际学会提出了"代达罗斯"计划——一个两级无人飞行器。它的发动机将利用与太阳相同的能源（核聚变），来燃烧高速喷射气体，将飞行器送入太空。飞行器携带的全部燃料重达54000吨。它的飞行速度很快，能够在50年内到达巴纳德星（距地球6光年）。由于减速和加速所需的燃料相同，所以当它高速经过巴纳德星后还将继续前行。

"伊卡洛斯"太阳帆的长度有20米，但厚度只有0.0075毫米。

◀ "伊卡洛斯"是日本的第一个太阳帆任务（太阳辐射会使这个星际风筝飞行器加速）。

太阳帆

在地球上帆船已经被使用了几千年了，太空中的"帆船"也即将登场。太阳帆的诞生是受阳光在固体表面上的热能累积的启发。当足量的阳光照射在巨大、轻便的帆上时，就会推动航天器在太空中前行。这种推力虽然很小，但持续不断，逐渐地航天器会达到一个很高的速度。

人在太空

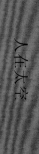

在太空中生存对于人类来说很难。航天员需要在零重力并且远离家园的环境里做许多事情，小到飞行前的训练，大到在轨道内建立空间站。

太空先驱

自19世纪以来，人类在研制航天器和对太空的探索过程中，有很多人都做出了贡献，甚至一些动物都曾参与其中。这里列举了一些对人类探索太空历史有一定影响的人和动物。

太空动物

20世纪40~50年代，为了测试失重对于生物的影响，一些动物被送往太空。1959年，两只猴子（Able和Miss Baker）被送到了距离地球483千米的高空。它们在失重环境中待了9分钟后，安全返回地球。

康斯坦丁·齐奥尔科夫斯基

人类探索宇宙的先驱——苏联火箭专家康斯坦丁·齐奥尔科夫斯基说："地球是人类的摇篮，但我们不会永远躺在这个摇篮里"。1874年，他只有17岁时，第一次对太空飞行产生了兴趣。他将自己对于多级火箭、液态气体推进、耐压航天服以及轨道空间站的想法写了出来。1935年齐奥尔科夫斯基去世。他的理论被广泛应用于人类太空探索。

凡尔纳小说中的飞行器是由巨型大炮"哥伦比亚"号发射的。1969年，美国国家航空航天局把将人类送往月球的指令舱命名为"哥伦比亚"号。

儒勒·凡尔纳

儒勒·凡尔纳是19世纪法国的一名科幻小说家。他的小说《从地球到月球》及其续篇激励了很多的太空先驱，其中包括康斯坦丁·齐奥尔科夫斯基、罗伯特·戈达德以及沃纳·冯·布劳恩。

20世纪20年代，戈达德独自一人用自己制造的火箭进行了很多实验。

罗伯特·戈达德

当美国物理学家罗伯特·戈达德开始尝试着发射火箭以及宇宙飞船时，人们认为他疯了。1926年，他的第一枚液体燃料火箭在他艾菲姨妈的农场里发射成功。这枚长达3米的火箭飞到了12.5米高，56米远，整个过程只持续了2.4秒。如今戈达德被认为是现代火箭之父。

我能一直在太空中飞行。

加加林不得不在密封舱降落之前就进行空降跳伞——这件事被当作秘密保守了很多年。

尤里·加加林——太空第一人

1959年,机敏过人的歼击机飞行员尤里·加加林成为了航天员候选人。1961年4月12日,他乘坐"东方"号飞船到达地球上空327千米的轨道。飞船速度为28000千米/时,绕地球飞行一周仅仅用了108分钟。短短108分钟的飞行引起了巨大轰动,加加林也因此成为世界名人。

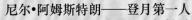

▼迄今为止,只有十几个人在月球上行走过。1969年7月20日,尼尔·阿姆斯特朗所乘坐的登月舱在月球着陆,他在月球上留下了人类的第一个足迹。

站在"土星"5号运载火箭旁边的沃纳·冯·布劳恩博士。

尼尔·阿姆斯特朗——登月第一人

尼尔·阿姆斯特朗也是一名机敏过人的飞行员。在孩提时代,他便制作了数百个飞机模型。他甚至在拿到汽车驾照之前就已经拿到了飞行驾照。1962年,他被选为美国国家航空航天局的航天员。1966年,驾驶了"双子星座"8号飞船。1969年,他指挥了"阿波罗"11号飞船的登月飞行,那是人类第一次的月球之旅。他也成为了第一个在月球上行走的人。

沃纳·冯·布劳恩

沃纳·冯·布劳恩原本居住在德国,他在那里研制了第二次世界大战中德国所使用的武器V-2火箭。战争结束后他来到美国工作,并开始研制"土星"5号火箭,该火箭为美国人赢得了登陆月球的竞赛。"土星"5号火箭作为唯一一枚完成任务后不会坠毁的火箭而闻名。

谢尔盖·科罗廖夫

20世纪30年代,充满激情的火箭专家谢尔盖·科罗廖夫引起了苏联军方的注意,他成为了一系列苏联空间计划的主要谋划人,其中包括世界第一颗人造地球卫星,即"人造地球卫星"1号。然而苏联一直将他的身份保密,直到1966年去世时,外界只知道他是"主设计师"。

成为一名航天员

要想成为一名航天员十分不容易。通常在数千名应征者中，只有极少数的人能被选中。那些被选中的人在执行太空飞行任务之前需要进行几个月的学习与训练。据一些航天员说，他们所经受的训练往往比执行实际的任务还要困难。

航天员必备

你具备驾驶宇宙飞船所必需的资格吗？

■ 军事飞行员：高性能战斗机。

■ 大学学历：工程学、科学或者数学。

■ 身体健康，体能良好。

■ 良好的社交技能。

■ 能够进行团队合作。

■ 要想成为航天科研专家还需要：更高的学历。

■ 工作经验：工程学或者与航天相关的职业。

被选中的少数人

在太空时代早期，被选中的航天员都是那些年轻的，并且具备一定身体素质和心理素质的军事飞行员。如今的航天器在起飞和重返大气层时，航天员们已经不需要再承受那么多的应力，但是他们仍然要进行一系列的体能测试。

了不起的明星！

美国参议员约翰·格伦曾经打破过两项太空纪录：1962年他乘坐"友谊"7号进入太空，这次太空之行使他成为第一个环绕地球飞行的美国人；1998年，已经77岁的格伦再一次登上航天飞机进入太空，他成为了从事该项活动的最年长者。

你具备航天员的条件吗?

每个国家都有各自的航天员训练方案,其所遵循的准则基本类似。训练大概要持续两年的时间,囊括大约230个项目,其中包括:潜水、空间工程、语言技巧(英语和俄语)、太空行走以及怎样在零重力环境下生活和工作等,大约需要1600小时的指导训练。这是一份艰苦的工作,你必须奋力拼搏,但是最终回报也是可观的。

航天员训练日志:

5,4,3,2,1……
发射!

我们在与真实的飞船大小相同的密罐里面游泳,在水里重力变小。我们需要熟悉航天器的每个角落。我们还需要演练太空行走。

二月
我们在飞行模拟器里学习如何驾驶宇宙飞船:从开始发射,到重新进入地球大气层,最后着陆。反复地练习,逐渐做到熟能生巧!

三月
成为一名航天员是一项体力活儿,所以必须经常在健身房里训练,从而保持健康。

四月
我喜欢学习驾驶T-38高性能喷气式飞机。上个星期练习怎样从水底逃生。还学习了怎样使用弹射座椅以及降落伞。

今天游泳!

七月
为了适应失重环境,我们在一架装有特殊填充材料的飞机里进行训练。飞机如同云霄飞车般飞行,人在飞机里很难不感到恶心,但是那种像超人一样的感觉真的很有意思。

这架飞机被称为"呕吐彗星"。

丛林中的生存训练。

十月
我们必须学习生存技巧,因为在重返地球时有可能坠落到丛林中或者很冷的地方。我们还接受了医疗训练。我们必须以团队的方式执行任务。

冬日训练!
寒冷与饥饿。

十一月

十二月
我们已经被赋予了任务,现在正在教室里学习。

麻烦的事!
美国约翰逊航天中心的航天员迈克尔·洛佩兹-阿莱格里亚告诉我们,在零重力环境下学习刷牙要比在海上生存困难。整理物品、喝水甚至扔垃圾都成为了一种复杂的工作。

太空行走

对于航天员来说，最危险的事情就是舱外活动。在舱外他们将面临众多的困境，包括缺少空气、高能量辐射、极端温度以及高速飞行的太空碎片的威胁。然而太空行走又是不可或缺的，因为航天员需要对航天器进行维修或安装新设备，登月航天员还需要在月球上行走。

▲ 密封舱
航天员通过密封舱这间特殊的小屋子进入太空。这间小屋子与飞船的其他部分是隔开的。

喜欢行走吗？

在太空探索的早期，美国与苏联的竞争相当激烈。当美国国家航空航天局声称爱德•怀特将进行第一次太空行走时，苏联决心打败他们。于是在1965年，苏联航天员阿列克谢•列昂诺夫进行了第一次太空行走。这次出舱差点以悲剧收场，由于航天服膨胀，阿列克谢•列昂诺夫差点不能返回飞船。他释放了航天服里的一些空气才勉强挤回密封舱，这是非常危险的举动。

▲ 爱德•怀特是第一个利用推进装置来完成太空行走的航天员。

▲ 太空行走
1994年，在距离地球240千米处，航天员卡尔•J.米德和马克•C.李出舱测试一个小型舱外活动救生的喷气动力装置。

▲ 机器人技术
马克•C.李被固定在"发现"号航天飞机的遥控机械臂上。

LIFE

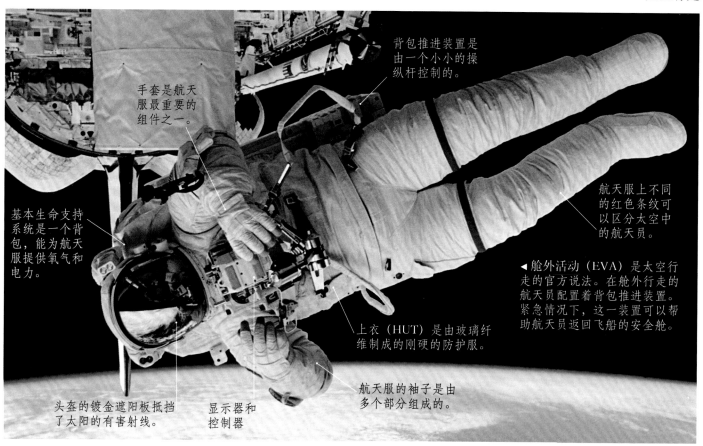

背包推进装置是由一个小小的操纵杆控制的。

手套是航天服最重要的组件之一。

航天服上不同的红色条纹可以区分太空中的航天员。

基本生命支持系统是一个背包，能为航天服提供氧气和电力。

◀舱外活动（EVA）是太空行走的官方说法。在舱外行走的航天员配置着背包推进装置。紧急情况下，这一装置可以帮助航天员返回飞船的安全舱。

上衣（HUT）是由玻璃纤维制成的刚硬的防护服。

头盔的镀金遮阳板抵挡了太阳的有害射线。

显示器和控制器

航天服的袖子是由多个部分组成的。

人在太空

自由地飞行

对于太空行走者来说，最大的威胁是不小心飘离飞船而无法返回。其结果将会是在空荡荡的黑暗太空里慢慢地死去。虽然有时航天员会使用特殊的飞行椅以及背包推进装置自由地飞行，但是他们一般还是谨慎地与飞船固定在一起。

▶太空扶手椅
1984年，载人机动装置（MMU）被用到了3个美国国家航空航天局的任务当中。

维修与新建

航天员在舱外工作，需要依靠固定在飞船外面的绳索来进行移动。舱内的航天员通过操纵机器人起重机将舱外的航天员送到工作地点。航天服头盔上的灯使得航天员可以在黑暗的太空中工作。

▶"哈勃"带来的麻烦
1993年，航天员凯思林•桑敦正在对哈勃空间望远镜进行维修（👁 28~29页）。

卫星修复

1984年，人们利用载人机动装置回收两颗被卡在错误轨道里的卫星。航天员乔•艾伦和戴尔•加德纳执行了这次舱外任务，他们通过载人机动装置到达出事卫星的位置并将它们拖回到航天飞机。之后卫星被送回地球进行维修。这是载人机动装置最后一次执行任务，由于担心它的安全性，不久之后它便从美国国家航空航天局退役了。

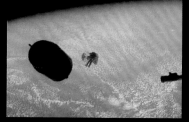

▲靠近 戴尔•加德纳向"西星"6号卫星靠近。

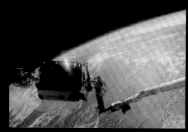

▲返回 加德纳和艾伦指挥"西星"6号返回航天飞机。

太空生活

把人送到太空工作、生活，意味着要为他们提供合适的生活条件。国际空间站大约有3~6个人居住，他们通常一次就要待上半年的时间。国际空间站配备了全组人员所需要的一切，以使他们能够舒适而顺利地完成任务。

▶▶▶ 知识速览

■ 载人航天的成本要比只送机器人进入太空昂贵得多，因为需要具备人类生存的条件。
■ 脏衣服无法清洗只好丢掉。
■ 食品包装袋被一艘空的载货飞船带走，它们会在飞船重返大气层时烧毁。
■ 国际空间站的马桶每个花费要1900万美元。
■ 运送过去的氧和氮为空间站里的航天员提供了呼吸所需的气体。

▲ 窗外景观
在国际空间站上，观看窗外飞逝而过的地球是航天员最喜欢的消遣方式之一。

闲暇时间

工作之余，国际空间站上的航天员有很多种休闲的方式。比如通过可视电话、无线电台或电子邮件与地面交流打发时间。除了家人、朋友外，航天员有时也会与业余无线电爱好者以及学术机构交流。

▶ 娱乐时间
很多航天员喜欢阅读、听音乐、看影碟和下棋等。有的喜欢演奏乐器，包括电子琴、吉他甚至小号。

保持清洁

在国际空间站上不能像在地球上那样在水龙头下洗手。由于零重力环境下水不会向下流，因此在空间站内既没有水槽也没有淋浴。航天员想要洗澡，只能用酒精或含有液体肥皂的湿毛巾来擦拭。航天员每天用两块海绵洗浴，一块用来清洗，一块用来漂净。他们洗发使用的是免冲的洗发精，刷牙使用的牙膏通常可以直接吞下去。

▲ 舒适地坐着
航天员把自己绑在马桶上，然后用抽吸器处理排泄物。在早期的航天任务中，航天员用软管和塑料袋收集他们的排泄物。

看一看：健身房

失重会引起肌肉萎缩和骨质流失，为了保持结实的肌肉，国际空间站的航天员们每天要在健身房锻炼两次，每次1小时。这就保证了航天员在回到地球的重力环境时不会病倒。国际空间站上有多种不同的健身器械，包括浮动跑步机、健身自行车和"举重"器。航天员们需要将自己绑在器械上，这样他们才不会飘走。最新设计的器械能够使航天员克服零重力进行抗阻训练（如卧推、仰卧起坐和下蹲）。

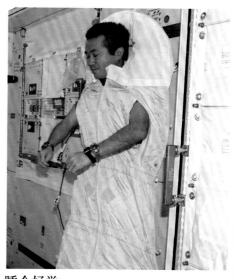

睡个好觉
航天员对睡觉的地点没有挑剔，地板、墙壁甚至天花板都可以。但是需要距离通风扇近点，因为如果没有流动的空气，他们呼出的二氧化碳会把自己包围，这将导致因缺氧而气喘。

▶ **太空充血**
在太空，人体的血液循环系统紊乱了。没有重力牵引，身体各部位的血压相等，血液会冲进脑袋造成肿胀。运动有助于缓解这种"太空充血"的状况。

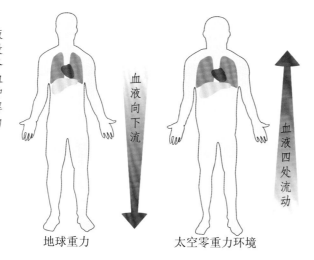

血液向下流   血液四处流动

地球重力   太空零重力环境

睡觉时间到了吗?
在国际空间站和航天飞机上，一天中会有16次的日出和日落，所以以很难搞清楚睡觉时间到没到。航天员使用的工作时刻表和睡眠周期表是以位于得克萨斯州休斯敦任务控制中心的时间为准。

食物和饮料

■ 第一批航天员只能吃小的块状食物、冷冻的干燥粉末状食物以及糊状食物。食用时，这些食物通过管子被直接挤进嘴里。

■ 现在国际空间站菜单上的食物品种超过100种，并增加了快餐和冷热饮。其中多数食物都是干冷的，吃之前需要加水。所有食物都事先经过加工，不必一直储藏在冰箱里。

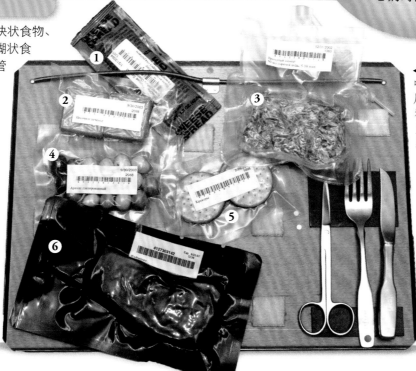

◀ **固体餐**
吃固体食物可以使用刀和叉，但是刀和叉需要用磁铁固定，以防从餐桌上飘走。

1 芝士酱
2 奶油甜酥饼
3 奶油菠菜
4 糖衣花生
5 薄脆饼干
6 牛排

▲ **食物软管**
最早的太空餐是软绵绵的黏性半流体，很像婴儿食品。

动物在太空

早在人类踏足太空之前，动物就被送入了太空，科学家们以此来研究动物在零重力环境下的反应。如果动物经过太空之旅能够生存下来，那么预示着人类也可以进入太空。

犬类是最早进入太空的动物

犬类动物能为载人航天铺路吗？

▲ 狗狗的太空之旅
1960年，左图中的这两只小狗（Strelka 和 Belka）成为了第一批绕轨飞行后安全返回的动物。上图中的这两只小狗（Veterok 和 Ugolyok）在太空待了22天。这一纪录直到1973年才被打破。

航天员莱卡
这只小狗莱卡（Laika）是第一个被送往太空的动物。科学家们认为，由于犬类可以长时间地坐着，因此对于太空飞行而言，它们是非常好的候选者。不幸的是，小狗莱卡在进入太空飞行了5个小时后就死掉了。

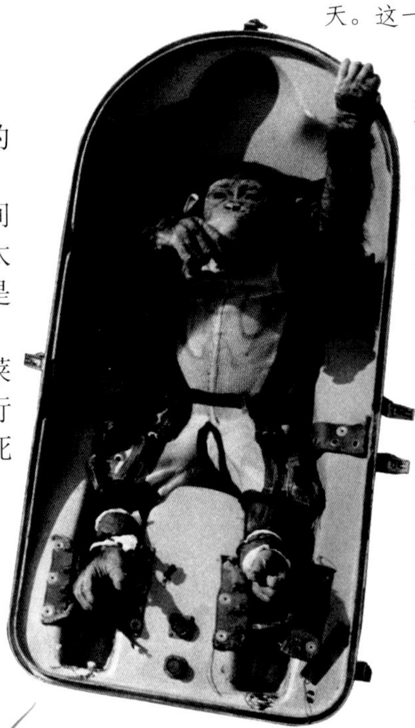

冠军黑猩猩
黑猩猩是人类的近亲，因此在人类进入太空之前先让它们做实验十分必要。很多黑猩猩接受了训练，1961年，第一只黑猩猩（Ham）进入太空。虽然在飞行过程中太空舱中的压力有所减小，但是由于有航天服的保护。在16分钟的飞行过程中，黑猩猩只是鼻子受了点轻伤。

▲ 小狗莱卡
莫斯科街道上的流浪狗莱卡很快就被训练成功。1957年11月，它乘坐"人造地球卫星"2号进入太空。在与美国的太空竞赛中，这是苏联取得的一个不小的成就。

太空动物大事年表

20世纪40年代		20世纪50年代		
1947年 在美国，果蝇搭乘V-2火箭进入亚轨道飞行。	1948~1950年 美国的5个亚轨道飞行器将3只猴子和2只老鼠带到了130千米的高空。老鼠活了下来。	1951年 9月20日，一只猴子（Yorick）和11只老鼠搭乘美国"空蜂"火箭到达72千米的高空。这只猴子是在进入太空的猴子中，第一只幸存者。	1957年 小狗莱卡成为第一个被送往太空的动物。	1959年 一只猕猴（Able）和一只松鼠猴（Miss Baker）是第一批进行亚轨道飞行后成功返回地球的动物。

费力的事情

把动物送入太空会有很多问题需要考虑。比如：它们如何进食呢？怎样控制它们的行为呢？在太空飞行任务中，为了保护这些猴子，人们把它们捆在了座位上。通过训练，它们学会了叨住管子吃食物和喝水，还学会了在灯亮的时候通过按压杆子来保持头脑清醒。

▲ 运载动物进太空

1983年，"宇宙1514"号将2只猴子和10只怀孕的老鼠送入太空，这次旅程持续了5天。

 看一看：卵

太空中关于卵的实验有很多。人们将地球上的鹌鹑蛋拿到太空中孵化，最后竟然孵出了小鹌鹑，但是太空中的成功率没有地球上高。

▶ 太空鹌鹑

不幸的是，在"和平"号空间站里孵化出的鹌鹑没能存活下来。

塔迪斯任务（TARDIS）

这些生物是水熊，在地球上它们几乎是"杀不死"的无脊椎动物。那么它们在太空会过得怎么样呢？欧洲空间局的塔迪斯任务（TARDIS）实验证明，它们是第一种能够在太空失重并且寒冷的环境中生存下来的生物。它们不仅活了下来，而且还能耐受强度为地球上1000倍的紫外线辐射。

无重力蜘蛛网

在地球上，蜘蛛利用风以及重力来织网。那么在既没有风也没有重力的太空，蜘蛛们将如何织网呢？为了弄清楚这一点，1973年两只蜘蛛（Anita和Arabella）被送到了"天空实验室"3号。事实上，一旦它们适应了失重环境，就能够织出近乎完美的网。

蜘蛛利用自身的重力来控制蜘蛛网的厚度。

这个实验是由美国女学生朱迪思·迈尔斯设计的。

通过这次实验，科学家们进一步地了解了蜘蛛中枢神经系统的工作原理。

20世纪60年代	20世纪70年代	20世纪90年代	21世纪	
1960年 两只小狗（Strelka和Belka）在太空旅行一天后利用降落伞安全返回地球。	1973年 两只蜘蛛（Arabella和Anita）被"天空实验室"3号送入太空。	1990年 日本记者秋山丰宽将一些日本树蛙带到了"和平"号空间站。	2008年 欧洲空间局的飞行任务（TARDIS）将水熊送到了270千米的高空。	2009年 4000条蛔虫搭乘"亚特兰蒂斯"号航天飞机升空。它们在太空待了11天。
1961年 第一只黑猩猩（Ham）前往太空。				

拓展家园

想象一下，在新西兰上空340千米的近地轨道上，两名航天员被细绳系在飞船上。他们走出飞船，通过太空行走来到了国际空间站的一个新的桁架处，并将新桁架组件连接到了国际空间站上。

第一个空间站

如果航天员需要在太空中生活和工作几个月甚至几年的时间，那么像航天飞机这样的飞行器是不现实的。他们需要一个更大的空间"建筑"，也就是空间站。

◀"礼炮"1号由太阳能电池板提供能量，完成了2800多次绕地飞行。

"礼炮"1号

世界上第一个空间站是苏联的"礼炮"1号，它于1971年发射升空。它的3个舱段中最大的是服务舱，位于后面的服务舱内有燃料、氧气、水箱和主发动机。中间是工作和生活区域，也就是轨道舱。前面是对接舱。一个3人的工作组曾在空间站里生活了22天，但是后来"礼炮"1号不再有人居住，同年，"礼炮"1号离开轨道坠落。

知识速览

■ "礼炮"号的命名是为了纪念尤里·加加林，他是第一个进入太空的人，于1968年去世。

■ "礼炮"3号和5号被用来监视西方的竞争对手。里面搭载的一部照相机可以拍摄地表的详细照片，胶片被放在一个特殊的太空舱中送回地球。

■ "礼炮"3号装载着一个机械枪，以防被其他宇宙飞船攻击。它可以在真空环境中工作。

科幻小说中的空间站

第一篇讲述空间站的小说《砖月亮》被刊载在1869年的一份杂志上。20世纪早期，车轮形的空间站在科幻小说中很流行。事实上，目前建造的所有空间站都是由分次发射的舱段组成。运载火箭对运载物的大小和重量的限制意味着空间站的建设只能像搭积木一样，每次发射一块，搭建一块。

▲ 在这篇小说中，上面有人的"砖月亮"是被无意间发射的。

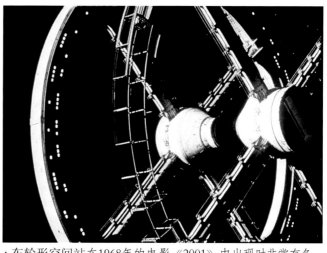

▲ 车轮形空间站在1968年的电影《2001》中出现时非常有名，它叫"太空奥德赛"。科学家们在20世纪50年代的确对车轮形空间站做过慎重的思考。

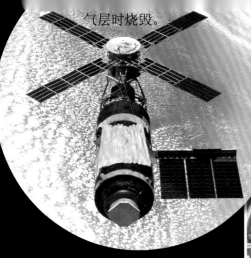

气层时烧毁。

1973～1974年间使用的"天空实验室"是美国的第一个空间站，也是最大的空间站。"天空实验室"在发射时部分损毁，失去了两个主电池板中的一个。但是3名航天员成功进入太空，其任务分别持续28天、59天和84天。他们的任务包括：进行天文实验，太阳X射线研究，地球遥感和药品研究。

"和平"号空间站

它是"礼炮"系列空间站的接续者。它的第一个舱段于1986年发射，很快就有2名工作人员在里面工作。随后的10年中又陆续发射了6个舱段，包括供航天飞机使用的对接舱。

厨房和用餐区

实验室

废物处理区

卧室

▲"天空实验室"工作、生活区
这是空间站中最大的部分。它包括航天员住所、盥洗室、淋浴室、厨房以及一个实验设备室和一个大型废品处理装置。

▶ 在轨的"和平"号空间站
航天员的住处在基本舱。服务舱包含主发动机和推进器，第三个舱有5个对接口。总共有31个载人飞船和64个货舱与"和平"号实现对接。

死里逃生
1997年，"和平"号曾遭遇过一次严重的火灾。4个月后，"进步"号货运飞船对接时又与空间站发生了碰撞，造成"光谱"舱损坏并使空气泄漏。幸运的是，航天员在被迫放弃空间站返回家园时及时关闭了"光谱"舱的舱盖。

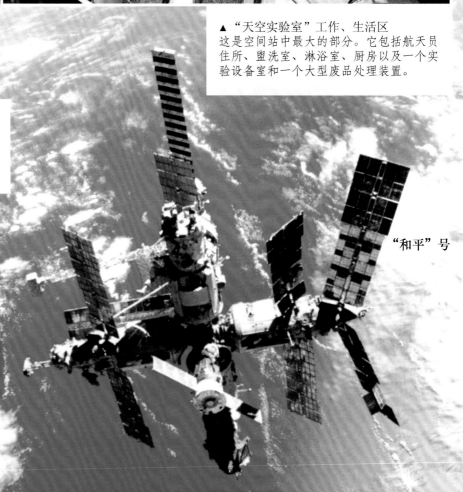

"和平"号

国际空间站

国际空间站（ISS）是迄今为止最大，也是最昂贵的飞行器。它由16个国家合作建造并操作，在将来至少5~10年内，它将成为6名航天员的久居之所。

国际空间站最终规划

- 宽（桁架）：109米
- 长（模块）：88米
- 重量：419600千克
- 运行高度：385千米（地球表面以上）
- 运行速度：8千米/秒
- 内部气压：1013毫米汞柱（和地面相同）
- 受压体积：935立方米（相当于5间卧室）
- 人员数：3~6人

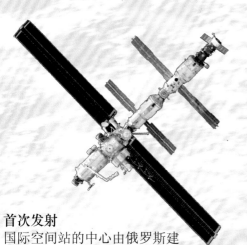

首次发射

国际空间站的中心由俄罗斯建造的"星辰"舱和"曙光"舱组成。"曙光"舱于1998年被送入太空。它现在主要用于储藏以及推进。2000年，主居住舱加了进来。第一个科学实验室，美国的"命运"舱于2001年2月加入国际空间站。

太阳能

国际空间站最引人注目的地方是它的8对太阳能电池板。每块电池板长73米——比波音777飞机的翼展还要长。电池板可以把阳光变成电能，并且能够旋转接收尽可能多的阳光。它包含大约26.2万块太阳能电池，最大可以产生110千瓦的电能。

实验室中的工作

每天，国际空间站上的成员在实验室中进行各种科学实验。地面上几百名科学家也参与其中。这些实验覆盖很多领域，包括人体生理、药品研究、物理科学和地球观测。研究题目范围从蛋白质晶体生长到制作新的金属合金。

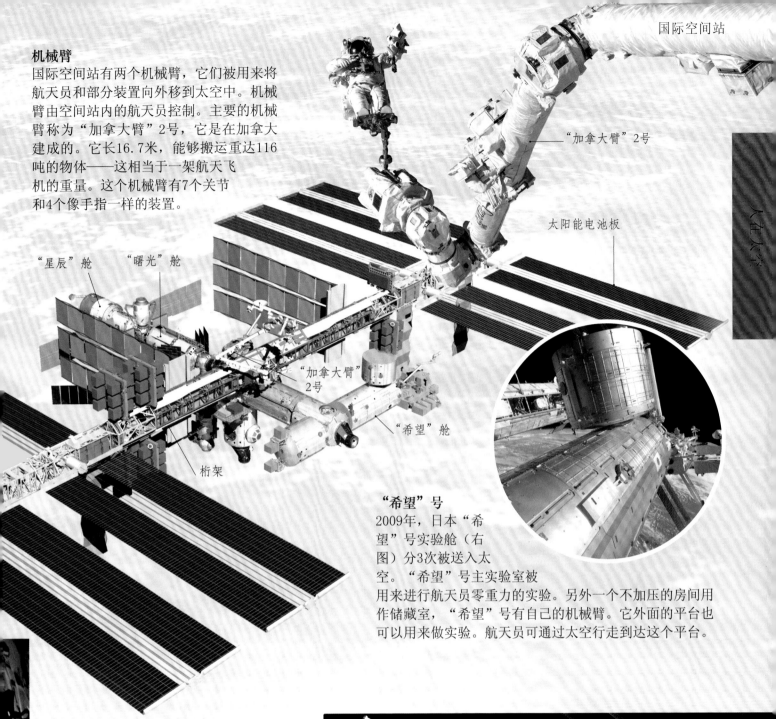

机械臂

国际空间站有两个机械臂，它们被用来将航天员和部分装置向外移到太空中。机械臂由空间站内的航天员控制。主要的机械臂称为"加拿大臂"2号，它是在加拿大建成的。它长16.7米，能够搬运重达116吨的物体——这相当于一架航天飞机的重量。这个机械臂有7个关节和4个像手指一样的装置。

"加拿大臂"2号

太阳能电池板

"星辰"舱

"曙光"舱

"加拿大臂"2号

"希望"舱

桁架

"希望"号

2009年，日本"希望"号实验舱（右图）分3次被送入太空。"希望"号主实验室被用来进行航天员零重力的实验。另外一个不加压的房间用作储藏室，"希望"号有自己的机械臂。它外面的平台也可以用来做实验。航天员可通过太空行走到达这个平台。

新鲜供给

食物、水和装备由航天器送到国际空间站。空间站的人员期望俄罗斯"进步"号货运飞船能经常访问空间站。最近几年还设计出了其他类型的无人货运飞船。欧洲第一艘自动运载飞船（ATV）于2008年4月和国际空间站对接，日本的H-II运输飞船（HTV）在接近空间站后依靠一个机械臂实现对接。除了航天飞机外，所有供给飞船在返航途中均会烧毁。

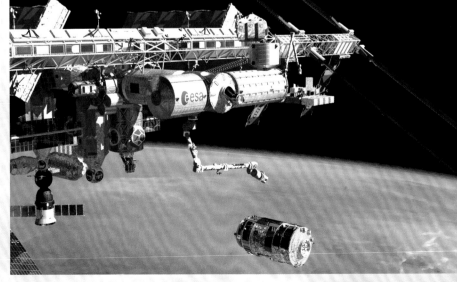

空间科学

太空中的失重环境为科学研究提供了一个特殊的环境。在非常高的落塔中或者从地面向高空起飞的飞行器中，可以制造出短暂的微重力环境。但是长达几周甚至几个月的微重力环境，只有在空间站上才能体验。

▲ 手套式操作箱
航天员在国际空间站上的"命运"号实验室研究零重力效应。手套式操作箱为实验提供了一个安全封闭的区域。

▶ 欧洲空间局用来研究太空辐射对人体影响的一个人体模型（Matroshka）中装有辐射感应器、骨骼和血液的样本，以及非常类似人体组织和器官的人造物质。

改善健康

没有重力，人体的肌肉和骨骼会变得非常脆弱。国际空间站上的航天员使用了多种方法来防止肌肉和骨骼的损伤。包括使用健身器械、药品甚至轻微的电击。

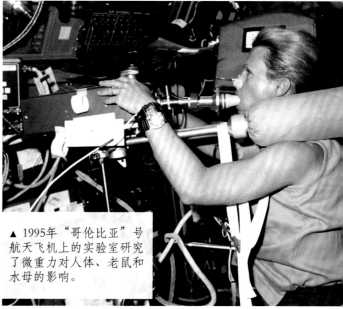

▲ 1995年"哥伦比亚"号航天飞机上的实验室研究了微重力对人体、老鼠和水母的影响。

航天运动病

许多航天员在刚刚进入轨道的头几天会受到航天运动病的困扰。因为太空中没有上下之分，所以大脑从眼睛、肌肉、皮肤和平衡器官接收到许多矛盾的信息。有很多实验用来研究人类大脑怎样处理这些信息，大脑怎样适应微重力环境。

这个人体模型是根据俄罗斯的娃娃"套娃"而命名的，它和"套娃"一样有很多层。

太空中的生命

在太空中已经做过了多种试验，包括蜘蛛、果蝇、西红柿、鱼和鹌鹑等。有害细菌在零重力环境中生长得很旺盛，而人类抵抗传染的能力则会下降。航天器不可能完全灭菌，所以细菌的传播对于执行长期任务的航天员来说非常危险。

晶体

在太空生长的晶体要比在地球上生长得大得多，而瑕疵要少得多。科学家们对研究太空中的蛋白质晶体特别感兴趣。人体中有超过30万种蛋白质，我们对它们中的大多数知之甚少。制造高质量的蛋白质晶体可以帮助我们研究它们的形状和结构，以及它们在人体中的工作方式。

研究蛋白质晶体可以帮助我们研制治疗艾滋病和癌症的药物。

这些蛋白质晶体在太空中被制造出来。

太空中的植物

1960年，苏联"人造地球卫星"4号首次将植物送入太空。从那时起，科学家们一直在研究植物在太空怎样生长，并且考虑在小面积上种植大量高质量植物的方法。这些研究对于将来的太空旅行很重要，航天员可以自己种植食物。这项研究对于地球上粮食作物的培育也很重要。

▶ 在太空中，植物是无土栽培的——种在空气里而不是土里。

太空中的火焰、液体和金属

对流是地球重力环境下热的液体和气体上升，冷的液体和气体下沉的过程。零重力环境没有对流，所以太空中的火焰呈球形而不是向上指的锥形。地球上不可互溶的液体因为密度不同会分层，在零重力环境下可以轻易混合并且性质也会不同。液态的金属可以在太空混合形成超强的合金，其强度会远远超过在地面上形成的合金。

▲ 地球上的火焰
地球上的火焰会指向上方，这是因为被加热的空气比周围冷空气的密度低。

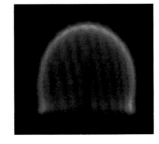

◀ 太空中的火焰
在零重力环境下没有对流作用，所以火焰燃烧形成的是球形火苗。

看一看：副产品

太空技术民用化被称为衍生产业。许多太空技术都能够应用于地面。

■ **高尔夫球空气动力学**
利用美国国家航空航天局的技术设计出了飞得更快、更远的高尔夫球。

■ **防震头盔**
防震头盔中使用的减震垫最早是由美国国家航空航天局发明的，它们被用在航天器的坐垫上。

■ **防雾的滑雪护目镜**
美国国家航空航天局研制的一种涂料被用于护目镜、深海潜水面具以及防火头盔上，它可以防止起雾。

■ **石英晶体**
美国国家航空航天局用石英晶体研发了高精度的时钟和手表。

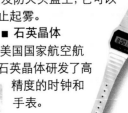

太空旅游

如今，进入太空的人并不一定都是专业航天员。比如科学家、政治家、一个日本记者，两个美国教师以及几个商人都已经进入太空。太空旅游已经逐渐变成现实，将来能将人们送往亚轨道进行短途飞行的公司会迅速涌现出来。

"太空船"1号

2004年，X奖基金会（X PRIZE FOUNDATION）拿出了1000万美元作为奖金，来推进为游客建设新型航天器的竞赛。这笔钱将奖励给第一家制造出能在高度100千米以上，在两周时间内飞行两圈的新型飞船制造公司。

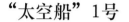

▲ 这个奖被"太空船"1号赢得，它有3个座位，是外形酷似飞机的研究型火箭。

"白骑士"发射器

"太空船"1号

一次终生难忘的旅行

你有2000万~3500万美元吗？你想尝试一次飞往太空的奇特旅行吗？俄罗斯空间局开出的这个价格，可以带你乘坐"联盟"号飞船升空，并在国际空间站逗留一周的时间。

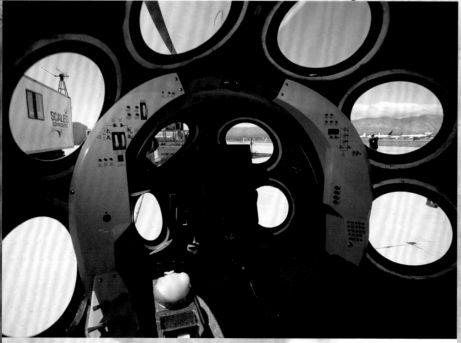

▲ "太空船"1号的驾驶舱。

▲ 在被"白骑士"发射器释放之后，"太空船"1号飞行了24分钟。

"太空船" 2号

用于亚轨道旅游飞行的一个比"太空船"1号更大、更先进的飞船正在研发过程中。"太空船"2号将由"白骑士"2号发射到15千米高度。这个外形有些奇怪的发射飞行器的翼展达43米。"太空船"2号被释放后，将用自带的火箭发动机到达110千米的高度，随后滑落返回跑道。

"太空船"2号被释放

► "太空船"2号的票价被卖到20万美元。飞船将以3倍声速的速度飞行，这比任何喷气式飞机都要快。

◄ 船舱长18米，直径2.3米，可以搭载6位游客和2位飞行员。每位游客都坐在一个巨大的舷窗旁，在返回地球前他们可以自由地飘浮4分钟。

人往太空

第一位游客

■ 第一位花钱飞往太空的是60岁的美国人丹尼斯·蒂托。这位富翁旅行前在俄罗斯星城进行了训练。

■ 2001年4月30日，他乘坐"联盟"号飞船抵达国际空间站。他在空间站上逗留6天，然后乘坐另一艘"联盟"号飞船返回地球。

■ 在太空中，丹尼斯·蒂托做的事情包括：听歌剧，通过舷窗拍摄视频和照片，帮助航天员准备饮食，花点时间欣赏地球美景，空间站每90分钟绕地球一圈。

太空旅馆

将来如果能够有比较经济的方法飞往太空，那么太空旅馆也将随之出现。这样普通人也能够前往太空，去体验神奇的失重感觉。有人已经提出了供人居住的可充气航天舱的详细计划。如果有一个这样的航天舱发射，并能够与推进器以及对接舱相接，这样就会有更多的充气航天舱加入进来。

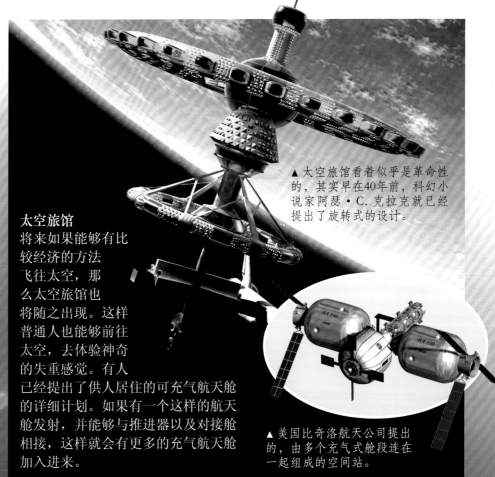

▲ 太空旅馆看着似乎是革命性的，其实早在40年前，科幻小说家阿瑟·C.克拉克就已经提出了旋转式的设计。

▲ 美国比奇洛航天公司提出的，由多个充气式舱段连在一起组成的空间站。

未来的飞行器

从50多年前太空时代开始到现在，发射装置的变化微乎其微，仍然应用着火箭和大量的重质燃料。航天机构试图开发更加廉价、可重复使用的航天运输设备，但是这要求具有新的技术，如冲压式发动机。

也许有一天，航天器可以通过一架太空电梯到达运行轨道。人们提出了各种设计，其中大部分采用索式结构。这个钢索从地表一直延伸到地球静止轨道，其上端有一个平衡物。地球自转能够使钢索保持拉紧状态，汽车或者驾驶舱能够在钢索上爬升。这种钢索需要使用一种新型的材料，必须很轻但是很结实。

▼ "云霄塔"号
在英国，科学家们正在研究这种无人驾驶并且可重复利用的航天飞机。它带有可以在地球大气层中吸收空气的发动机，在进入太空之后，发动机将转化为普通的火箭发动机。

空天飞机
这种可以重复使用的空天飞机正在研究中。它拥有独立的火箭发动机，可以将人和物品运输到轨道上。它能够从机场的跑道上起飞，也可以由飞行器带到一定的高度，然后被释放。任务结束后，它可以像一架飞机那样降落到跑道上。

私营公司

到目前为止，几乎所有的载人（载物）航天器都是由某个国家的航天机构研发的。然而这种局面很可能会被打破。美国国家航空航天局支持私营公司建造用于运输物资到国际空间站的航天器。这些航天器由私营公司研发的火箭发射到太空。图上的"大龙"号航天器，最初被用来运输6吨重的物资。以后可能会运送航天员，或者成为自由飞行的实验室。

空间站

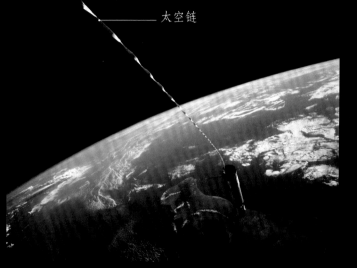

太空链

"大龙"号负责运输供给以及其他货物。

太空链

太空链是一条长钢索，它能够将航天器和其他物体连接起来。该物体可能也是一个航天器，或是一个用过的火箭助推器，或是一个空间站。这条链子由高强度的纤维或金属丝制成。在太空可以使用这条链子移动物体而不消耗燃料。整个过程可以通过物体间的能量和动量的转化完成。

冲压式运载火箭

目前一些国家正在研制"冲压式发动机"。这种发动机可以减少耗氧量。冲压式运载火箭由一个普通的火箭发动机或者火箭助推器推进到相当高的速度后开始工作。冲压式发动机没有运动部件，它将经过它的空气压缩，并且和燃料混合后将它们点燃产生动力。

看一看：来自太空的能量

我们使用的能量越来越多。由于温室效应，我们处于全球变暖的威胁中，所以无污染的、可再生的能源对于我们来说越来越重要。目前我们正在研究如何从太空中获得能量，我们可以利用飞行于地球轨道上的巨大太阳能电池来获得能量。这些能量通过激光或者微波传送到地面，由地球上巨大的抛物面天线收集。这些天线适宜安装在海上的某些特定区域。日本可能会在2030年进行他们的首次太空能量收集实验。

▲ 巨大的太阳能电池在赤道上空运行，它全天24小时捕获阳光，并且将能量传到地球。

美国国家航空航天局的实验品超X冲压式航天器。

触及星球

迄今为止，在人类太空旅行的历史上，已经有12人踏足过月球表面，并且有更多的人在国际空间站上居住过。将来我们可能会踏足火星，也有可能会定居在环绕另一颗恒星运行的行星上。然而为了实现这个目标，我们必须面对很多挑战，其中最重要的就是要解决旅行途中的生存问题。

漫长的旅行

载人火星飞行中最大的挑战之一，是需要经过长达6个月的旅程才能抵达火星。接下来还要在火星上停留一段时间，然后才能返回。航天员在只能容纳6人的航天器中还经历着远离家乡、空间有限等困扰。从火星发出的信息需要20分钟才能到达地球，然后再经过相同的时间才能得到回应。来到火星上的人必须居住在一起，他们在地球上相关人员提供的微薄帮助下共同处理问题。

和水藻独处

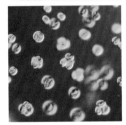

20世纪70年代，在位于苏联西伯利亚的用于测试人们如何在完全隔绝的空间生活的建筑（BIOS 3）中，种植了小球藻属海藻以保持室内空气循环，同时也确保了居住在里面的人不会窒息。

小球藻

在隔绝环境下生活

人们做过很多研究人类怎样在隔绝的有限空间中生活的实验。20世纪90年代初，在"生物圈"2号项目中，有8人进入了一个"人造地球"中接受测试。该项目持续了2年时间，其中人们所面临的最大的考验是空气系统问题以及参试人员之间发生争吵问题。

影像定格

"生物圈"2号建在美国的亚利桑那州。在建筑物内部，有模拟地球上不同环境的区域。上图是海洋生态系统。另外还有其他生态系统，包括草地、雨林以及荒漠。

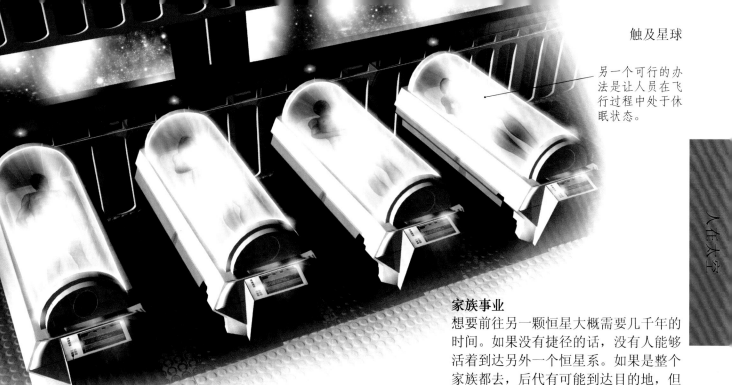

另一个可行的办法是让人员在飞行过程中处于休眠状态。

人类休眠技术通常出现在科幻电影中，目前在现实生活中还不能实现。

家族事业

想要前往另一颗恒星大概需要几千年的时间。如果没有捷径的话，没有人能够活着到达另外一个恒星系。如果是整个家族都去，后代有可能到达目的地，但是由于中途没有可以停留的地方，因此必须带足供给。

太空农业

'Yecora Rojo'
83 days old

每3个月就会有一艘货运飞船为空间站上的成员运送补给品。这些补给品体积庞大、沉重，而且运送费用非常昂贵。一个6名成员组在3年内所需要的食物、水和氧气的总重量可达33000吨。有一个办法能够解决这个问题，就是让航天员自己种植食物。现在科学家们已经尝试着在太空小温室里种植植物了。

科幻与现实

不同于真实生活的是，在科幻小说和电影中，人类可以很容易并且快速地穿过银河系。在《星际迷航》中，"企业"号联合星际飞船潜入"虫洞"——太空里一条可以大大节省旅行时间的通道。在那里飞行的速度比光速还要快。但是目前还没有证实虫洞的存在，而且根据物理定律，飞行器的运行速度不可能超越光速。

"企业"号联合星际飞船穿过虫洞获得捷径，但是没有证据证明虫洞真的存在。

再循环

科学家们一直致力于研究出尽可能多的，将航天器上的废弃物循环再利用的方法。现在已经有了能够净化尿液为饮用水或者洗涤用水的机器。还可以通过分解水分子而得到氧气。另外科学家们正在研究一种使用细菌分解回收人类排泄物的系统，排泄物经分解回收后可以用于制造食物和水。

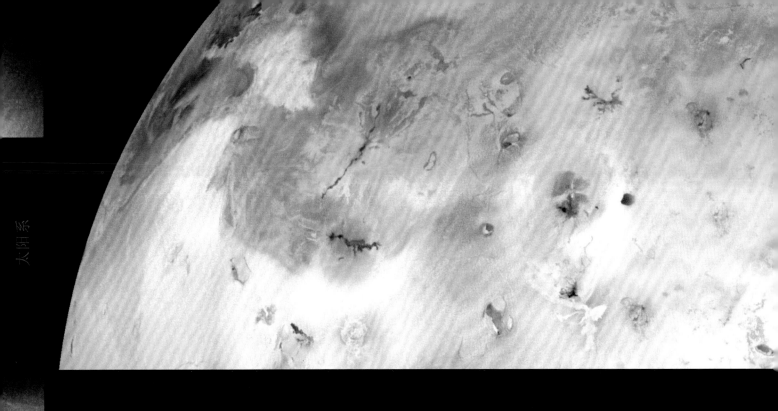

太阳系

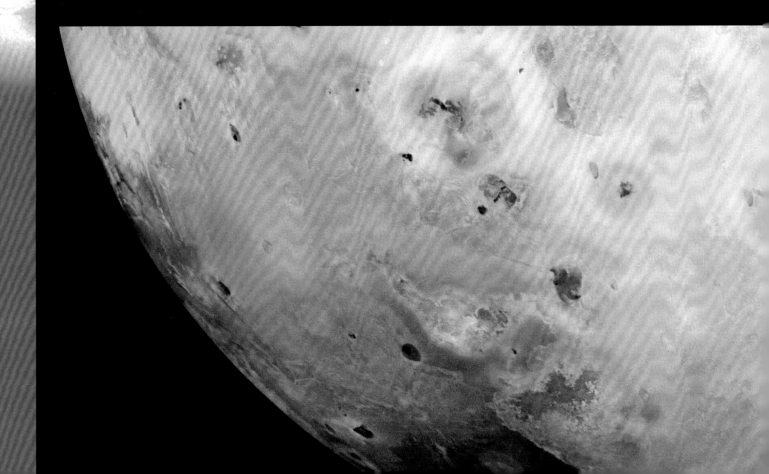

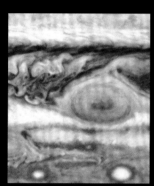

我们的太阳系是一个受太阳引力影响的空间区域，它在太空中延伸了2光年的距离，其中包括行星、卫星、小行星和彗星。

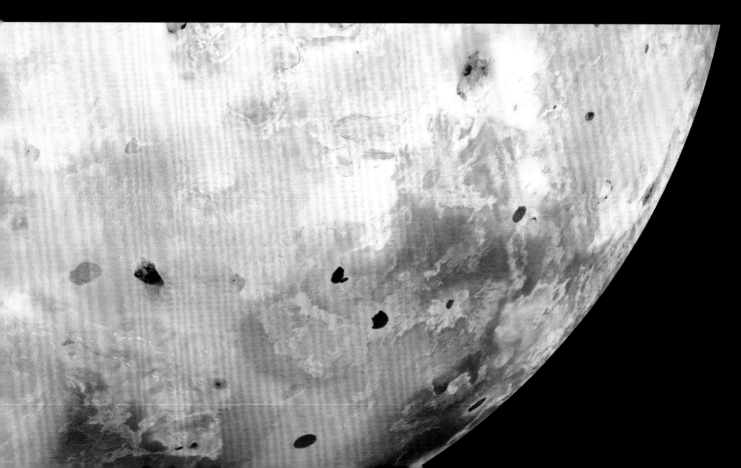

太阳系的诞生

太阳系是由太阳、八大行星、众多的卫星、为数更多的小行星和彗星以及行星际物质组成的天体系统。它诞生于一团巨大的、旋转的云团中。这个诞生过程大约起始于50亿年前，由大量尘埃和氢气构成的云团开始收缩和聚集，最终我们的太阳在稠稠的、炽热的云团中心形成。其余的云团形成了称为"太阳星云"的旋转盘。

◀ 激波反应
没有人能知道云团为什么会开始收缩，它很可能是受到了激波触发，这些激波来自于爆炸成为超新星的那些恒星。

碰撞和融合

太阳星云

在太阳星云中，一些尘埃和冰颗粒碰撞、合并，使小颗粒变成直径数千米的块体，称为星子。一些位于太阳星云中较热区域的块体，主要是由岩石和金属构成。而那些距离星云中心较远，处于较冷区域中的块体，主要是由冰构成的。

当星子变得越来越大时，它们的引力将更多的物质吸引过来，造成了更多的碰撞、融合。最终形成一些体积很大的物体。这些物体吸引了大量的气体，形成称为气体巨星的行星——木星、土星、天王星和海王星，即类木行星。

看一看：月球的诞生

多数科学家认为，月球诞生于一个火星大小的物体与年轻地球的碰撞过程中。从碰撞到月球形成可能经过了数百年的时间。最初的月球距离地球比现在要近得多，它

那时环绕地球运行一圈只需要几天的时间，而现在需要27天多一些。

▲ 碰撞过程
一个和火星差不多大小的物体与地球发生了碰撞。

▲ 崩裂
撞击使得地球和这个物体的部分物质蒸发、熔化，碎片被抛向太空。

▲ 形成新秩序
撞击产生的碎片形成了一个围绕着地球的环。

▲ 新的卫星
环中的物质最终结合在一起，成了地球的卫星——月球。

其他行星系

现在看来，行星系非常普遍。在我们银河系中，多数年轻的恒星都被由尘埃和氢气组成的盘环绕着——正如年轻的太阳。科学家们通过对这些恒星盘的研究可以了解很多关于太阳系的早期历史。在围绕遥远恒星的轨道上，已经发现了超过400颗行星。这些行星几乎都是巨大的类木行星。随着探测仪器的进步，应该会有数以百万计的地球大小的行星被发现（👁 226~227页）。

这幅图展示了一颗假想的围绕太阳系外行星运行的卫星。

此行星质量大约与木星相当。

知识速览

■ 地球和太阳系的其他行星形成于45亿年前。

■ 行星形成时遗留下来的一些物质今天依然存在，比如岩石小行星和冰质彗星。

■ 由于撞击产生了非常多的热量，所以岩石行星（水星、金星、地球和火星）形成时处于熔融状态（液态），而后当它们冷却后变为固态，即类地行星。

▲ 重轰炸期
在行星形成后，仍然有大量的剩余物质。其中多数微小物质被强太阳风吹走了。较大的石块继续与地球以及其他行星碰撞，一直持续到大约40亿年前。

太阳系

太阳家族

太阳统治着太空中一片广阔的区域。它的引力、辐射和磁场的影响，向外延伸至数十亿千米。太阳系中有8颗行星、5颗矮行星、约170颗卫星、数百万颗小行星以及数十亿颗彗星。

水星是离太阳最近的行星。数十亿年来，它几乎没有任何改变。水星很小，上面布满了陨石坑，没有大气和卫星，它的一年相当于88个地球日。

冥王星由克莱德·汤博于1930年发现。冥王星曾被认为是距离太阳最远的第九颗行星，但现在被归类为矮行星。

火星是太阳的第四颗行星，它有很多火山、陨石坑、裂谷，以及蜿蜒的峡谷。火星有2颗卫星，它的一年相当于687个地球日。

天王星由威廉·赫歇耳于1781年发现。它是太阳的第七颗行星，具有暗环系统和27颗卫星。它的一年相当于地球的84年。

木星是太阳的第五颗行星，也是最大的一颗行星。它具有薄环系统、63颗卫星和称为大红斑的风暴，它的一年相当于地球的12年。

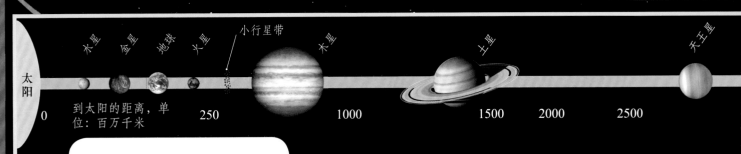

到太阳的距离，单位：百万千米

太阳　0　　250　　1000　　1500　2000　2500

水星　金星　地球　火星　小行星带　木星　　土星　　　天王星

类地行星

4颗类地行星（水星、金星、地球和火星）、小行星和许多卫星由岩石构成。石质的行星要比气体的行星小很多。它们的卫星也少很多（一些没有卫星），并且没有环。

轨道

大多数行星、卫星和小行星以相同的方向（西向东）环绕太阳运行。大多数轨道靠近被称为黄道的地球轨道平面上，所以如果你从侧面看太阳系，将会看到大部分轨道几乎在同一水平面上。而水星和冥王星的轨道并非如此，它们倾斜着运行。

公转和自转

公转周期是一个天体环绕另一个天体运行一周所需的时间。行星环绕太阳的公转周期也是它一年的时长。行星的自转周期是行星围绕其自转轴旋转一周的时间，也是它一日的时长。

小行星带位于火星和木星之间，约1.8亿千米宽，其中包含数以千计的小行星。

海王星由约翰•伽勒于1846年发现。它是太阳的第八颗行星，具有薄环系统和13颗卫星。它的一年相当于地球的165年。

金星是太阳的第二颗行星，其大小与地球相当，但是大气气压比地球上大90倍。它没有卫星，一年相当于224个地球日。

土星是太阳的第六颗行星，也是第二大行星（仅比木星小），它很轻，可以"浮于水"，是太阳系中唯一轻于水的天体，其一年相当于地球的29.5年。

地球是太阳的第三颗行星，是岩石行星中最大的，也是唯一具有液态水的行星，其一年有365日。

哈雷彗星

行星定义

2006年国际天文学联合会（IAU）第26届大会通过了一个《行星定义》，凡满足以下三个判据的天体定义为行星：①绕日运行；②近球形状；③轨道相对固定。

3000　3500　4000　4500

海王星

类木行星

众所周知，4颗类木行星（木星、土星、天王星和海王星）为气体巨星。它们由气体构成，有着岩石和冰的固态核心。另外冥王星和彗星等距离太阳较远的天体大多由冰构成。

矮行星

矮行星如同其他行星一样，也是环绕太阳运行，并反射太阳的光线。行星可以清除轨道上的其他物体，可是矮行星不能，它的轨道内仍然会有很多物体。已知的矮行星有5颗：冥王星、阅神星（最大的矮行星）、谷神星（最大的小行星）、妊神星和鸟神星。它们是45亿年前行星形成时遗留下来的冰质残余物。

◀ 冥王星
最著名的矮行星，冥王星上是黑暗和冰质的世界，它有3颗卫星，没有空气，而且比水星要小，它的一年相当于248个地球年。

水星

水星是八大行星中最小的，也是距离太阳最近的行星，因此它常常隐藏在太阳的光辉之下。除了在日出和日落时，它很难被观察到。水星没有卫星，也没有大气层。

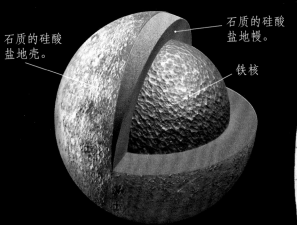

石质的硅酸盐地壳。

石质的硅酸盐地幔。

铁核

▲ 水星空气
水星没有大气，但是水星上方有少量的钠和氦气。

更多信息……

航天员会发现在水星上运动非常容易，因为水星表面的引力很小。一个体重为50千克的航天员在水星上的体重只有19千克。

小小世界

水星非常小，地球内部可以放下大约18个水星。但是除了地球之外，它比其他行星的密度都大。这是因为水星的内核由铁和镍构成，而且非常大，外面又被石质的地幔和外壳所覆盖。水星内核中的铁所产生的磁场比地球磁场弱100倍，这可能是由于水星绕轴自转的速度比地球慢而造成的。

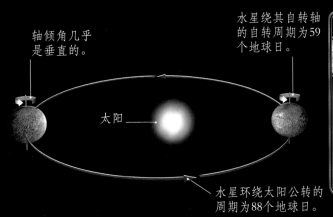

轴倾角几乎是垂直的。

水星绕其自转轴的自转周期为59个地球日。

太阳

水星环绕太阳公转的周期为88个地球日。

行星概况

- 距太阳的平均距离 5800万千米
- 表面温度 −180~430℃
- 直径 4875千米
- 一日的时长 59个地球日
- 一年的时长 88个地球日

- 卫星数 0
- 表面重力 0.38（地球=1）
- 与地球的尺寸对比

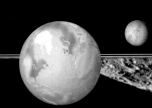

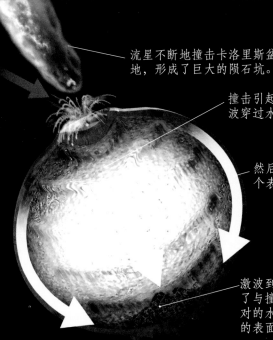

流星不断地撞击卡洛里斯盆地，形成了巨大的陨石坑。

撞击引起的激波穿过水星。

然后传到整个表面。

激波到达并击碎了与撞击地点相对的水星另一端的表面。

巨大的撞击盆地

如同月球一样，水星上也布满了陨石坑。这表明从它形成起就被数以百万计的小行星和流星不断地撞击。这些撞击，有些在其表面撞出了大凹地，其中最有名的是圆形的卡洛里斯盆地。它直径约1300千米。其底部有山脊和断面，边缘处有山脉。形成卡洛里斯盆地的爆炸产生的激波可能穿过了整个水星，其相对的水星另一端的表面上产生了大面积崎岖的山丘。

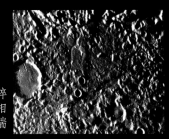

◀ 混乱的地形
与卡洛里斯盆地相对的水星另一端的陆地证明了激波的冲击，这种冲击会造成断层线、小裂缝和凹地。

看一看：横穿太阳

水星是距离太阳最近的行星，其公转轨道是椭圆形而不是圆形，它距离太阳的距离从4600万千米（小于日地距离的1/3）变化至7000万千米（日地距离的一半）。有时候水星正好穿过日地连线时，我们看到的水星就犹如一个小点，从巨大的太阳面前缓慢地穿过。这种穿越只发生在5月和11月。下一次水星的穿越将发生在2016年5月9日。

▶ 水星的运行
2006年11月8日，水星在太阳前面穿越。午夜之后，水星完成了这一行程。图上的3个小黑点显示出，与太阳相比水星是如此的渺小。

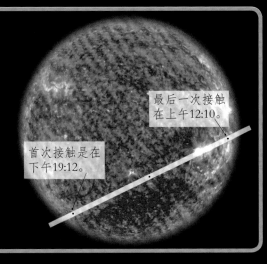

最后一次接触在上午12:10。

首次接触是在下午19:12。

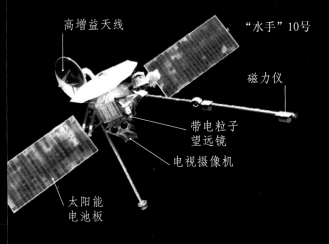

高增益天线

"水手"10号

磁力仪

带电粒子望远镜

电视摄像机

太阳能电池板

航天器来访

1974~1975年间，"水手"10号3次飞过水星上空，发回了12000幅图像——但是每次飞行看到的都是水星的同一面。现在一个叫做"使者"号的美国航天器几乎对水星的整个表面进行了拍摄，并且于2011年3月进入水星轨道。

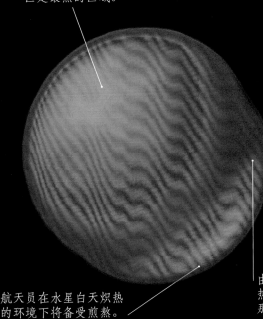

离太阳最近的赤道区是最热的区域。

航天员在水星白天炽热的环境下将备受煎熬。

炽热和寒冷区域

水星受阳光照射的区域非常炽热，特别是阳光最强的赤道附近。卡洛里斯盆地就位于炽热区域，"卡洛里"的拉丁文是"热"的意思。这里的温度可以达到430℃，如此高的温度能够使铅熔化。尽管水星这样炽热，但是有证据表明，在水星两极附近较深盆地的底部可能仍然存在着水冰。

由于没有空气传播热量，水星黑暗的那一面非常寒冷。

金星

金星是太阳系中与地球最类似的行星。它离太阳比地球近，因此比地球要热，它与地球在大小、质量和物质构成方面都很相近。金星被非常厚的、令人窒息的大气所覆盖，上面没有水和生命。

更多信息……

不仅是航天员无法在金星上生存，为数不多的在金星表面着陆的航天器也只能作业1~2小时，时间一长就会被恶劣的环境毁坏。

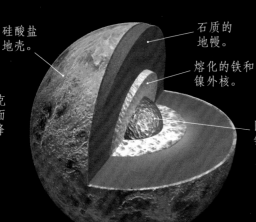

硅酸盐地壳。

石质的地幔。

熔化的铁和镍外核。

固态的铁和镍内核。

▶ 岩石地貌
金星上最高的山是麦克斯韦山脉。它高出地面12千米，比珠穆朗玛峰还要高。

别去那里！

金星比其他行星距离地球近，但是你肯定不会想去那里旅行。金星上厚厚的硫酸云团和令人窒息的二氧化碳气体困住了太阳的热量，使金星像一个天然的微波炉。如果有航天员登陆金星，可能会因酸性灼伤、炽热、巨大气压、窒息而致命。

约80%的太阳光被反射。

厚厚的硫酸云团阻碍了大部分的太阳光到达金星表面。

反射光使得云团表面明亮醒目。

大气中的二氧化碳吸收热量，这样热量就无法散逸出去了。

只有20%的太阳光能够到达金星表面。

行星概况

- 距太阳的平均距离 1.08亿千米
- 云顶温度 460℃
- 直径 12100千米
- 一日的时长 243个地球日
- 一年的时长 224.7个地球日
- 卫星数 0

- 表面重力 0.91（地球=1）
- 与地球的尺寸对比

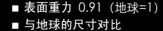

云层

金星表面被厚厚的淡黄色云层所覆盖，这些云层由硫化物或硫酸构成。风吹着这些云沿着从西向东的方向，以350千米/时的速度移动，这些云只要4天就可以环绕金星运行一周。

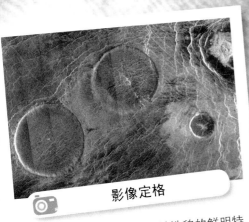

影像定格

金星上有1600多座火山。其地貌的鲜明特征之一是扁平的熔岩穹丘，每个熔岩穹丘直径约25千米，高750米。它们可能是由非常厚、黏的小型喷发熔岩而成，这些熔岩流到一片平坦的空地上后，在那里冷却，不再流动。

自转

与其他多数行星相反，金星是沿着顺时针的方向缓慢自转。如果你站在金星上，将会看到太阳向后划过天空，也就是说从西方升起、东方落下。金星自转一周需要243个地球日，所以它的一天比它的一年（224.7个地球日）还要长。

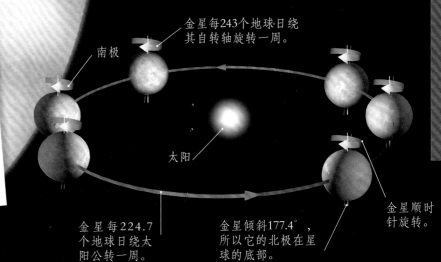

金星每243个地球日绕其自转轴旋转一周。

南极

太阳

金星顺时针旋转。

金星每224.7个地球日绕太阳公转一周。

金星倾斜177.4°，所以它的北极在星球的底部。

看一看：旋涡状的南极

第一幅金星南极的图像由欧洲空间局的"金星快车"号探测器于2006年从距离金星20万千米的地方拍摄。图中显示的是金星的"夜侧"（远离太阳的半球）。图像由可见光与红外热成像光谱仪拍摄，可见光与红外热成像光谱仪采用光和热来获取图像。添加到图上的假彩色显示的是盘旋在南极的云。

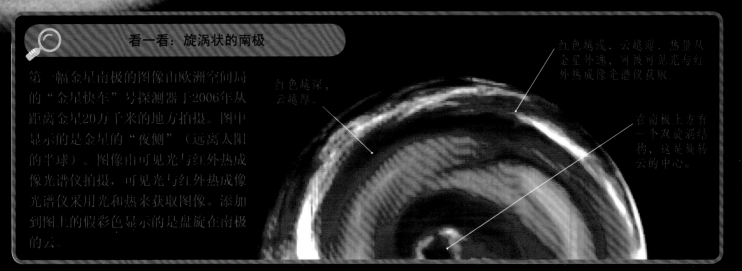

红色越深，云越厚。

红色越浅，云越薄，热量从金星外逸，可被可见光与红外热成像光谱仪获取。

在南极上方有一个双旋涡结构，这是旋转云的中心。

▶ 金星上的探测器"金星"13号和14号探测器可探查土壤样本以检测金星表面成分。

着陆

1982年3月，"金星"13号和14号着陆器从金星表面发回了我们仅有的彩色图像。图中显示了在橙色的天空下覆盖在岩石上的荒漠，这些被覆盖的岩石大小不同，其中许多很平坦，说明是薄层的熔岩。至少85%的金星表面被火山岩所覆盖。

金星见闻

金星是距离地球最近的行星，人类曾向金星发送了很多探测器。1970年，探测器首次在金星上成功着陆，此前发送的探测器都被极端的高温和压力所摧毁。从1978年起，探测装置开始使用雷达透过厚厚的云层探测金星表面。

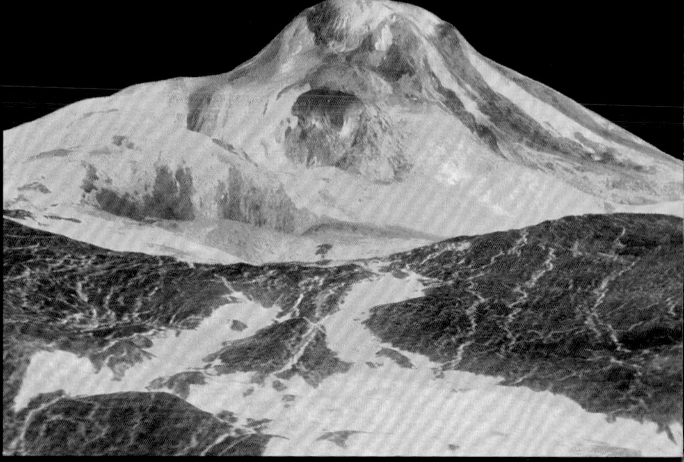

▲ 计算机设计
这幅由计算机绘制的玛阿特火山图，是基于"麦哲伦"号探测器的雷达数据创作而成。它的颜色参考的是"金星"13号和14号着陆器传回的图像。

金星上的火山

火山是金星表面最显著的特征，它至少拥有1600座火山。其中最高的是玛阿特火山（下图后方为其山峰），高约5千米。它喷出的熔岩越过周围的平原流淌了数百千米远。

人们认为玛阿特火山当前并不活跃，但是这一点还不确定。

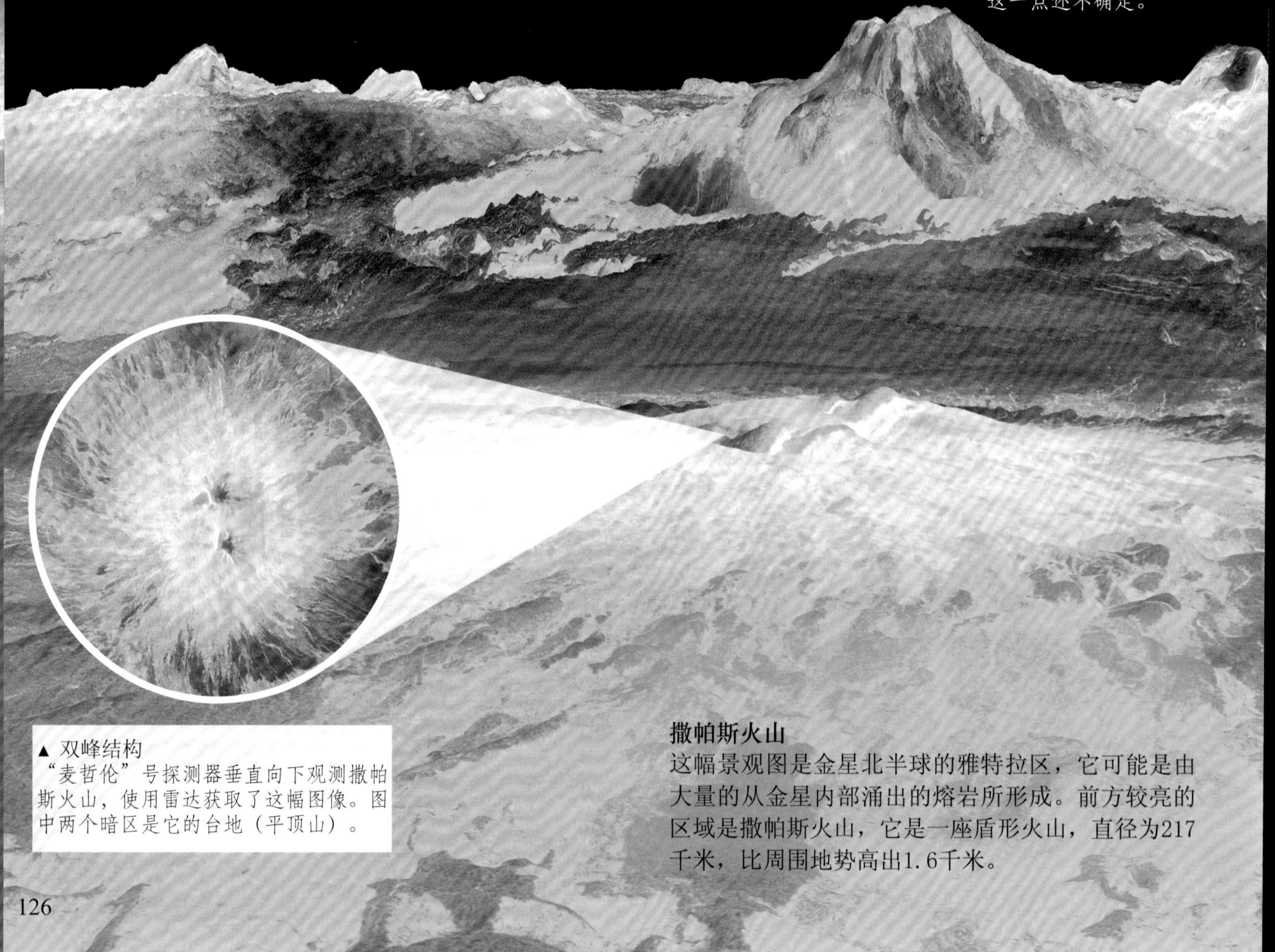

▲ 双峰结构
"麦哲伦"号探测器垂直向下观测撒帕斯火山，使用雷达获取了这幅图像。图中两个暗区是它的台地（平顶山）。

撒帕斯火山

这幅景观图是金星北半球的雅特拉区，它可能是由大量的从金星内部涌出的熔岩所形成。前方较亮的区域是撒帕斯火山，它是一座盾形火山，直径为217千米，比周围地势高出1.6千米。

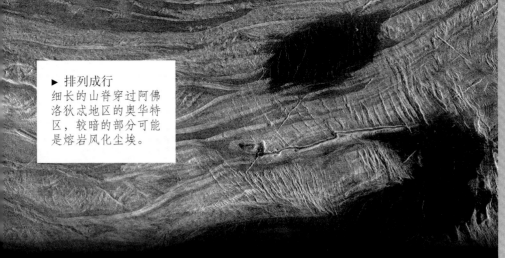

▶ 排列成行
细长的山脊穿过阿佛洛狄忒地区的奥华特区，较暗的部分可能是熔岩风化尘埃。

金星上的先驱者

美国国家航空航天局的"先驱者-金星"号探测器由两个不同的航天器构成。1978年发射的轨道飞行器是第一个使用雷达对金星表面拍摄图像的航天器，14年后烧毁。"先驱者-金星"2号携带了4个探测器以收集大气数据。

阿佛洛狄忒台地

如同地球上有山脉和平原一样，金星也有高地和低地。最大的高地是在金星赤道区域的阿佛洛狄忒台地。它的面积和地球大陆面积相当，大约占金星的2/3，主要分为两大区域：西部奥华特区和东部西蒂斯区。

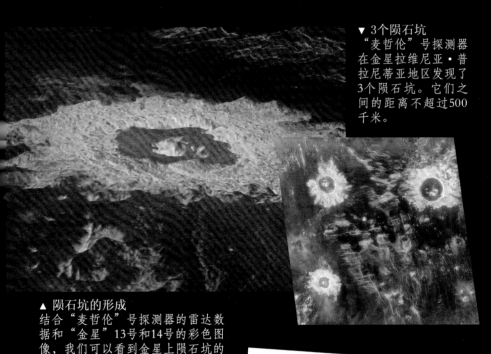

▼ 3个陨石坑
"麦哲伦"号探测器在金星拉维尼亚·普拉尼蒂亚地区发现了3个陨石坑。它们之间的距离不超过500千米。

▲ 陨石坑的形成
结合"麦哲伦"号探测器的雷达数据和"金星"13号和14号的彩色图像，我们可以看到金星上陨石坑的样子，它大约有37千米宽。

"麦哲伦"号探测器

美国国家航空航天局的"麦哲伦"号探测器于1989年5月发射，1990年8月到达金星。它花费了4年多的时间进入轨道飞行，并绘制了行星表面详细的雷达图像。

撞击坑

与其他行星相比，金星上没有太多的撞击坑。这或许是由于多数陨石在到达金星表面之前，就在厚厚的大气中烧毁了。另一个原因可能是由于金星表面太年轻，还没有太多的大陨石与之相碰撞。金星上的撞击坑多数不超过5亿年。

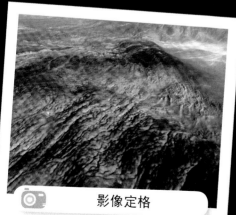

📷 影像定格

麦克斯韦山脉是金星上最高的山脉，高度超过10千米。其颜色表明它的岩石中富含铁。

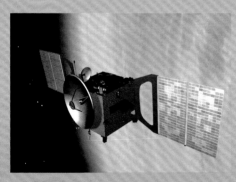

"金星快车"号探测器

欧洲第一个探测金星的任务，2005年11月发射，2006年4月到达金星。它飞过了极区，可以详细地研究当地的云层和大气。快车上的专业相机已经获取了金星表面的第一幅红外图像。

火星

火星是除了地球之外，最适合人类生存的行星。火星上的每一天略长于24小时，它有着类似于地球上的季节变换。它鲜红的颜色是由于富含铁的岩石生锈而产生的。

橙红色的天空

火星的天空中满是细小的尘埃，这些尘埃使得火星的天空呈现橙红色。这意味着在火星上的日落总是橙红色的，天空中的尘埃在日落后一小时都是亮的。火星的日间温度在夏天可达25℃，但一旦太阳落山温度就会骤然下降，在冬季的夜晚可以降到-125℃。

岩石地壳。

硅酸盐岩石地幔。

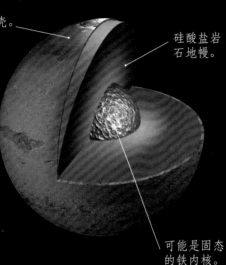

▶ 小火星
火星表面与地球大陆的表面相似。但是火星很小，直径仅为地球的一半，所以很难从地面望远镜中看到其细节。

可能是固态的铁内核。

火星卫星

火星有两颗较小的黑色马铃薯状的卫星，为火卫一（福波斯）和火卫二（德莫斯）。它们也许是很早以前被火星捕获的小行星。福波斯比德莫斯略大，上面有一个被称为斯蒂克尼的陨石坑。两颗卫星都布满了陨石坑，似乎被至少1米厚的尘埃所覆盖。

极地冰冠

在火星的两极有永久性的白色极冠，但二者的成分相差甚远。北极冠的厚度为3千米，主要由水冰构成。南极冠更厚也更冷（即使夏季也低至-110℃），并且几乎完全是由干冰（二氧化碳）构成的。

◀ "环火星巡逻者"报道
美国国家航空航天局的"环火星巡逻者"于2005年8月发射。其仪器能够拍摄火星表面的细节图像、观测水、分析矿物、检测空气中的尘埃和水，并且观测天气。

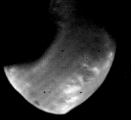

德莫斯每30小时环绕火星运行一圈。

福波斯离火星更近，7小时40分钟环绕火星运行一圈。

▲ 干冰山
火星表面的大部分区域可能处于深度的冰冻之中，它被称为永久冻土层。此图显示的是位于查瑞腾山脉的干冰。

看一看：沙尘暴

火星是一颗干燥的行星，但是有证据表明其表面曾经存在过大量的水。现在的火星温度很低并且大气层稀薄，以至于其表面无法存在液态水。火星上的风很大，风速可达400千米/时，风带起大量尘埃到达1000米的高度。沙尘暴可以覆盖行星的大部分区域，并持续数月。

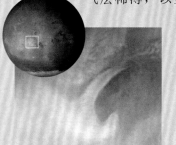

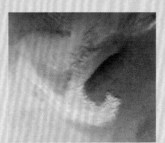

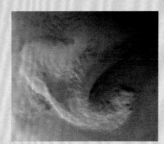

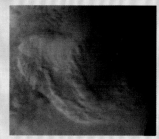

▲ 沙尘暴的酝酿
1999年6月30日，沙尘暴初步形成。

▲ 形状转换
橙黄色的沙尘被强风托起。

▲ 越来越大
尘埃吹过北极白色极冠（图像上端中间的白色区域）。

▲ 继续变大
这幅图是在拍摄第一幅图后，又过了6小时拍摄的，沙尘暴仍在持续之中。

奥林匹斯火山的高度

火星上有太阳系中最大的火山群。令人印象最深的是奥林匹斯山。其直径约为600千米，面积和英格兰相近，高26千米，是珠穆朗玛峰高的3倍。其中央是一个巨大的，直径为90千米的陨石坑。

奥林匹斯山是太阳系中最大的火山。

"海盗"1号着陆器和"探路者"号在克利斯平原附近着陆。

在平原上，卡塞谷大峡谷深度超过3千米，它是由毁灭性的洪水造成。

阿斯克拉厄斯火山、帕弗尼斯火山和阿尔西亚火山构成了塔尔西斯山系。

水手谷就像是火星赤道下方的一道伤疤。此峡谷长约4000千米。

洛韦尔陨石坑已有40亿年的历史了。

行星概况

- 距太阳的平均距离 22800万千米
- 表面温度 -125~25℃
- 直径 6800千米
- 一日的时长 24.5小时（1个地球日）
- 一年的时长 687个地球日
- 卫星数 2颗
- 表面重力 0.38（地球=1）
- 与地球的尺寸对比

火星计划

除地球外，火星是我们最了解的行星。自1965年以来，人类已经向火星发送了20多个航天器进行探索研究，并且每隔几年，就会将更多的航天器送往火星。最终，这些探测研究活动将为人类登陆火星奠定基础。

影像定格

这些小沟或小峡谷，从悬崖处（左上）延伸至陨石坑内。它们看起来很像地球上水流冲刷后的痕迹。

为什么要探测火星？

在太阳系，火星是与地球最相似，也是距离地球最近的行星。随着火星探测计划的进展，我们对它有了更多的了解，包括发现了火星曾经存在液态水的证据。现在我们正在搜寻火星生命的迹象。

▶ 水手谷
水手谷延伸了大约火星周长的1/4。它比地球上最大的峡谷长10倍，深5倍。

地理学和地质学

火星上的山谷、火山和其他地貌，主要是通过以下三种方式之一而形成的：地壳的移动；水、冰或风；陨石撞击。火星上最大的构造地貌是水手谷，它就像是穿过火星的一道裂痕。这一系列峡谷产生于数十亿年前，当年轻的行星表面被其内部运动拉伸、分裂的时期。

▲ 多层结构
上图显示的是水手谷中的一个峡谷。它由大约100层组合岩石构成。

成功的火星计划大事年表

20世纪60年代		20世纪70年代		
1964年"水手"4号（美国）进行了首次成功飞行，传回了21幅图像。	1969年"水手"7号（美国）在此次飞行中传回了126幅图像。	1971年"水手"9号（美国）成为首个成功完成任务的火星探测器。	1973年"火星"5号轨道飞行器（苏联）记录了22天的数据。	1976年"海盗"1号（美国）首次成功登陆火星。

► 红色行星
这幅耐力陨石坑的图像是由"机遇"号漫游车在它的西部边缘停留时拍摄的。

耐力陨石坑

大型陨石撞击地面会形成撞击坑（👁160~161页）。耐力陨石坑非常小，宽约130米，深不超过30米。陨石坑周围有被科学家们称为"蓝莓"的深灰色小卵石，这些卵石中含有在地球上被称为"赤铁矿"的富含铁的矿物。由于赤铁矿一般形成于湖泊或泉水中，所以这些小卵石是火星上可能存在水的证据。

▲ 尘状沙丘
陨石坑底部的中央，看着就像是沙漠一样。那些红色的尘埃堆叠在1米高的小沙丘上。

► 好机会
2004年，"机遇"号漫游车用了6个月的时间在耐力陨石坑中拍摄图像、检测岩石和土壤。它还对火星上的其他陨石坑进行了探测。

白色极冠

如同地球一样，火星的南北极也有冰冠区。我们从地球上就可以观测到冰冠区，火星计划可以让科学家们更近距离地对其进行研究。在冬天，极地冰冠区被干冰覆盖。到了夏天，干冰蒸发仅剩下了水冰。

▼ 冰石
1979年，"海盗"2号在乌托邦平原着陆。在冬天，其火山岩石上仅覆盖着一层水冰。

双峰

1997年，"探路者"号在火星上一片被岩石覆盖的区域着陆。在它最初看到的景观中包括双峰，即两座高约35米的小山。这两座山峰早在20年前"海盗"号拍摄的图像中就有显示。

20世纪90年代

1997年
火星"探路者"号（美国）成功向火星运送了"旅居者"号漫游车。

1997年
火星"环球探测者"号（美国）拍摄了整个火星图像，提供了更多火星曾经存在水的证据。

21世纪初

2003年
欧洲的"火星快车"轨道飞行器开始拍摄火星的详细图像。

2008年
"凤凰"号（美国）在火星北极着陆，它运行了超过5个月（之后它的电池用尽）。

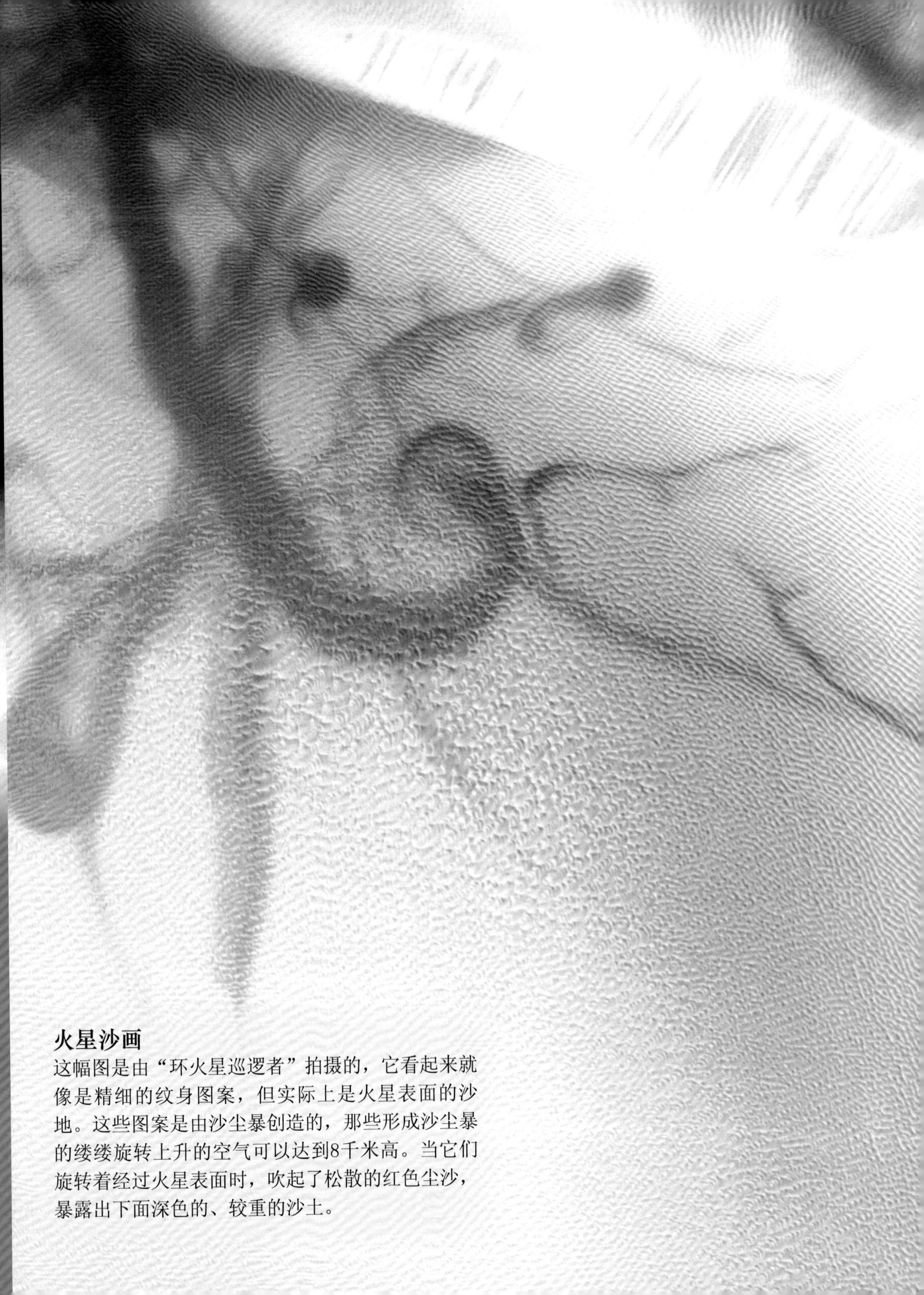

火星沙画

这幅图是由"环火星巡逻者"拍摄的，它看起来就像是精细的纹身图案，但实际上是火星表面的沙地。这些图案是由沙尘暴创造的，那些形成沙尘暴的缕缕旋转上升的空气可以达到8千米高。当它们旋转着经过火星表面时，吹起了松散的红色尘沙，暴露出下面深色的、较重的沙土。

小行星

在数千年的时间里，人们一直认为太阳系中只有包括地球在内的6颗行星，没有人想过土星之外的世界。但是研究表明在火星和木星之间确实存在着一些物质。人们逐渐发现那并非是单一的行星，而是大量的石质物体——它们便是小行星。

了不起的明星！

1772年，德国天文学家约翰·波得发表了计算行星与太阳之间平均距离的公式，即波得定则。1781年发现的天王星和1801年发现的位于火星与木星间的主小行星带上的谷神星，与定则的预期相符。但是后来发现的海王星和冥王星则与定则不符，因此波得定则的理论基础尚未最终确定。

主小行星带位于火星和木星之间。

两个特洛伊群沿着公转周期为11.86个地球年的木星轨道运行。

木星公转轨道

爱神星
公转周期：1.76个地球年。

地球公转轨道

▶ 公转
这幅图表示的是一些小行星的公转轨道以及它们环绕太阳运行所需的时间。

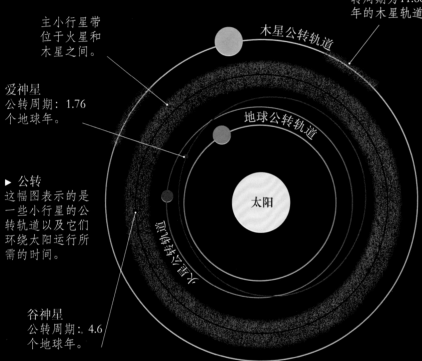

太阳

火星公转轨道

谷神星
公转周期：4.6个地球年。

小行星轨道

小行星是45亿年前行星形成时的剩余物。其中有一小部分的轨道接近地球，但大多数位于火星和木星轨道之间环绕太阳运行。爱神星是最大的近地小行星，也是有航天器围绕飞行的第一颗小行星。爱神星的一侧有一个大的陨石坑，另一侧有凹地，它的形状并不规则，好似一块大马铃薯。

谷神星

1801年1月1日，西西里岛巴勒莫天文台台长、意大利天文学家朱塞佩·皮亚齐在金牛座中发现了一个神秘物体。该物体位于火星和木星之间，沿近圆形的、类似行星的路线行进，但是它太小了，不能算行星。这就是第一颗被发现的小行星——谷神星，它是小行星主带中最大的小行星。根据2006年颁布的《行星定义》，谷神星已被归类为矮行星。在谷神星表面的冰层下面或许会有海洋存在。

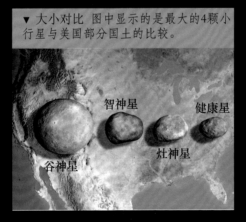

▼ 大小对比 图中显示的是最大的4颗小行星与美国部分国土的比较。

智神星
健康星
灶神星
谷神星

灶神星

灶神星是主小行星带中最明亮的一颗小行星，肉眼偶尔可以看到。这颗小行星上有一个直径为460千米的巨大撞击坑——几乎同灶神星一样宽。灶神星非常坚固，可以经受巨大的撞击，但是偶尔也会有一些碎片闯入地球大气，成为陨石。

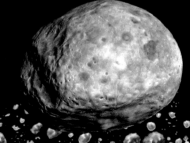

小行星特写

我们仅近距离观测过少数的小行星。艾达是一颗主带小行星，1993年由"伽利略"号探测器观测拍摄。艾达长52千米，每4小时38分自转一周。"伽利略"号还发现了第一个小行星卫星，这个小卫星叫做艾卫（Dactyl），它环绕艾达运行，其运行轨道小于100千米。

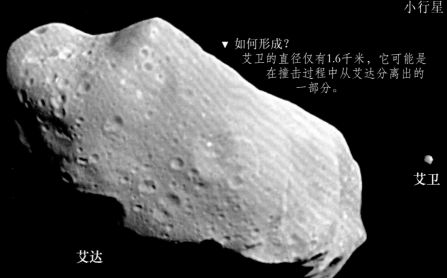

▼ 如何形成?
艾卫的直径仅有1.6千米，它可能是在撞击过程中从艾达分离出的一部分。

艾卫

艾达

太近不安全!

小型的小行星要远远多于大型的小行星，几乎每周都会有一颗小行星从地球划过。人们推测大约有1100颗近地小行星的直径大于1千米，超过百万颗小行星的直径大于40米。在过去，已经有一些小行星与地球发生了碰撞。

名字中的内涵
发现小行星的天文学家，有对其命名的权利。小行星以人名命名时，大多选取那些不常用的名字。

奇科苏卢布坑内为6500万年前小行星与地球相撞后在墨西哥留下的陨石坑。

陨石坑、裂缝或破碎?

小行星之间经常发生碰撞，其碰撞的后果取决于小行星的大小。如果一颗很小的小行星撞向一颗较大的小行星，将会使其留下一个陨石坑；稍大一些的小行星则会撞裂大的小行星，破裂的碎片会形成一个碎石球。如果小行星足够大或者运行速度足够快，它将会撞碎那颗较大的小行星，而留下一溜跟随其运行的微型小行星。

▶ 两个世界相撞
在太阳系形成初期，小行星不断碰撞、变大，直到在一个运行轨道上只剩下一个大的石质物体，这就是我们所说的行星（120~121页）。

木星

木星是行星之王。它的质量比其他7颗行星质量总和的2.5倍还要多。木星中可以塞进大约1300个地球，但因为木星主要由轻的气体构成，它的质量仅是地球的318倍。

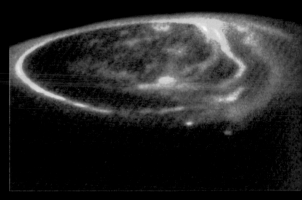

叹为观止的极光

像地球一样，木星也有磁场，如同一个巨大的磁铁深深地埋进了行星的内部。它会引发极光。当太阳风粒子与大气发生碰撞时，气体就会发光。极光像一幅巨大的帘幕，在木星云层之上铺展开几百千米。

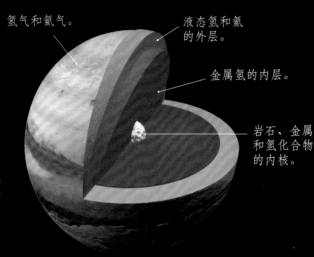

氢气和氦气。

液态氢和氦的外层。

金属氢的内层。

岩石、金属和氢化合物的内核。

▶ 里面是什么？

木星是一颗气体巨星，主要由氢和氦组成。靠近表面的是寒冷的气体，越接近内核越热。气体在内部被压缩成液体，核心则成为了一个较小的固体内核。

多色的云

木星大气中的90%是氢气。其余大部分是氦和一些氢化合物，例如甲烷、氨、水和乙烷。气体化合物在不同温度下凝结（变成液体），并在不同高度形成类型不同、颜色各异的云。

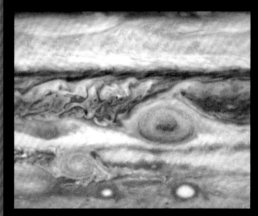

看一看：大红斑

大红斑是木星上最主要的特征。它是一种大型风暴，自1664年首次被发现并记录以来，至今仍未停歇。风暴每6天按顺时针方向旋转一周。红斑呈现橙红色，其中的化学物质仍未查明。红斑比附近云层的温度要低。近年来，在木星云层的同一区域，又有两个红斑出现。

▲ 这幅图像是由哈勃空间望远镜于2008年5月拍摄的。它显示出的大红斑和小红斑是向右侧移动的一个新红斑。

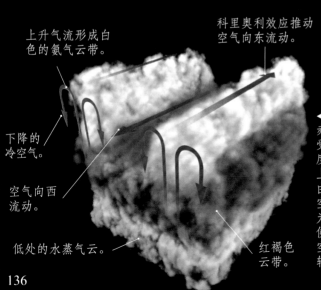

上升气流形成白色的氨气云带。

科里奥利效应推动空气向东流动。

下降的冷空气。

空气向西流动。

低处的水蒸气云。

红褐色云带。

◀ 云移动

赤道区域的空气由于受到太阳的照射而温度升高，这些热空气上升并向两极流动。由于极区较冷，引起空气回流。一种被称为科里奥利效应的力使得空气旋转，这样空气从南北方向流动转至东西方向流动。

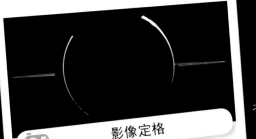

影像定格

木星被一层较薄的、黑色的尘埃环围绕着。1979年，当"旅行者"1号飞过木星时发现了这个环。其主环直径约为125000千米。每个环中所含物体的大小不一，直径从微观尘埃至几米不等。

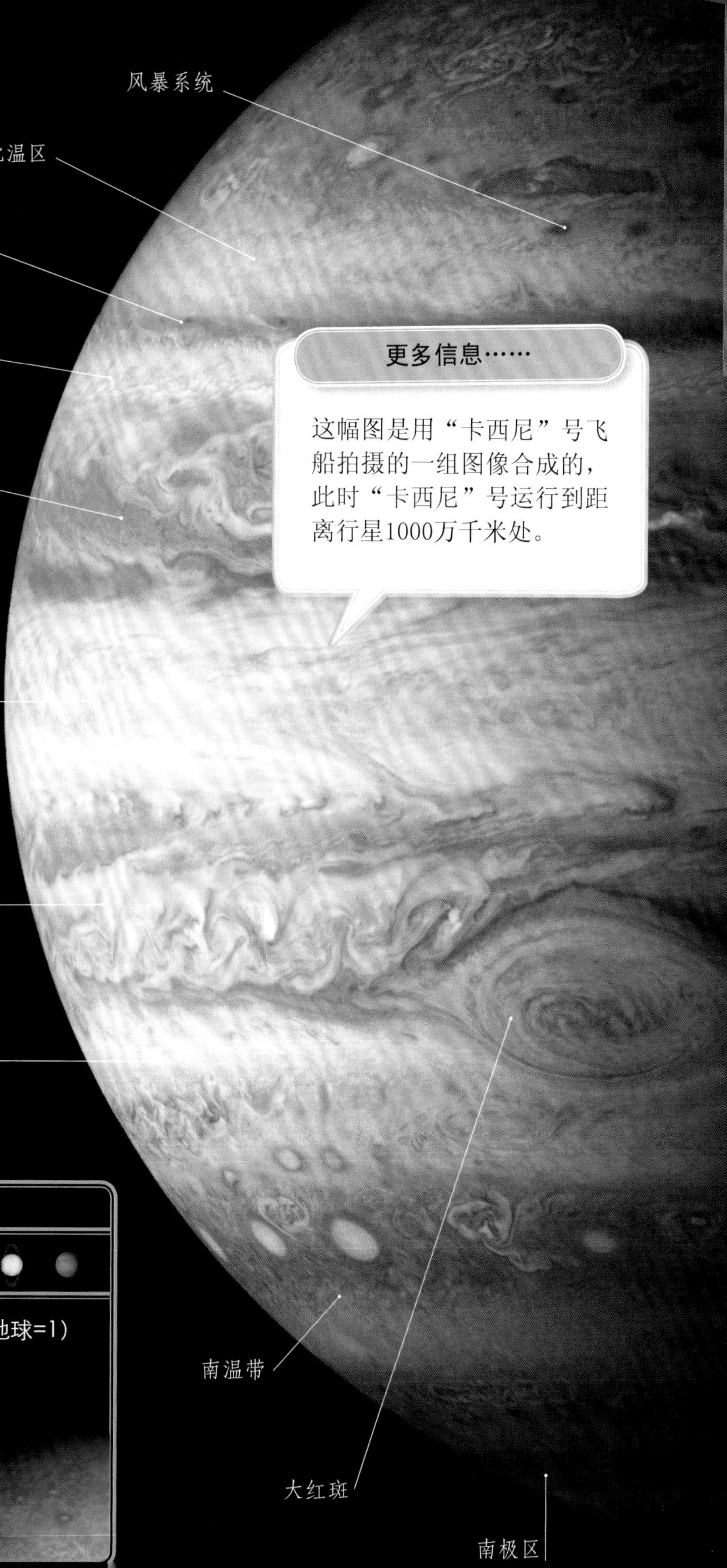

风暴系统

北温区

北温带

北热带

北赤道带

赤道区

南赤道带

南热带

南温带

大红斑

南极区

更多信息……

这幅图是用"卡西尼"号飞船拍摄的一组图像合成的，此时"卡西尼"号运行到距离行星1000万千米处。

温暖的内部

木星距离太阳较远。它的云层顶端非常寒冷，大约-143℃。但是其内部却比较热。

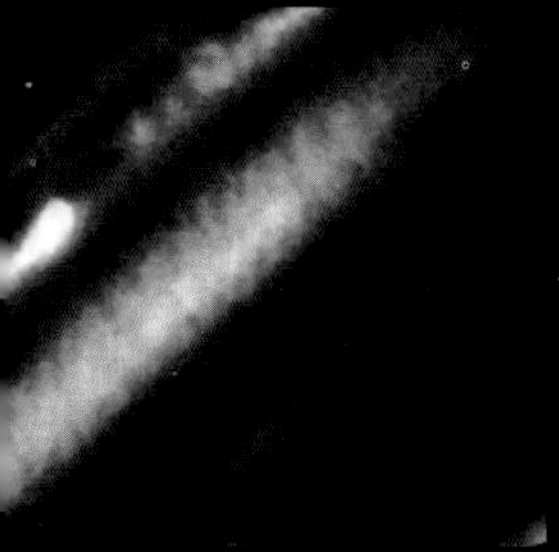

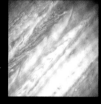

▲ 这幅可见光图像中，淡色表示从行星内部涌出升起的较热的、明亮的云。

▲ 在这幅红外图像中，深色表示寒冷的区域，例如木星大气中位置较高的橙红色和白色云。

行星概况

- 距太阳的平均距离 7.8亿千米
- 云顶温度 -143℃
- 直径 143000千米
- 一日的时长 9.93小时
- 一年的时长 11.86个地球年
- 卫星数 63

- 表面重力 2.53（地球=1）
- 与地球的尺寸对比

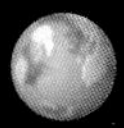

木星的卫星

木星有63颗已知的卫星，包括4颗伽利略卫星和4颗内卫星，其余的都是较小的外卫星。1610年，伽利略卫星（木卫一、木卫二、木卫三和木卫四）首次被发现，但是直到1979年被两艘"旅行者"号飞船拍摄前，我们对这4颗卫星还是知之甚少。

了不起的明星！

1610年1月7日，意大利科学家伽利略利用他的小型望远镜发现了木星附近呈一条直线的3颗小而明亮的星。经过几周的观察，他得出结论：其实有4颗星——每颗都是环绕木星运行的卫星。这4颗卫星后来被称为伽利略卫星。

头顶奶酪的木卫一

木卫一的大小约和地球的卫星月球相当。它看上去就像是一个巨大的比萨饼，这是由于它被硫所覆盖，硫通常呈黄色。当硫遇热时，其颜色会先变红，再变黑。其中热点区域的部分温度可达1500℃。木卫一是太阳系中火山最活跃的星球。常常有十几个火山向空中喷发着伞状气体云和硫化合物。

从火山喷发的二氧化硫在其表面积落，形成"雪"环。

散布在表面的这些黑色区域全是活火山。

来自贝利火山的缕缕气体。

贝利的气流

"贝利"是木卫一上最大的火山。当"旅行者"1号经过它时，一股尘烟上升至地表以上300千米高度，并覆盖了与阿拉斯加面积大小相仿的区域。由于木卫一上的引力很小，所以尘烟在落回表面前可以上升得很高。

木卫四陨石坑
木卫四是伽利略卫星中距离木星最远的，其表面已形成数十亿年，它是太阳系中受撞击最严重的天体，体积比水星略小。木卫四是冰和岩石的混合物，有弱磁场。尽管它和木卫一、木卫二、木卫三一样并非潮汐加热，但在其地表下深处，似乎存在着含盐的海。当卫星受木星和其他伽利略卫星的引力，从内部升温时，就会发生潮汐加热。

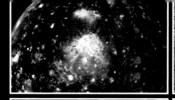

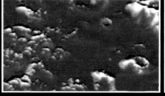

▲ 陨石坑特写
这些图片是木星第二大卫星的图片，图中那些看起来像光源的地方实际上都是陨石坑。

看一看：木卫二

木卫二与木卫一与月球的大小相仿，它有被冰覆盖着的光滑表面——上面没有深谷和高山，也几乎没有撞击坑。由此可见其表面很年轻，并且冰层从下方不断更新。实际上，它的一部分表面看起来很像地球北极漂浮的碎冰。人们认为木卫二在不含空气的冰壳表面下方有不超过10~20千米的充满水的海洋。这可能是由潮汐加热形成的。

◀ 👁 163页了解有关木卫二更多的信息。

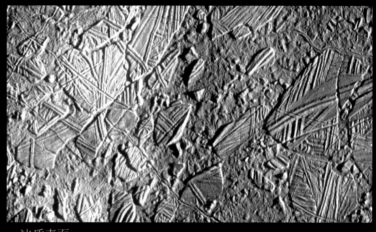

▲ 冰质表面
图中的白色和蓝色区域表示的是覆盖木卫二地壳的冰粒子层。人们认为尘埃是在向南1000千米的大陨石坑的形成过程中产生的。

巨大的木卫三
木卫三的直径有5260千米，是太阳系中最大的卫星。它比水星体积还大，但是因为它是岩石和冰的混合物，质量只有水星的一半。人们认为木卫三的内部可分为三层：富含铁的小地核被石质地幔所围绕，外部包裹着冰壳。它的表面可以分为两种：一种是非常古老、深色并且撞击严重的区域，另一种是较年轻、明亮的具有沟槽、山脊和陨石坑的区域。木卫三的磁场较弱，可能在冰质表面下200千米处埋藏着咸海。

你知道吗？
你知道从地球上就可以看到木星吗？当木星运行到地球附近时，它很亮，在大多数夜晚都可以看见它。木星是最亮的行星之一——只有月亮和金星比它亮。你只需用小型天文望远镜或者好的双筒望远镜，甚至有时仅用双眼就可以看到4颗伽利略卫星。

木卫三的暗区年代久远，并且布满了陨石坑。

亮区年代较短，而且具有很多不常见的沟槽类型。

阿尔比勒沟为沟槽和山脊的亮区，宽24千米，四周被暗区围绕。

"旅行者" 1号和2号

1977年8月20日，"旅行者"2号从美国佛罗里达州的卡纳维拉尔角发射升空。"旅行者"1号于9月5日随即发射。它们是迄今为止仅有的4艘被送出太阳系飞船中的两艘。另两艘飞船是"先驱者"10号和11号，但是它们已经与地球失去联系了。我们现在仍然可以定期接收到两艘"旅行者"号飞船传回的数据——尽管它们几乎已经到达了星际空间。

知识速览

■ 尽管"旅行者"2号比"旅行者"1号早两周发射升空，但是由于它的速度较慢，所以"旅行者"1号先到达木星。

■ 1980年11月，"旅行者"1号在飞过土卫六之后完成了它的主要任务。

■ 虽然在"旅行者"2号的任务中只计划了飞往木星和土星的4年旅程，但是因为发射日期的巧合，"旅行者"2号从土星得到了一个助推力，进而将它送到了天王星和海王星。

■ "旅行者"号最终采集到了4颗行星和48颗卫星的珍贵资料。

▶ "旅行者"1号搭载"泰坦"3号半人马座火箭发射升空。

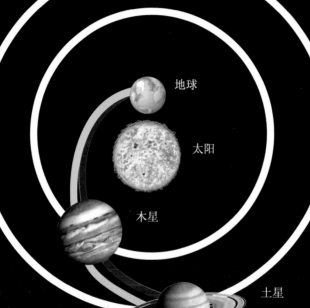

地球

太阳

木星

土星

天王星

飞得更远
"旅行者"1号是太空中距离地球最远的人造物体。在2009年12月，它距离太阳112天文单位（1天文单位=1.5亿千米）。一个信号从"旅行者"1号到达地球需要15小时37分钟。

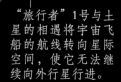

"旅行者"1号与土星的相遇将宇宙飞船的航线转向星际空间，使它无法继续向外行星行进。

太空希望

当"旅行者"号发射的时候，木星、土星、天王星和海王星正处于175年一遇的直线排列。"旅行者"号利用行星的引力来加速和改变方向，这样它们可以飞向下一个行星。1979年3月"旅行者"1号到达木星；7月"旅行者"2号随即到达。"旅行者"1号经土星偏离航线，但"旅行者"2号继续向天王星和海王星行进。

有了电源

每艘"旅行者"号飞船携带着10个仪器,用来研究行星及其卫星。它们的电力由核电源组提供。久而久之电力下降了,现在的输出量大约只能点亮2个150瓦的白炽灯。"旅行者"号上的计算机用现代标准来看也很弱——它们都安装3台计算机,每台只有8000个字符的存储量。

星际旅行

"旅行者"号正在飞离太阳系,它们分别以不同的方向行进。估计在4万年内,这两艘飞船将会分别飞到另一颗恒星附近。现在"旅行者"号已经到达了太阳系的外边界,被称为日鞘层的区域。两艘飞船具有足够的电源和姿态控制推进剂,它们可以继续运行到大约2025年。

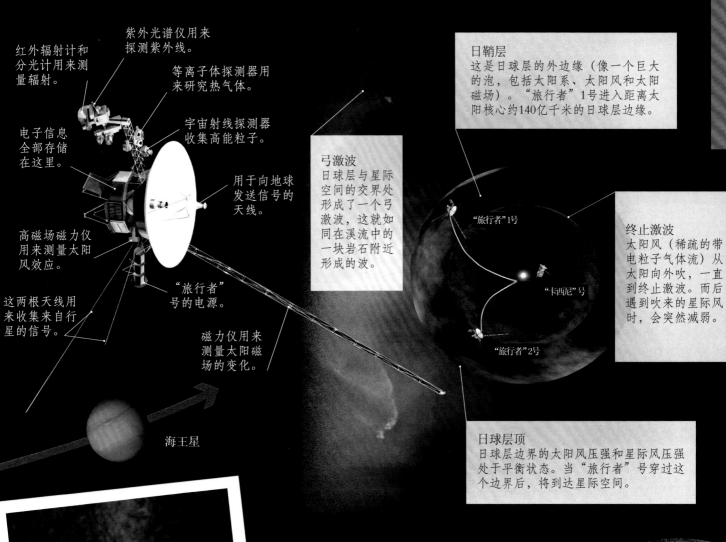

红外辐射计和分光计用来测量辐射。

紫外光谱仪用来探测紫外线。

等离子体探测器用来研究热气体。

宇宙射线探测器收集高能粒子。

电子信息全部存储在这里。

用于向地球发送信号的天线。

高磁场磁力仪用来测量太阳风效应。

"旅行者"号的电源。

这两根天线用来收集来自行星的信号。

磁力仪用来测量太阳磁场的变化。

海王星

日鞘层
这是日球层的外边缘(像一个巨大的泡,包括太阳系、太阳风和太阳磁场)。"旅行者"1号进入距离太阳核心约140亿千米的日球层边缘。

弓激波
日球层与星际空间的交界处形成了一个弓激波,这就如同在溪流中的一块岩石附近形成的波。

"旅行者"1号

"卡西尼"号

"旅行者"2号

终止激波
太阳风(稀疏的带电粒子气体流)从太阳向外吹,一直到终止激波。而后遇到吹来的星际风时,会突然减弱。

日球层顶
日球层边界的太阳风压强和星际风压强处于平衡状态。当"旅行者"号穿过这个边界后,将到达星际空间。

影像定格

这幅图像拍摄于距离地球60亿千米的地方,图中显示的是在一束光中的地球犹如一个小点。这幅图像由"旅行者"1号拍摄,显示出太阳系的一部分,也是太阳系的首幅"肖像",图中还显示出了6颗行星(看不到水星和火星)。

"旅行者"号的铜盘

两艘"旅行者"号飞船携带了准备传达给所遇到的外星生命关于"旅行者"号故乡的信息。这个信息被记录在唱片上——30厘米的镀金铜盘,该铜盘的信息中包含了精挑细选的声音和图像,展示了地球上的不同生活和文化。封面显示了地球的位置和使用唱片的提示。其中内容包括图像、各种自然界的声音、来自不同文化和年代的音乐以及55种语言的问候。

土星

土星是第二大行星，也是距离太阳
第六远的行星。土星是我们可以不
使用望远镜所能看到的最远的行
星。一年中有10个月可以看到土星。
它被壮观的土星环（需要望远镜才
看得到）围绕着。

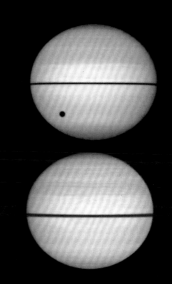

▲ 圆环
有时我们可以看到土星环的北侧，有时可以看到南侧。
这是由于地球和土星的轨道不在同一个水平面上，所以
有时地球在圆环上方，有时在其下方。

▶ 大而轻
土星内可塞进750
多个地球，但是
它只比地球重95
倍。这是因为土
星主要由氢气和
氦气构成。土星
很轻，是唯一可
以漂浮在水上的
行星——如果你
可以找到足够大
的海洋。

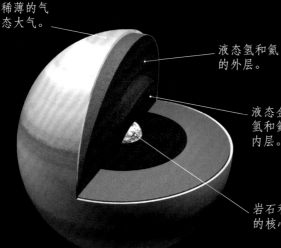

稀薄的气
态大气。

液态氢和氦
的外层。

液态金属
氢和氦的
内层。

岩石和冰
的核心。

更多信息……

1610年，伽利略首先发现了土
星环，但是通过那部简易的望
远镜，这些圆环看起来很像是
从行星上伸出来的"耳朵"。

环

土星环非常壮观，所以它也被称为"圆环行星"
（虽然木星、天王星和海王星也有环）。土星有
3个很大很亮的主环，用小型望远镜就可以观测
到。它从里向外被称为C环、B环和A环。它们外
面是微弱的F环、G环和E环。

▲ 土星环中的岩石
土星环由尘埃、岩石和水冰块构
成。它的长度约为28万千米，厚
度只有1千米。

▲ C环
C环里面是一个
薄环，被称为D
环，两环之间没
有间隔。

▲ B环
最宽的主环，宽约25500千
米，厚度为5~15米，是主
环中最亮的。

▲ A环
第一个被发现的环。
这些环是以发现的顺
序来命名的，而不是以
其位置来命名的。

◀ 注意其间隙
圆环中的一部分区域被土星卫星
的引力清除得干干净净，剩下了
空空的间隙。最大的间隙是位于
A环和B环之间的卡西尼缝。

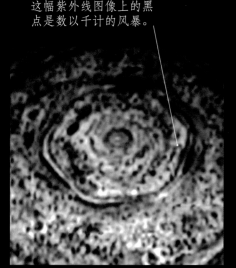

这幅紫外线图像上的黑点是数以千计的风暴。

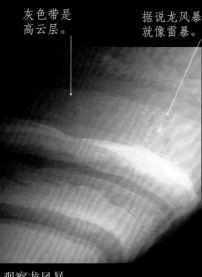

灰色带是高云层。

据说龙风暴就像雷暴。

充满风暴的土星

从望远镜中看到的土星为浅黄色,其中夹杂着稀薄的云带。它有时还会出现一些大的白色斑点,这是巨型的风暴,从地球上可以看到。高速吹来的风将那些风暴云散布在土星的赤道附近。赤道上的风速可达1800千米/时,比地球上最强的风要快6倍。大风暴也会在极区发生,它们像飓风一样有"风暴眼"。金星和木星上也发现有类似的极地风暴。

▲ 辨认风暴
在土星的两极区域,存在着巨大的飓风般的风暴。小的风暴云(此处是黑点)围绕着这些大的"旋涡"在土星大气中移动。

▲ 观察龙风暴
在土星的南半球有一个云带叫做"风暴通道",很多风暴起源于此,其中包括被称为龙风暴的这种大型的雷暴。

看一看:极光

土星的强磁场在其周围形成了肉眼看不到的罩子,可保护其不受吹向行星的太阳风中带电粒子的侵蚀。但是这些粒子中的一部分会被捕获,并沿着土星磁极的磁力线流动。当它们撞击高层大气时,就会形成被称为极光的光环和光晕。

▶ 南极光 这个极光于2005年1月出现在土星南极。

行星概况

- 距太阳的平均距离 14亿千米
- 云顶温度 −180℃
- 直径 120540千米
- 一日的时长 10.6小时
- 一年的时长 29.4个地球年
- 卫星数 62颗
- 表面重力 1.07(地球=1)
- 与地球的尺寸比较

土星的卫星

土星有62颗已知的卫星，包括又大又圆的主卫星、不规则的小型内卫星，和位于土星环之外的不规则的微型外卫星。一部分小卫星位于土星环中或土星环附近。位于土星环外的卫星可能是被土星的强引力捕获的彗星。土星有7颗距离它很近的中型卫星。

了不起的明星！

1655年，荷兰天文学家克里斯蒂安·惠更斯发现了土星的第一颗卫星——土卫六。欧洲空间局的土星探测器就是以他的名字命名的。

更多信息……

土星的卫星非常寒冷，它们冰冷的表面如同岩石般坚硬，在彗星撞击的地方会留下陨石坑。

众多的卫星

普罗米修斯　杰纳斯　土卫二
潘　阿特拉斯
潘朵拉　土卫一
厄庇墨透斯　土卫三　土卫四　土卫五

▲ 众多的卫星
在土星主环中或附近的卫星为（从左至右）：潘、阿特拉斯、普罗米修斯（上）、潘朵拉（下）、杰纳斯（上）、厄庇墨透斯（下）。土卫一、土卫二、土卫三、土卫四、土卫五，它们全都正好在主环之外，在E环之中或附近。

▶ 土卫九
如同土星的大多数卫星一样，土卫九也是以椭圆形轨道运行。它在土星外600万~1200万千米处，它具有由冰块和尘埃构成的环，被称为土卫九环。

▲ 土卫七
土星的多数卫星都保持着以相同的一面朝向土星。但是土卫七在环绕土星运行时却会翻转朝向，这可能源于它与彗星的碰撞。

◀ 土卫八
土卫八是距离土星第22远的卫星，是土星最遥远的主卫星。其朝前的一侧被来自于由彗星撞击土卫九而产生的尘土所覆盖。与其他大部分卫星不同的是，土卫八与土星是同方向运行。

▲ 土卫六
土卫六是太阳系中第二大卫星（木星的木卫三是最大的），它比水星还要大。其公转轨道距离土星约120万千米。

壮观的土卫六

土星最大、最独特的卫星，也是唯一具有大气层的卫星。土卫六的大气像地球大气一样富含氮而且致密，不同的是它非常寒冷，不适合生命生存。我们采用雷达和红外仪器来研究隐藏于厚厚的橙色雾霾下的土卫六的表面。发现其被冰覆盖，有高山和大型沙丘，流淌着液态甲烷的河流与湖泊。

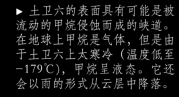

▲ "惠更斯–卡西尼"号
"惠更斯"探测器设计用于探索土卫六的大气和表面。"卡西尼"轨道飞行器多年来致力于对土星及其主卫星进行探索研究。

▶ 土卫六的表面具有可能是被流动的甲烷侵蚀而成的峡道。在地球上甲烷是气体，但是由于土卫六上太寒冷（温度低至−179℃），甲烷呈液态。它还会以雨的形式从云层中降落。

▲ 亮光
这幅假彩色图像由"卡西尼"探测器拍摄。图中非常明亮的区域被人们认为是冻结的水或来自火山的二氧化碳。

◀ 大相径庭
这幅图拍摄于2个月后，也就是2005年12月，图上显示的是土卫六的相反半球（第一幅图的背面）。你可以清楚地看到北极区和南极区。

 看一看：土卫二

在土星的卫星中，或许最让人惊奇的是土卫二。土卫二的直径只有500千米。人们曾以为它是一个寒冷而死气沉沉的世界。但是"卡西尼"探测器在其南极发现了间歇泉。它的形成源于卫星内部的潮汐运动所产生的热量，将冰转化成为了水蒸气。水蒸气通过土卫二冰壳中的裂缝、断层线涌出，向太空喷发。

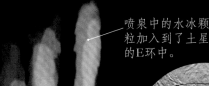

喷泉中的水冰颗粒加入到了土星的E环中。

在表面附近的水很热。

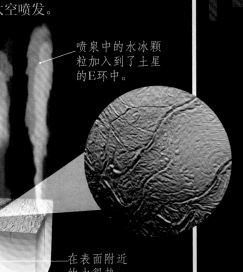

▲ 断层线
一缕缕的气体和冰颗粒通过表面被称为断层线的裂缝向太空喷发。

着陆土卫六
在将近7年的时间里，经过40亿千米的航行后，2004年12月25日，欧洲空间局的"惠更斯"号与"卡西尼"号分离。"惠更斯"号探测器于2005年1月14日在土卫六着陆，实现了飞船在外太阳系的首次着陆，这也是迄今为止唯一的一次。探测器上的仪器开始运作，进行大气采样和拍摄。

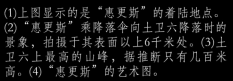

(1)上图显示的是"惠更斯"的着陆地点。
(2)"惠更斯"乘降落伞向土卫六降落时的景象，拍摄于其表面以上6千米处。(3)土卫六上最高的山峰，据推断只有几百米高。(4)"惠更斯"的艺术图。

阳光下的土星

这幅图显示的是土星与太阳位于一条直线时的壮观景象，它是由"卡西尼"探测器拍摄的165幅图像合成的。太阳从后方照亮，土星位于阴影中，辉光揭示出了以前不知道的环系统，以及距离数十亿千米外的地球。

地球

天王星

天王星是太阳系第三大行星，也是距离太阳第七远的行星。距离太阳如此遥远，接收到的太阳光和热很少，所以天王星上的云非常寒冷。它每环绕太阳运行一圈需要84个地球年，所以要在天王星上过生日，那可是非常宝贵的！

气体和冰

天王星的大小正好相当于67个地球，但是由于天王星主要由气体构成，它的重量仅为地球的14倍。有人将天王星和海王星称为巨型冰团，这是因为它们内部很大一部分是由水、甲烷和氨构成的冰组成。

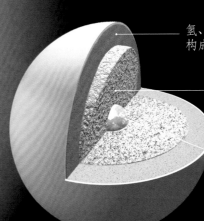

氢、氦等气体构成的大气。

水、甲烷和氨构成的冰层。

岩石和疑似冰的内核。

了不起的明星！

1781年，威廉·赫歇耳发现了天王星，他通过自制的望远镜，发现在双子座中有一颗绿色星球，这颗星球在他的星空图中并没有显示。赫歇耳以为这是一颗彗星，但是一年之后他确定了这是一颗新的行星。

看一看：黑色圆环

天王星有13个暗的、较薄的环。它们非常黑，相当窄，宽度不到10千米，主要由尘埃和直径1米的大石块构成。在地球上看不到这些环，1977年，当天王星从一颗恒星的前方经过时，这些环才被发现。当恒星越过天王星的圆环时，从恒星发出的光会变得比较昏暗。

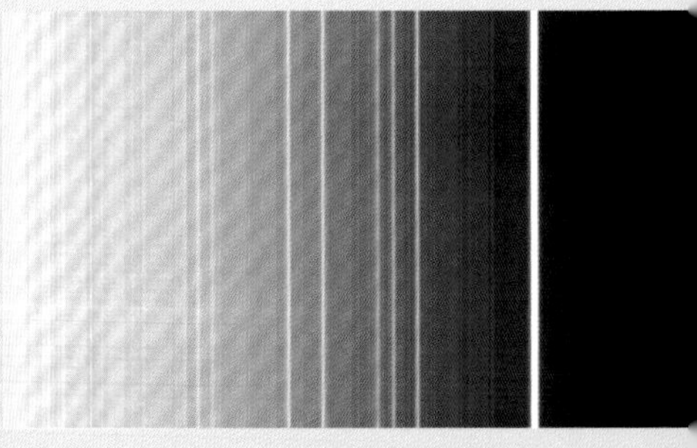

天王星上的云

通过地球上的大型望远镜观察，天王星看似一个普通的圆盘。1986年，当"旅行者"2号飞过天王星时，发回了有少量云或风暴特征的淡蓝色星球的图像。此后哈勃空间望远镜又发现了大量浓云以高于地球上飓风两倍的速度围绕着天王星运动。

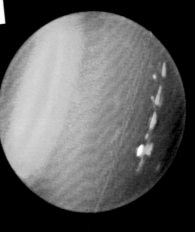

▲ 这幅假彩色图像是由位于夏威夷的"凯克"望远镜拍摄的。环呈红色，暴风云为白色。

▲ 排列的直线 在这幅假彩色图像中，最外面的环——埃普西隆，用白线表示。

天王星的卫星

天王星有27颗已知的卫星，其中多数是以莎士比亚戏剧中的人物命名的。卫星中的大部分是直径小于200千米的小型天体，它们离环很近，并环绕着天王星运行。卫星中的天卫六和天卫七是"牧羊卫星"，它们能通过引力作用，保护环不致破裂四散，这种作用类似牧羊人管理羊群。

行星概况

- 距太阳的平均距离 28.7亿千米
- 云顶温度 −216℃
- 直径 51120千米
- 一日的时长 17.25小时
- 一年的时长 84个地球年
- 卫星数 27颗
- 表面重力 0.89（地球=1）
- 与地球的尺寸对比

天卫二　天卫四　天卫三　天王星　天卫五　天卫一

主卫星

天王星的5颗主卫星上是极其寒冷的世界，其中天卫五最小，天卫一最亮，天卫一于1851年与布满陨石坑的天卫二同时被发现。最大的两颗卫星天卫三和天卫四显示出了在过去曾经有过内部升温的一些迹象。

天卫五

天卫五的表面具有独特的特征，包括深谷、梯田层和更年轻、平坦的表层，这些意味着天卫五上曾经有着动荡的历史。有证据表明，天卫五在遥远的过去曾经受到了灾难性的碰撞，而后以我们所看到的混乱方式重新组合。另一种说法是，它开始演化后，较重的物质向中心下沉，而较轻的物质则向表面上升，但是这个过程在完成前便停止了。

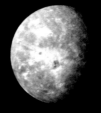 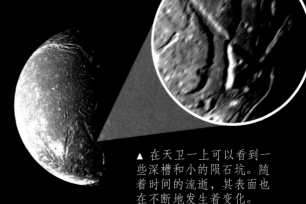

▲ 天卫四是第一个被发现的天王星卫星，它于1787年由威廉·赫歇耳发现。

▲ 在天卫一上可以看到一些深槽和小的陨石坑。随着时间的流逝，其表面也在不断地发生着变化。

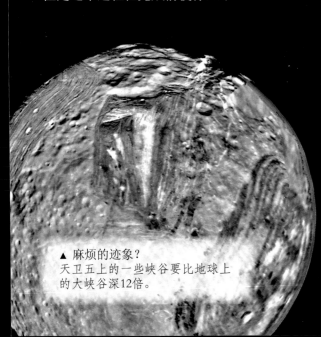

▲ 麻烦的迹象？
天卫五上的一些峡谷要比地球上的大峡谷深12倍。

斜着身子的行星

天王星是一颗与众不同的行星，因为它向其侧面倾倒，赤道几乎与公转轨道垂直，其两极轮流朝向太阳。每极在夏天有21年的持久光照，在冬天则有21年的持久黑暗。人们推测，在很久以前天王星可能曾与一个类似行星大小的物体相撞而被撞翻。

▶ 直立的轨道
这幅由哈勃空间望远镜拍摄的图像显示了天王星的卫星如何跟随其倾斜，并从上至下环绕其旋转。

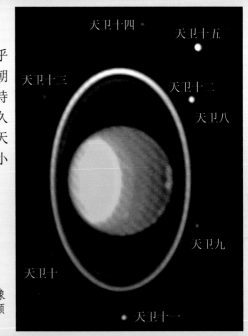

天卫十四　天卫十五　天卫十三　天卫十二　天卫八　天卫九　天卫十　天卫十一

海王星

与太阳距离第八远的行星，是冰质的气体巨星，大小是地球的54倍，但重量为地球的17倍。海王星是一个非常寒冷和黑暗的星球，因为它比地球到太阳的距离远30倍，接收到的光和热比地球少900倍。

▼ 充满气体
尽管海王星的大小是地球的54倍，但它主要是由气体、水和冰构成，所以相对较轻。

—— 氢、氦和甲烷气体构成的大气。

—— 冰冻的水、甲烷和氨构成的冰层。

—— 岩石和疑似冰的固态内核。

蓝色行星

和天王星类似，海王星看起来也是蓝色的，这是因为其大气中有甲烷气体。这种气体吸收了来自太阳的红色光，当它把红光从可见光中剔除之后，就剩下了蓝光。

活跃的大气

从海王星内部升上来的热量，使行星上的大气非常活跃，它孕育了许多大风暴，并驱动了太阳系中最快的风。已观测到海王星上的云团以大约2000千米/时的速度横扫行星，是地球上飓风速度的10倍。有时从长团的高层云中可以看出这些高速的风。

◄ 阴影
甲烷冰云在下方50千米的蓝色云团主面上投影。云团条纹宽仅50~200千米，但却沿着行星延伸了数千千米。

大黑斑

海王星的大气变化非常快，因为大的风暴和云团以与其自转相反的方向沿着行星急速流动。被称为"滑行车"的白色云团仅仅用了16.8天的时间就飞速掠过了行星。迄今为止观测到的最大的云团是与地球一样大小的大黑斑，它将在几年之内消失。

更多信息……

我们对海王星的所有了解几乎都来自于1989年飞过海王星的"旅行者"2号。海王星是"旅行者"2号造访的第4颗行星，也是最后一颗行星。现在"旅行者"2号正飞离太阳系，朝着星际空间航行。

海王星的卫星

■ **海王星有13颗已知的卫星**，其中最大的是海卫一。它比月球小，但是比矮行星冥王星大。海卫一围绕海王星运行的方向与大多数卫星围绕行星运行的方向相反，它受到海王星引力的吸引，逐渐被拉向海王星。海卫一是我们所知的最冷的天体之一，其表面温度为-235℃。海卫一被冻结的氮气所覆盖，尽管表面很寒冷，但其内部似乎比较温暖。

◄ 小而快速的海卫八是6颗内卫星中最大的，它环绕海王星运行一圈需要27小时。

◄ 海卫一的尾横穿海卫一表面的黑暗的尾，显示出冰质的"喷泉"向稀薄大气喷射黑暗尘埃的形状。它从极区吹出，并覆盖了海王星的表面。

■ **大多数海王星的外卫星较小**，海卫二直径为340千米，其他外卫星的直径都小于200千米。其中6颗的运转轨道距离海王星很近，只有不到12万千米。有5颗的运转轨道距离海王星较远，大于1500万千米，它们可能是被捕获的彗星。

海王星的环

海王星有6个非常狭窄和昏暗的环系。4颗小卫星位于环系内部，其中的海卫六和海卫五对环中的粒子起着保护者的作用，它们使两个环保持一定的形状。海卫六可能也是亚当斯环呈块状的原因。此环具有弧形结构，这意味着在有些地方会比其他地方厚。

奇妙的轨道
海王星是距离太阳第八远的行星。由于它沿着椭圆形轨道运行，这样在它环绕太阳运行一周所用的164年中，有20年距离太阳要比冥王星远。1979~1999年便是如此。

约翰·伽勒

 了不起的明星！

海王星是1846年由德国天文学家约翰·伽勒发现的。此前人们注意到似乎有一种力量在吸引着天王星，使天王星的运行速度有时比预期快，有时比预期慢。根据这种引力，约翰·柯西·亚当斯和于尔班·勒维耶各自独立计算出了海王星的位置。

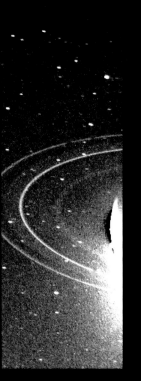

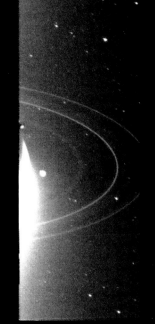

◄ 这幅由"旅行者"2号拍摄的图像中显示了4个圆环。其中的2个亮环分别是亚当斯环（外侧）和勒维耶环（内侧）。

行星概况

- 距太阳的平均距离 45亿千米
- 云顶温度 -220℃
- 直径 49500千米
- 一日的时长 16小时
- 一年的时长 165个地球年
- 卫星数 13颗

- 表面重力 1.13（地球=1）
- 与地球的尺寸对比

冥王星及外太空

冥王星曾被认为是最小、最远的行星。由于体积较小、重力较弱，在2006年冥王星被重新划定为矮行星。我们了解的有关冥王星的所有信息都是从地球上或地球附近的天文台探测到的，迄今还有许多秘密仍未解答。

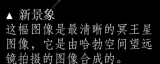

▲ 新景象
这幅图像是最清晰的冥王星图像，它是由哈勃空间望远镜拍摄的图像合成的。

▼ 主卫星
冥卫一是3颗冥王星卫星中最大的，距离冥王星18400千米。

冥王星

冥卫一

▶ 冥王星的漫长旅程
冥王星的偏心轨道部分与柯伊伯带和海王星轨道重合。因此冥王星有时候距离太阳比海王星近。

偏心轨道

冥王星的公转轨道与其他行星很不相同。它并非沿着近圆形的轨道运行。其轨道是一个被拉伸后变形的圆，就是我们所说的偏心圆。有时冥王星比海王星离太阳还近。在轨道最近处，它到太阳的距离是地球的30倍，但在轨道最远处，它到太阳的距离是地球的50倍。从1930年发现冥王星到现在，它仅完成了环绕太阳公转一圈的1/3。

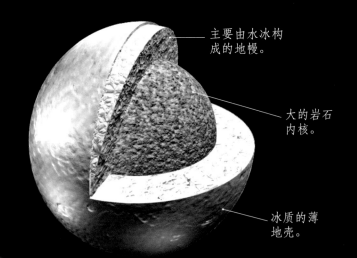

主要由水冰构成的地幔。

大的岩石内核。

冰质的薄地壳。

冰冻的冥王星

冥王星是一个深度冻结的世界，即使是在夏季，其表面的温度依然低至-230℃。在它薄薄的大气中，最为常见的气体是氮。随着它远离太阳进入其200年的漫长冬季，大部分大气也将冻结，以甲烷和氮气为主的霜覆盖着星球表面。

柯伊伯带

众所周知，在海王星以外被称为柯伊伯带的区域内有数百万环绕太阳运行的物体，其中冥王星是最大的。柯伊伯带内的主要物体是碎冰片，它们是45亿年前行星形成时遗留下来的。当这些物体接近太阳时，可能会形成向内太阳系规律运行的短周期彗星。

行星概况

- 距太阳的平均距离 59亿千米
- 表面温度 −230℃
- 直径 2304千米
- 一日的时长 6.4个地球日
- 一年的时长 248个地球年
- 卫星数 3颗

- 表面重力 0.06（地球=1）
- 与地球的尺寸对比

柯伊伯带

天王星　火星轨道　土星　海王星

冥王星　木星

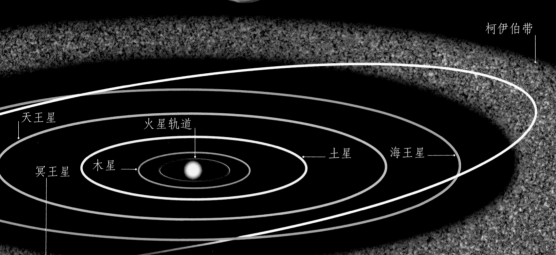

冥王星的卫星

直到2005年，冥王星的两颗小卫星冥卫二和冥卫三才被发现。人们认为它们或许是太阳系形成时的岩石碎片，后来被冥王星捕获。而冥王星最大的卫星冥卫一则可能是从冥王星上脱落下来的物质形成的。

冥卫二
冥王星
冥卫三
冥卫一

行星带

在柯伊伯带的矮行星中。阅神星比冥王星略大，于2005年发现。阅神星可能由冰和岩石构成，在组成上与冥王星非常相似。它只有1颗卫星，沿着周期为560年的椭圆形轨道运行。鸟神星比冥王星略轻和更昏暗，带有微红色。妊神星的形状好似飞艇，并且旋转得非常快，它每4小时旋转一圈。

黑暗的白天

如果冥王星上有人类居住，那么他们最好是随时都携带着手电筒。因为即使是在白天，冥王星上的亮度也比地球上低900~2500倍。

彗星

有时我们会看到一个有着小束尾巴的天体出现在夜空，这就是彗星，它由尘埃和冰组成。它正朝着太阳的方向飞驰而去。环绕太阳运行的彗星有几十亿颗，它们的轨道远远地超出了冥王星的轨道。

脏雪球

彗星的彗核（固态核心）由脏水冰构成。"脏"是指岩石质的尘埃。当彗星运行在临近内太阳系或太阳附近空间时温度上升，彗核会释放出气体和尘埃，形成被称为彗发的云团，并能够挥发出由气体和尘埃组成的彗尾。俗称"扫帚星"。彗尾主要有两种：浅蓝色的气体彗尾和白色的尘埃彗尾。彗尾总是指向远离太阳的方向。

由水冰和硅酸盐岩石尘埃构成的彗核。

由碳构成的黑色外壳。

亮面正对太阳。

气体和尘埃喷发

尘埃彗尾变弯。

气体彗尾。

近日点

太阳

距离太阳越近彗尾越长。

当彗星向太阳移动时彗尾也随之增长。

裸露的彗核。

远日点

撞击理论

有时彗星可被轻轻推离自己的轨道，而进入内太阳系运行。如果它撞击地球，会造成毁灭性的破坏。但是不用担心，这种撞击发生的几率非常小。

生命周期

彗星生命中的绝大部分都处于冻结状态，直到它运行到太阳附近时，才开始升温并活跃起来。彗发在近日点（离太阳最近的点）最大，那时冰质的彗核会释放出大部分的气体和尘埃。彗星每从太阳附近经过一次，就会缩小一次。如果彗星在这个轨道上运行数千年，最终会蒸发得干干净净。

海尔-波普彗星

我们每年都会发现很多新的彗星，但是大多需要借助大型望远镜才能看到。有时也会有非常明亮的彗星出现在我们的天空。1997年，巨大的海尔-波普彗星被发现，它的名字是以其发现者艾伦·海尔和汤姆·波普的姓氏命名的。每当天黑以后，有数亿人可以用肉眼直接观看到这颗彗星。

哈雷彗星

哈雷彗星是最著名的彗星，它以埃德蒙·哈雷的名字命名。埃德蒙·哈雷最早意识到在1531年、1607年和1682年出现的彗星实际上是同一个天体。他计算出，在彗星运行出海王星轨道之后，每隔76年会重现。他预测1758~1759年彗星会返回，尽管他没能亲眼目睹，但是事实的确如此。如同许多彗星一样，哈雷彗星以与行星相反的方向环绕太阳运行。

▶ 坏兆头
哈雷彗星是贝叶挂毯中的重要图纹。这颗彗星正好出现在1066年黑斯廷斯战役前。

壮观的彗尾

一些彗星会产生壮观的彗尾，犹如扇子向外扩展。40多年来，麦克诺特彗星一直是最亮的彗星。2007年初，它在南半球的天空形成了一个壮观的彗尾，这个由尘埃组成的扇形彗尾即使是在白天也可以看到。有人以为它是灌木丛火、爆炸云团或者神迹。

极易分裂

彗星的彗核并不牢固，有时它会分裂成一个个的小块。1994年，由于木星引力，"舒梅克–列维"9号彗星分裂成了21块。碎块坠向木星，在其表面留下了陨石坑。有的彗星在接近太阳的轨道上分裂。1995年，"施瓦斯曼–瓦斯曼"3号彗星分裂成5大块，然后继续分裂成更小的小块，它有可能很快就会完全粉碎。

木星的表面被彗星撞击得伤痕累累。

▶ "舒梅克–列维"9号彗星分裂成许多小块。

奥尔特云

人们认为，奥尔特云（以科学家简·奥尔特命名）中存在着数十亿颗彗星。这种巨大的球形云团远在冥王星之外，与太阳的距离要大于1光年。彗星大部分生命是在深度冻结中度过的，偶然被飞过的星球干扰，它便开始向内太阳系运行。当彗星靠近太阳，开始蒸发并形成彗尾时，我们才能知道它的存在。百武彗星是20世纪末最亮的彗星之一，它来自于奥尔特云。在1.4万年内，它将不会再返回地球的天空中。

简·奥尔特教授

▶ 星球撞击
一个星球接近奥尔特云，并将彗星撞击到新的轨道。

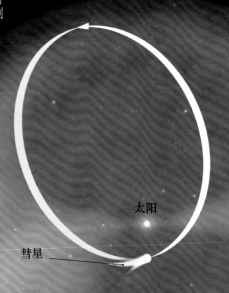

太阳

彗星

彗星计划

太阳系

对太阳系而言，彗星曾一度被视为神秘的访客。1986年，人们开始通过发射飞船近距离地观测彗星，从而对彗星有了更多的了解。探测器不仅仅是飞过彗星，而且收集了彗星尘埃的样本，有的甚至撞进了彗核。

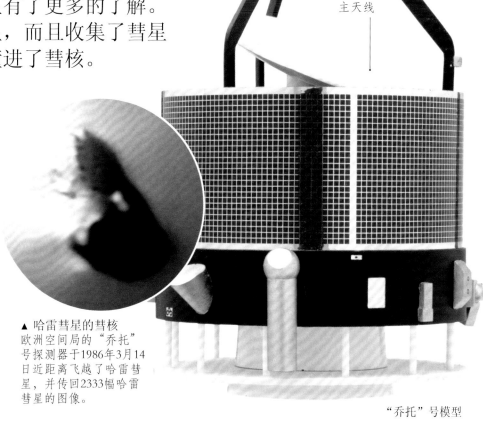

备用天线

抛物面
主天线

"乔托"号模型

"乔托"号探测器

第一幅近距离拍摄的彗核图像来自于欧洲空间局的"乔托"号探测器。1986年，"乔托"号以小于600千米的距离飞过了哈雷彗星的彗核。图中黑色马铃薯形状的物体就是哈雷彗星，彗星面对太阳的一侧有气体和尘埃的喷流喷向太空。"乔托"号在一次与大尘埃块的高速撞击中被损坏，修复后于1992年又以200千米的距离飞过了格里格-斯凯勒鲁普彗星。"乔托"号成为首个访问了两颗彗星的探测器。

▲ 哈雷彗星的彗核
欧洲空间局的"乔托"号探测器于1986年3月14日近距离飞越了哈雷彗星，并传回2333幅哈雷彗星的图像。

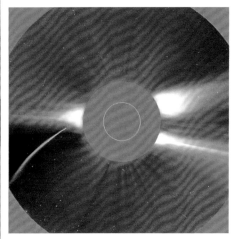

太阳和日球层天文台及其掠日彗星

欧洲空间局和美国国家航空航天局的太阳和日球层天文台是用来观测太阳的，它可以遮蔽太阳的光辉。它已经发现了许多颗近距离飞过太阳的彗星（常掉进太阳中），即掠日彗星。自1996年以来，太阳和日球层天文台已经发现了近1700颗彗星。

"星尘"号

■ 1999年2月，美国国家航空航天局的"星尘"号飞船发射至"维尔特"2号彗星。"星尘"号被用来收集彗星的尘埃样品。气凝胶捕获微粒子并带回地球供分析研究。

■ 2004年1月，"星尘"号以236千米的距离飞过"维尔特"2号彗星。飞船拍摄的图像揭示了这颗彗星与波瑞利彗星以及哈雷彗星大不相同。尽管其汉堡形的彗核直径只有5千米，但它的表面很牢固，可以支撑超过100米的悬崖和山峰。据观察其表面大部分是宽1.6千米，深150米的圆形大陨石坑。

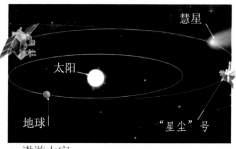

▲ 遨游太空
这幅艺术图显示了飞往"维尔特"2号彗星途中的"星尘"号。现在"星尘"号正执行飞越"坦普尔"1号彗星的任务，

慧星

太阳

地球

"星尘"号

◀ 轻如空气
朦胧的气凝胶中99.8%是空气，只有它可以完好地收集高速飞行的彗星粒子。

"深空探测器"1号

美国国家航空航天局的"深空探测器"1号在1998年10月发射，2001年9月它在2200千米的距离之内越过了波瑞利彗星，并传回当时罕见的高质量的彗核图像。它的彗核约8千米长，4千米宽。人们发现它是太阳系中最黑暗的天体，它反射的太阳光还不到接收的3%。

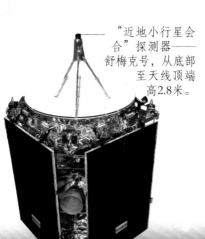

影像定格

由"深空探测器"1号拍摄的图像向我们展示了彗发、尘埃喷流和波瑞利彗星的彗核（以黑色示出）。

▲ **喷发**

这幅由哈勃空间望远镜拍摄的图像显示了"坦普尔"1号彗星的冰粒子正在喷发。

撞击点

近地小行星探测

"近地小行星会合"探测器——舒梅克号，简称NEAR，它创造了历史，成为第一艘不仅可以在轨道空间飞行，而且可以在小行星上着陆的宇宙飞船。它在2001年2月12日登陆爱神星，并将数据和图像传回地球。它于2月28日停止工作，以后一直停留在爱神星上。

"近地小行星会合"探测器——舒梅克号，从底部至天线顶端高2.8米。

深度撞击

为了得到有关彗星的更多信息，美国国家航空航天局计划了一个深度撞击的任务。任务中，宇宙飞船释放的探测器以36000千米/时的速度与"坦普尔"1号的彗核相撞，撞击后探测器爆炸分解，同时腾起的冰和尘埃形成了大型云团，并产生一个中等大小的陨石坑。我们发现这个彗核的长为5千米，宽7千米，并具有山脊和弯曲的斜坡。

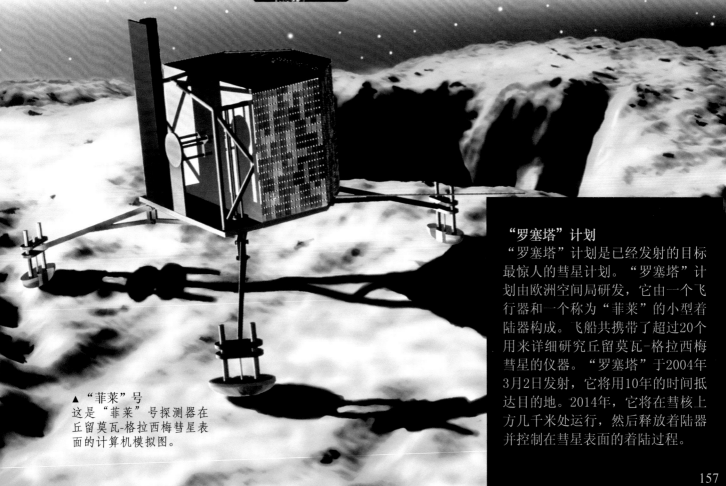

▲ **"菲莱"号**

这是"菲莱"号探测器在丘留莫瓦-格拉西梅彗星表面的计算机模拟图。

"罗塞塔"计划

"罗塞塔"计划是已经发射的目标最惊人的彗星计划。"罗塞塔"计划由欧洲空间局研发，它由一个飞行器和一个称为"菲莱"的小型着陆器构成。飞船共携带了超过20个用来详细研究丘留莫瓦-格拉西梅彗星的仪器。"罗塞塔"于2004年3月2日发射，它将用10年的时间抵达目的地。2014年，它将在彗核上方几千米处运行，然后释放着陆器并控制在彗星表面的着陆过程。

流星

当你仰望夜空的时候，很可能会看到有流星划过。流星的出现没有任何预兆，通常持续不到1秒。它们实际上是尘埃颗粒，当它们以大约54000千米/时的速度高速掠过大气层时，会由于摩擦而燃烧。

流星雨

观看流星的最好时间，是在每年发生流星雨的时候。流星雨在每年的相同日期出现，出现的时间是在地球经过那些飞过的彗星所遗留下来的尘埃流时。如果彗星最近进入了内太阳系，那么流星雨可能会特别壮观。

流星雨

多数流星雨发生在每年的同一时间。下表中是一些最壮观的流星雨和流星雨群。

- 象限仪流星雨，1月上旬，牧夫座
- 天琴座流星雨，4月中旬，天琴座
- 宝瓶座流星雨，6月下旬，宝瓶座
- 摩羯座流星雨，6月下旬，摩羯座
- 英仙座流星雨，8月中旬，英仙座
- 猎户座流星雨，10月下月，猎户座
- 狮子座流星雨，11月中旬，狮子座
- 双子座流星雨，12月中旬，双子座

看一看：月球流星

在其他星球上也会出现流星，例如月球和火星。由于火星的大气较薄，所以火星上的流星是以流星花的形式出现的。但是月球上没有大气，所以月球上的流星在天空中并没有被烧毁。而是直接撞击月球表面并发生爆炸，由此产生出热和电的闪光，这种现象在距离40万千米以外的地球上可以观测到。每次爆炸的能量相当于45千克的炸药。当月球越过稠密的彗星尘埃流时，月球上这种闪光的发生频率会达到每小时一次。

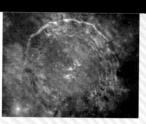

▲ 哥白尼陨石坑
流星高速撞击月球表面，所造成的陨石坑大小是流星体积的15倍。哥白尼陨石坑为91千米宽，3.7千米深。

▲ 流星雨命名
流星雨是以它们所处的星座（天空区域）来命名。英仙座流星雨是以英仙座而命名。

狮子座流星雨

公元902年，狮子座流星雨首先由中国天文学家记录下来。这个流星雨在每年的11月中旬都可以看到，在它的高峰期通常每小时可以看到大约10~15颗流星。狮子座流星雨大约每33年有一个爆发期，爆发时，数以千计的流星在一小时内从天空疾飞而过。虽然大部分流星比沙粒还小，但是流星雨却是如此壮观，仿佛天降大雪一般。

—— 星迹

—— 流星

▲ 狮子座流星雨
2001年11月，狮子座流星雨在朝鲜半岛发生时的情景。

火流星

我们知道，火流星就是特别亮的流星。当小块岩石进入地球大气层时，剧烈的摩擦使它变得极热并发光，这时就会产生火流星。一些火流星非常亮，即使在白天也可以看得到。还有一些会产生可以使房屋摇晃的强烈音爆（如同飞船穿过声垒）。有时会有大块岩石爆炸，散射并形成小块的陨石落在地面上。

▲ 飞驰而过
狮子座火流星以70千米/秒的速度坠落。

陨石

每年大约会有20万吨宇宙尘埃和岩石进入地球大气层，它们被称为流星。那些足够大的，未在大气中燃烧殆尽而降落到地面的则称为陨石。大部分降落到地面上的陨石是在太空碰撞中分离出的小行星碎片。

陨石坑的形成

当陨石或小行星降落到地面时，就会产生陨石坑。

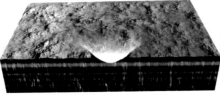

▲ 陨石飞快地撞击地面，产生的热量将其蒸发。

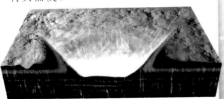

▲ 撞击产生的能量使岩石从地面向外飞出。

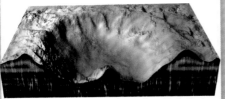

▲ 大的撞击造成地壳反弹，使坑的中间形成了一个中心峰。

▲ 霍巴是什么？大部分陨石是以它们降落地点的名称来命名的。霍巴陨石是以纳米比亚赫鲁特方丹附近的霍巴农场命名的。

沉重的霍巴陨石

霍巴陨石是地球上最大的陨石。这个铁陨石被认为至少是在8万年前降落到地面的，它现在仍然位于1920年的发现地——霍巴农场。令人惊奇地是，这颗6万千克重的陨石在撞击地面时，并没有造成陨石坑，这或许是由于它以低角度进入大气，受大气阻力影响而使其速度降低所致。

小知识

■ **流星体** 环绕太阳运行的小行星或彗星的碎块。

■ **流星** 进入地球大气层并燃烧发光的流星体。

■ **陨石** 降落到地球表面的流星。

陨石坑

地球上已经发现了100多个陨石坑。其中最年轻的是位于美国亚利桑那州的陨石坑（被称为巴杰林陨石坑），它是在大约5万年前由一颗27万吨重的铁陨石撞击而成。这个陨石坑宽1200米，深183米，被高达45米的疏松岩石壁环绕着。

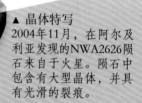

看一看：陨石的类型

研究陨石有助于我们了解有关太阳系的更多情况。陨石主要有3种类型。最常见的是石陨石，但是当它们落向地球时容易碎裂。铁陨石在太空中相对较少，但是它们非常坚硬，而且通常整体降落。石铁陨石是两种类型的混合体。陨石的表面一般覆有一层黑色外壳，这层外壳是它们在经过大气层时由于摩擦加热所形成的。

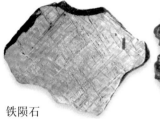

铁陨石

石铁陨石

石陨石

塔吉什湖陨石

2000年，这颗罕见的陨石降落到了加拿大塔吉什湖的冰冻表面上。这颗脆弱的、类似木炭的陨石富含碳，其中还包括了古老太阳系中的一些物质，这些物质可以帮助我们对太阳系进行研究。

火星上的陨石

陨石除了会降落在地球上之外，其他星球上也会有陨石落下。美国国家航空航天局的"机遇"号漫游车已经在火星上发现了若干陨石。2009年7月，在子午线平原发现了一块最大的岩石。它被称为"布洛克岛"，由铁和镍构成，它在火星上可能已经有数百万年的时间了。

▶ 布洛克岛
布洛克岛长60厘米，宽30厘米。

来自火星的陨石

在地球上发现的约2.4万块陨石中，已经有34块被鉴定出是来自于火星。这些岩石经大碰撞后被抛射进入太空，它们在太空中运行了千百万年后降落到地球上。尽管没有人看到它们落地，但是它们含有与火星上相同的气体，因此我们知道它们来自于火星。还有130多块著名的陨石来自于月球。

▲ 晶体特写
2004年11月，在阿尔及利亚发现的NWA2626陨石来自于火星。陨石中包含有大型晶体，并具有光滑的裂痕。

NWA2626陨石

大陨石坑有人打网球吗？ 一个大陨石坑内可以放进2000多个网球场！

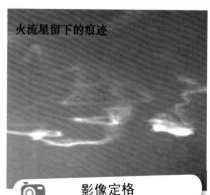

火流星留下的痕迹

📷 影像定格

2008TC3是第一个在撞击地球前被观测到的流星体。天文学家通过对天空的观测，准确地预言了其进入地球大气层的时间和地点：2008年10月7日，苏丹。

太阳系

其他星球上的生命

在地球上的一些地方，尽管环境极端恶劣，但是也意外地发现了有生命存在，如固体岩石内部、火山口，甚至冰冻的南极洲。一些专家认为，在太阳系的其他星球上如果存在生命要素的话，也可能会有一些简单的生命形式存在。

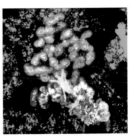

◀ 生命要素
在存在水和能量的地方似乎都可以有生命生存。这种黏菌定居在岩石上，它们以岩石为食。

火星上的生命

■ 今天的火星是一片冰冻的荒漠，但很久以前它或许曾经温暖而湿润，可能是一个生命的庇护所。空间探测器发现火星上存在着水冰，但是迄今为止还没有发现有生命的证据。从1984年在南极洲发现的火星陨石中，科学家们发现了可能的生命迹象。这块陨石于1600万年前从火星表面分离。

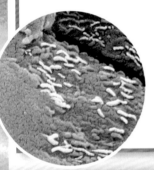

◀ 火星陨石内部的微生命是微小的、像虫一样的结构和铁磁矿晶体，与某种细菌相关。

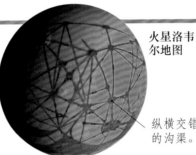

火星洛韦尔地图

纵横交错的沟渠。

■ 19世纪，天文学家认为他们看到了火星上有植被（植物）存在。有些天文学家甚至认为他们可以看到火星表面分布着运河。珀西瓦尔·洛韦尔还绘制出了火星地图，上面示出了运河网，他声称这是火星人建造的用来向沙漠引水的运河。但迄今为止，还没有任何摄影图像显示存在这样的运河。

■ 1976年，来自"海盗"号探测器拍摄的图像展示了火星上一个看起来类似人脸的东西。一些人声称这是失落了很久的火星文明的证据。20年后，"环火星巡逻者"再次访问火星，拍摄了更高质量的图像，表明这张脸仅仅是特定视角造成的错觉。

 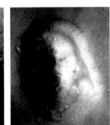

1976年的脸　　　2007年消失

云团中的生命

木星是气体巨星，它没有固态表面和充满水的海洋，但是科学家认为生命形态也可能会存在于云团中。这样的生命只能存活于高层大气中，因为低层大气中的压力和温度都太高。但是目前探测器还没有发现任何生命的迹象。

▲ 在天空遨游
在气体巨星的云团中，存在着像地球海洋中漂浮的水母一样的生物吗？

木卫二

科学家认为，被冰覆盖的木星卫星木卫二是太阳系中最有可能存在生命的地方。木卫二的表面覆盖着断裂的冰，在冰的下方可能会隐藏着海洋，那里可能存在着很多生命。在海底还可能存在着热液喷口。在地球上，这样的喷口处常被各种奇怪的生命形态所包围，人们推测这种喷口可能是地球生命的发源地。

冷冰

暖冰

海洋

▲ 下面有什么？
尽管木卫二表面温度低至−170℃，但木星引力在它深处引发的热量可以使它产生一个隐藏的海洋，那里可能充满了生命。

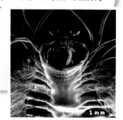

▲ 木卫二的冰质表面显示出了下面存在的热能。

甲烷奇迹

1997年，科学家发现了一种类似蜈蚣的新物种，它们生活在墨西哥湾海底那些成堆的甲烷冰中。这种动物可以奇迹般地在地球上的沼气（甲烷又称沼气）中存活下来，那么在太空的甲烷中是否也可以有生物存活下来呢？

壮观的大气

最大的土星卫星土卫六具有稠密的大气，就像地球早期生命开始时的大气。土卫六上有生命所需的化学要素，包括冰质的水以及碳化合物，它们在表面形成湖泊。由于土卫六表面的温度过于寒冷，所以不适合生命生存，但是在地下液态水和氨水构成的湖泊深处或许有生命存在。

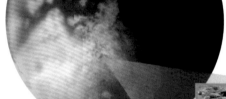

▶ 生命之水
这幅假彩色雷达地图显示了土卫六上的液态甲烷（甲烷是一种碳化合物）湖。

类地行星地球化

一部分美国国家航空航天局的科学家认为，我们可以将一些无生命的类地行星转化为适合生命生存的行星。这称为地球化（再现地球）。如果我们能够加热火星，将可以使它地球化。

▶ 首先要有足够的热量使火星上冻结的水和二氧化碳融化，形成海洋和湖泊。

▶ 然后有了足够的水，可以从地球带去微生物和植物，它们向空气中释放氧气，使空气适宜呼吸。

太空基地

太阳系中除地球之外，没有任何星球适合人类定居，但是天文学家们相信，将来一定可以在其他星球上建立基地。最大的可能是在月球，同时月球也是我们进一步探索太空的垫脚石。

▲ 最好的基地
人们认为月球的南极地区可以作为水的储存基地。采用太阳能，水可以分解成用于呼吸的氧气和用于火箭原料的氢气。

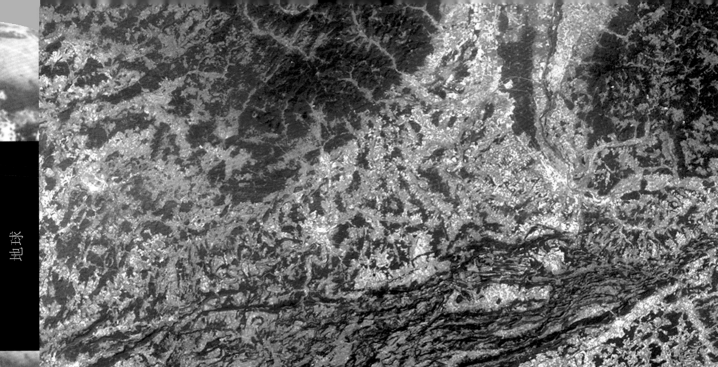

地球

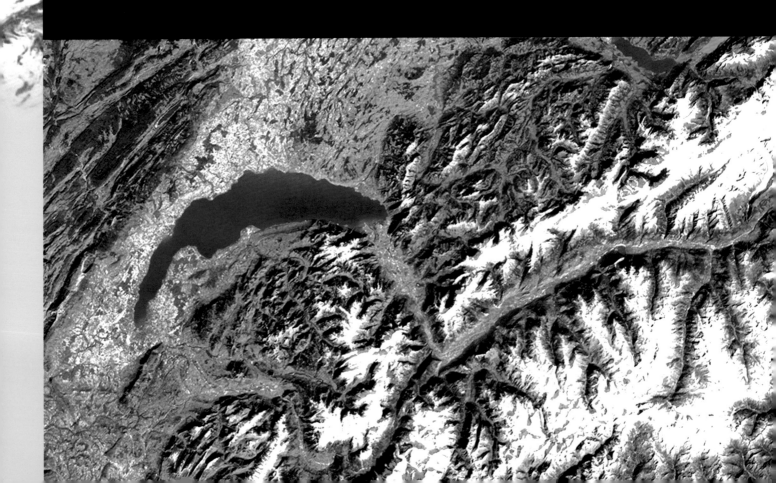

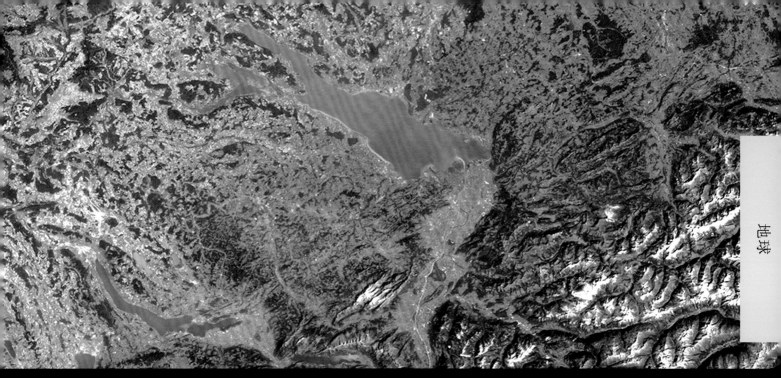

我们的地球，是一颗独一无二、无比神奇的星球。它是八大行星中距离太阳第三远的行星，也是目前已知的唯一一颗适合生命繁衍的星球。

独一无二的地球

地球是一个独特的星球，它是目前已知的唯一一颗能够支持生命存活的星球。地球表面拥有丰足的液态水和氧气。厚厚的大气层可以使地球表面免遭辐射和陨石的伤害，强磁场则使我们免遭来自太阳的有害粒子流的伤害。

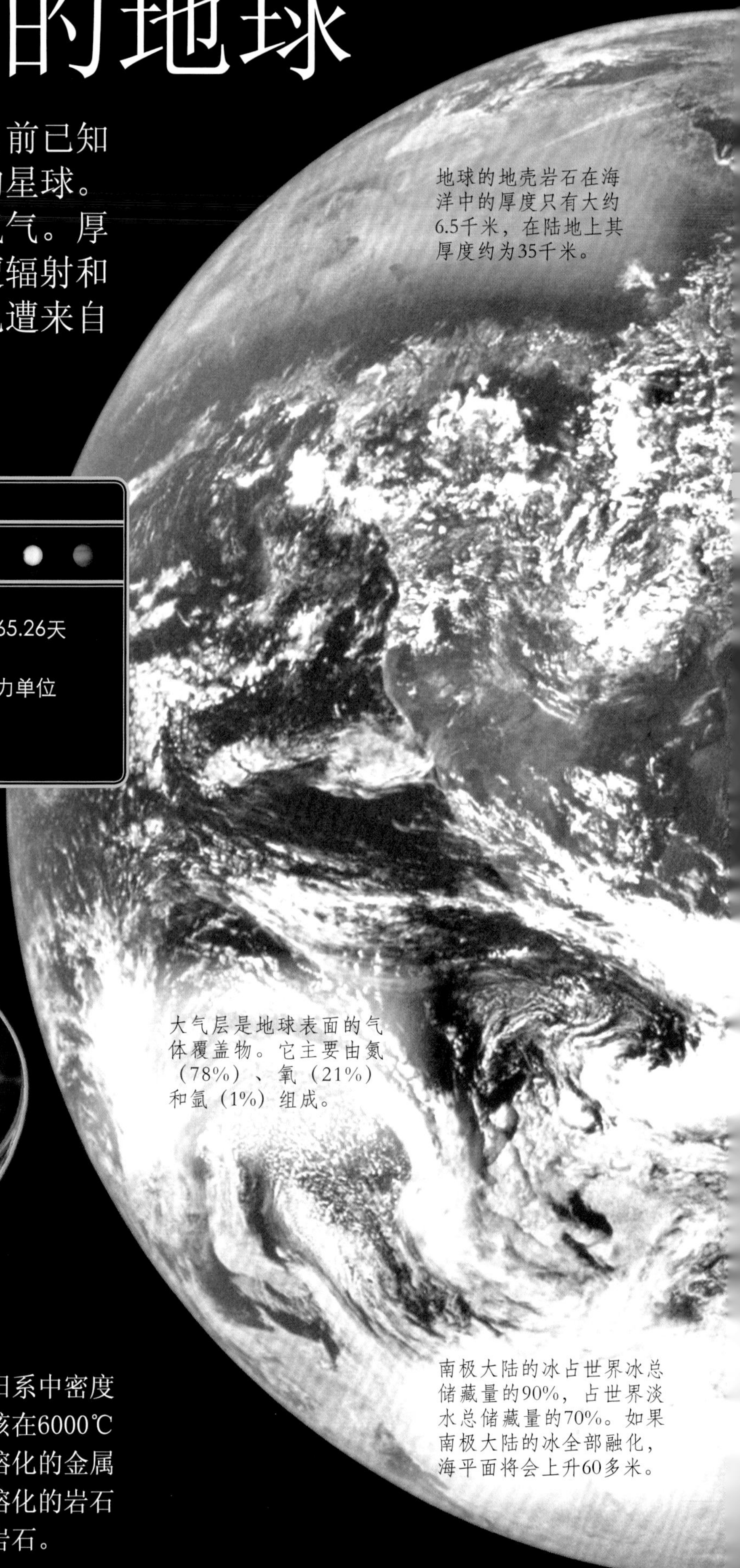

地球的地壳岩石在海洋中的厚度只有大约6.5千米，在陆地上其厚度约为35千米。

行星概况

- 距太阳的平均距离 1.5亿千米
- 表面平均温度 15℃
- 直径 12760千米
- 一日的时长 24小时
- 一年的时长 365.26天
- 卫星数 1颗
- 表面重力 1重力单位

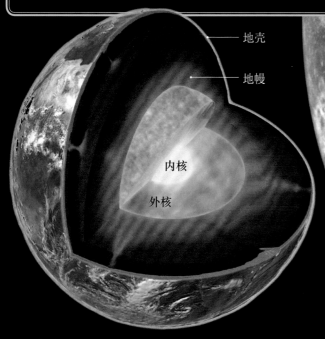

地壳

地幔

内核

外核

大气层是地球表面的气体覆盖物。它主要由氮（78%）、氧（21%）和氩（1%）组成。

地球内部

由于地核的主要成分是铁，因此地球是太阳系中密度最大的星体。地球内部巨大的压力使得内核在6000℃的高温下仍旧维持固态。地球的外核是由熔化的金属构成的，包裹在它外围的地幔则是由部分熔化的岩石构成的。在地幔上方是一层被称为地壳的岩石。

南极大陆的冰占世界冰总储藏量的90%，占世界淡水总储藏量的70%。如果南极大陆的冰全部融化，海平面将会上升60多米。

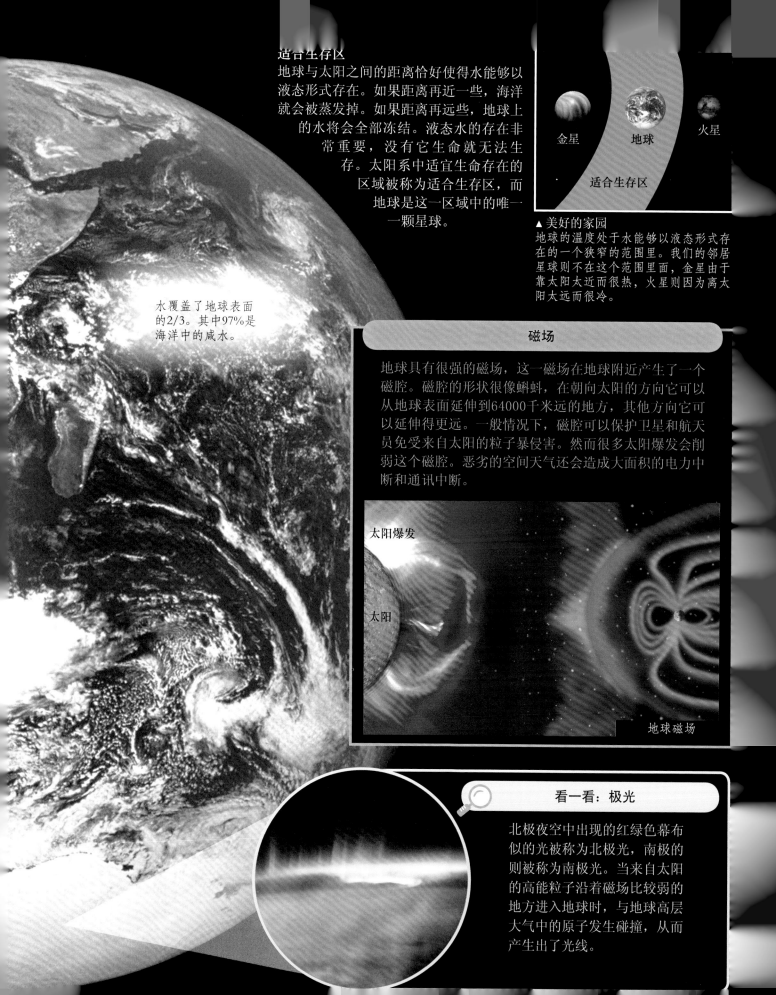

适合生存区

地球与太阳之间的距离恰好使得水能够以液态形式存在。如果距离再近一些，海洋就会被蒸发掉。如果距离再远些，地球上的水将会全部冻结。液态水的存在非常重要，没有它生命就无法生存。太阳系中适宜生命存在的区域被称为适合生存区，而地球是这一区域中的唯一一颗星球。

金星　　地球　　火星

适合生存区

▲ 美好的家园
地球的温度处于水能够以液态形式存在的一个狭窄的范围里。我们的邻居星球则不在这个范围里面，金星由于靠太阳太近而很热，火星则因为离太阳太远而很冷。

水覆盖了地球表面的2/3。其中97%是海洋中的咸水。

磁场

地球具有很强的磁场，这一磁场在地球附近产生了一个磁腔。磁腔的形状很像蝌蚪，在朝向太阳的方向它可以从地球表面延伸到64000千米远的地方，其他方向它可以延伸得更远。一般情况下，磁腔可以保护卫星和航天员免受来自太阳的粒子暴侵害。然而很多太阳爆发会削弱这个磁腔。恶劣的空间天气还会造成大面积的电力中断和通讯中断。

太阳爆发

太阳

地球磁场

看一看：极光

北极夜空中出现的红绿色幕布似的光被称为北极光，南极的则被称为南极光。当来自太阳的高能粒子沿着磁场比较弱的地方进入地球时，与地球高层大气中的原子发生碰撞，从而产生出了光线。

完美的星球

我们居住在宇宙中最神奇的星球上。尽管我们一直在努力寻找新的适宜居住的星球，但是地球仍是目前已知的唯一一颗适宜生物生存的星球。地球与太阳之间适宜的距离使得它的温度适中。地球上大量的液态水是生物生存至关重要的因素。液态水影响着地球上的气候，使得植物得以生长，从而为动物提供了食物。地球也是我们所知的唯一一颗具有充足氧气可供我们呼吸的星球。

地球上的季节

我们按照地球上的时间表生活着。大多数人是在白天工作，晚上睡觉。地球上白天和黑夜的形成，是阳光照射的结果。季节（春、夏、秋和冬）的交替，也跟阳光照射有着一定的关系。

▲ 从太空看地球
这幅图上，地球与月球均处在1/4相位上，即一半是白天，一半是夜晚。

地球和月球

外星物体如果从地球附近经过，会看到地球和月球改变形状。有时地球是全亮的，就像一个蓝绿色的圆盘，有时则是全暗的，另外还会有很多中间形态。这种不同的形态叫做相。在地球上，我们可以看到月球的各种相。

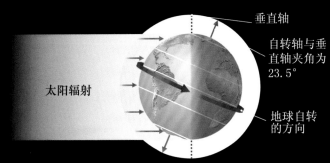

垂直轴

自转轴与垂直轴夹角为23.5°

太阳辐射

地球自转的方向

▲ 光线强度 地球上接收到的太阳辐射量受地球自转轴倾角的影响，取决于它是朝向太阳的一面还是背离太阳的一面。

白天和夜晚

由于地球自转时是倾斜的，因而一年中白昼的长短是变化的，除非你住在赤道上。这种情况在极区更加极端，那里夏季的白昼非常长，而冬季的夜晚又非常长。在北极圈以北以及南极圈以南的区域，仲冬时节太阳是不会升起来的，而仲夏时节太阳又不会落下。正是由于这个原因，挪威北部以及阿拉斯加地区被称为"夜半太阳国"。

▲ 午夜的太阳
这幅经过多次曝光的图片显示，在极区夏季时，太阳相对于地平线下沉，但是不会降落到地平线以下。

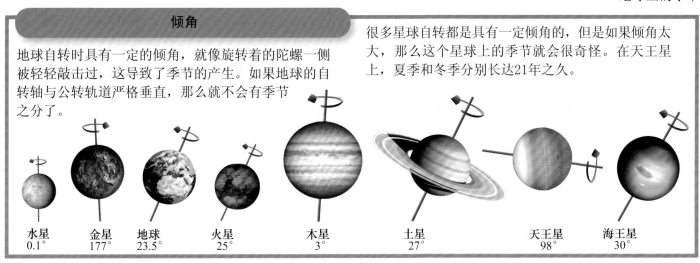

倾角

地球自转时具有一定的倾角，就像旋转着的陀螺一侧被轻轻敲击过，这导致了季节的产生。如果地球的自转轴与公转轨道严格垂直，那么就不会有季节之分了。

很多星球自转都是具有一定倾角的，但是如果倾角太大，那么这个星球上的季节就会很奇怪。在天王星上，夏季和冬季分别长达21年之久。

| 水星 | 金星 | 地球 | 火星 | 木星 | 土星 | 天王星 | 海王星 |
| 0.1° | 177° | 23.5° | 25° | 3° | 27° | 98° | 30° |

季节

如果你不是居住在赤道地区或者极区，那么一年中你会经历春、夏、秋、冬4个季节。在赤道地区，白昼的长短几乎不变，太阳总是高高悬挂在空中，因此那里总是很热。我们的地球与黄道面的夹角是23.5°。当北极靠近太阳时，北半球为夏季，南半球为冬季。当北极远离太阳时，北半球为冬季，南半球为夏季。

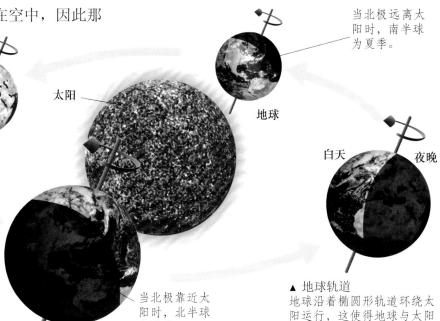

太阳

地球

当北极远离太阳时，南半球为夏季。

白天　夜晚

当北极靠近太阳时，北半球为夏季。

▲ 地球轨道
地球沿着椭圆形轨道环绕太阳运行，这使得地球与太阳之间的距离是变化的，但是这并不会引起季节的变化。

▼ 植被格局（绿色）随不同季节所接收到的不同的太阳辐射量而变化。

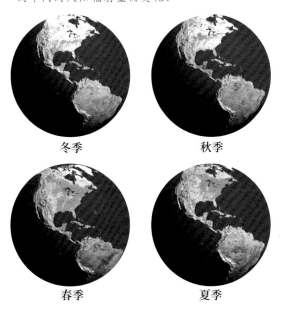

冬季　　　　秋季

春季　　　　夏季

太阳周期

白昼的长短以及季节的变更会影响地球的温度。夏季，太阳在地平线以上的时间会更长，在天空中的位置也会更高。大气吸收的热量相对少一些，而地面和海洋吸收的要多一些。冬季，太阳在地平线以上的时间相对要短一些。在漫长的夜晚，相对于白天太阳提供的热量，更多的热量从地球逃逸到了太空中。

▶ 热水
这幅图向我们展示了阳光照射对海水温度的影响。其中红色表示赤道附近转热的海水，橙色、黄色和绿色表示逐渐变冷的海水，蓝色表示温度转低的冷水。

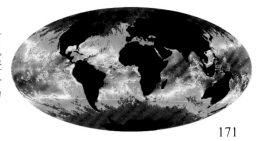

地球表面

地球表面在不断地变化着。地球虽然被地壳岩石包裹，但是地球表面并不是静止不动的。地壳被分割成几个巨大的地块，即板块。这些板块在地球表面缓慢地移动。河流、冰川、风以及雨也能够改变地表形态。在地貌的形成过程中，它们都起了一定的作用。

地震和火山喷发

居住在板块的边缘很危险，因为地震一般发生在板块碰撞的地方。像旧金山、东京这些位于活跃板块边界上的城市就经常会遭遇大地震。在板块边界上，如果一个板块俯冲到了另一个板块的下面，熔化的岩石就会喷出地面，这时火山喷发就发生了。

地球板块

构成地壳的板块岩石漂浮在致密的地幔上。这些板块平均每年移动3~15厘米，这使得大陆的位置也随之改变。有些板块之间做背向运动，有些则是相向运动。板块的移动能够使山脉隆起，也可导致地震、海啸和火山喷发。

（地图标注：北美板块、欧亚板块、非洲板块、印度板块、太平洋板块、太平洋板块、南美板块、澳大利亚板块、南极板块）

山脉

大多数大陆上都有山脉。大陆是高出海平面的大片的连续陆地。当两个板块相撞时，地壳被挤压隆起形成山脉。海拔8844米的珠穆朗玛峰是世界上最高的山峰，它属于喜马拉雅山脉。喜马拉雅山脉是由印度板块与欧亚板块相碰撞而形成的。地球上还有一些由海底隆起形成的火山，其中海拔最高的是夏威夷的冒纳凯阿火山。如果从海底算起的话，冒纳凯阿火山比珠穆朗玛峰还要高。

水世界

小溪与河流自高而低地流淌着，携带着泥沙和小的岩石碎块。这些粗糙的颗粒与地表相互摩擦，久而久之，山的棱角被磨掉，新的峡谷形成了。在接近海洋时，河流中的泥沙沉积，从而形成了新的地貌。海洋本身有着可以改变地形的巨大力量，海浪对峭壁和海岸的冲击，能够使海岸线发生变化，并且可以让岩石呈现出奇特的形态。

水

地球

▼ 自然景观 美国科罗拉多州风蚀的红色砂岩地貌。

风蚀 在干旱并且植被稀疏地区，风是侵蚀地貌的主要力量。风快速地敲打着岩石，带走了那些松动的颗粒，这些颗粒又与原有的地形相互摩擦。天长日久，岩石被磨损，一些神奇的地形出现，例如拱石、风蚀城堡以及其他奇特的风蚀地形。

风

冰之河

冰川是位于极地或高山地区沿地面运动的巨大冰体。它们有的几乎不动，而有的则快速地向前移动，速度可达每天20~30米。冰川在改变地貌方面是个能工巧匠，它们侵蚀岩石，切割山脉，创造出深深的冰川槽谷。冰川携带着岩石和碎屑移动着，在谷底留下了坑。冰川融化后，形成湖泊，并将巨石以及大量的碎石留在地表上，形成冰碛滩。

冰

◄ 圣安德烈斯断层
美国加利福尼亚州的圣安德烈斯位于地壳的一个断层或者裂隙处，这个断层是由太平洋板块和北美板块之间的相互滑动而生成的。它们平均每年移动几厘米。不过它们并不是总做相对运动，只有当压力足够大时才会发生滑移。这两个板块的突然运动会释放能量，引发地震。

大气

如果没有大气层这一厚厚的气体层，地球上就不会有生命存在。大气层不仅为我们抵挡了有害辐射以及天外陨石，而且还提供了各种天气现象，同时还具有保温作用。

臭氧洞

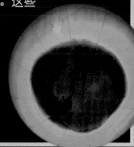

臭氧是由大气中的氧经紫外线的光化学作用产生的。它能够阻挡来自太阳的有害辐射——紫外线。1985年，在南极上空的臭氧层中发现了一个空洞，几年后在北极上空的臭氧层中同样发现了一个稍小一些的洞。这些洞是由人造氯氟烃（氟利昂）的释放产生的。现在这种试剂已被禁止，但是那些已经形成的洞将会存在很多年，太空中的卫星会密切观察它们。

大气分层

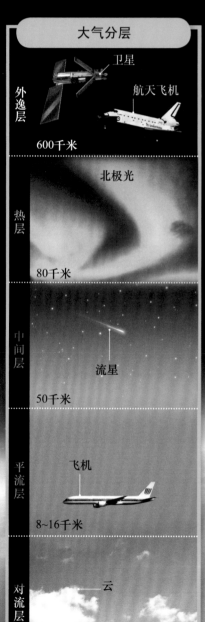

卫星

航天飞机

外逸层

600千米

北极光

热层

80千米

中间层

流星

50千米

平流层

飞机

8~16千米

对流层

云

其他气体

氧气

氮气

由于大气主要散射蓝光，所以天空看起来是蓝色的。

气体大气

大气层向外可以延伸至1000千米处。地面附近的大气密度最高，向上则迅速变得十分稀薄。大气中含量最多的气体是氮气（78%）和氧气°（21%）。其他气体还包括氩、二氧化碳以及水汽。

◀ 分层
地球大气层可分为五层。最靠近地面的是对流层，所有的天气现象都发生在这一层。平流层则更稳定，臭氧层就位于该层。中间层的大气十分稀薄，但仍可以使进入该层的流星燃烧起来。极光现象发生在热层。外逸层是大气层的外边界，大多数航天器的运行轨道在这一层。

水循环

水在地表与大气层之间连续不断地变换位置的循环运动，即为水循环。这一过程的动力来自于太阳所提供的热能。水循环为我们提供了淡水。河流以及海洋中的水被太阳加热后蒸发，上升到大气层中。

在高空，水汽冷却后又变回为水滴，形成云。

水滴重到一定程度便会以雨或雪的形式降落到地面。

河流以及海洋中的水被太阳加热后蒸发，形成水汽。

一些水渗入地下形成地下水。

剩余的水离开陆地，流入小溪或河流。

小溪与河流汇聚到湖泊或者流向海洋。

水循环中90%的水来自于海洋中所蒸发的水汽。在高空，水汽冷却变为小水滴，云就形成了。

看一看：云与天气

地球上的天气现象发生在对流层，在那里水汽凝结成云。云的种类有很多。在无风的大气里，层云表现出广阔的层状结构。热空气上升冷却形成积雨云。快速上升的空气携带着云到达很高的高度，巨大厚重的积雨云会产生降雨，有时甚至是冰雹。位于对流层顶部的卷云是由微小的冰晶组成的。

层云

积雨云

雷雨云

◄ 超级风暴
罕见的雷暴是一种"超级风暴"。它会带来最恶劣的天气现象，包括巨型闪电、大冰雹、洪灾以及飓风。

风暴的力量

飓风是地球上最强的风暴。当热带海洋上的风暴速度高于120千米/时，风暴就成为了飓风。南半球飓风沿顺时针方向旋转，北半球则沿逆时针方向旋转。

▲ 风眼
飓风中心（风眼）是平静的，但是它周围却是狂风怒吼。

▼ 大风经过沙漠或者干燥、满是灰尘的地方时，形成沙尘暴。它们将大量的沙尘卷起。沙尘暴能以固体墙的形式逐渐逼近，可高达1.6千米。

地球上的生命

地球是已知的唯一有生命存在的星球。从最高的山脉到最深的海洋，在这颗星球上到处都能够寻找到生命的踪迹，甚至在滚烫的温泉以及坚硬的岩石里也可以发现生命存在。

生命的起源

大约38亿年前，地球上出现第一个简单的生命。没有人知道它是怎么起源的，科学家们推测它可能起源于海洋，因为当时的陆地很热，而且大气是有毒的。也有人认为它是由流星或者彗星把太空中的复杂化学物带到了地球上。不管怎么样，生命就这样开始了。先是形成了简单的分子，分子自我繁殖形成细胞。随着时间的推移，这些细胞形成了复杂的生物有机体，并开始登陆到陆地上。

最初的生命

最早的生命形式十分简单，它们是单细胞生物，可能生活在海洋里或者炽热的温泉里。经过了数十亿年的时间，简单的单细胞生物逐渐进化得十分复杂，形成多细胞生命体。

早期的细胞

地球生命大事年表

早期的地球

45亿年前：
地球形成。

36亿年前：
蓝绿藻向大气中释放氧气。

38亿年前：
海洋里出现了简单的细菌。

18亿年前：产生第一个复杂的生物有机体。它是动物、植物以及菌物的祖先。

第一个生命

6.3亿年前：
第一个复杂的动物出现在海洋里。

4.9亿年前：
鱼类出现。

4.3亿年前：
第一批植物登陆陆地。

4.15亿年前：四足动物向干燥的陆地迈出了第一步。

3.6亿年前：带翅膀的昆虫开始飞向空中。从两栖动物中进化出爬行动物。

从史前大象

到亚洲象

进化

地球上有很多不同类型的生命，包括植物、动物以及微生物。所有生命体都通过进化这一过程来适应自己所处的环境，也就是我们通常所说的"适者生存"。那些不能适应周围环境变化的物种会惨遭灭绝的厄运。

灭绝

在地球生命出现后的不同阶段，有很多生命相继消失了。其中大部分是由于火山爆发所喷出的大量灰尘所致。灰尘遮挡了阳光使得温度下降，很多动物赖以为生的植物都死掉了。6500万年前，由于小行星的撞击而引起的火山爆发，使得恐龙因此灭绝。

▲ 提塔利克鱼
这种已经灭绝的耳鳍鱼生活在3.75亿年前的泥盆纪晚期。

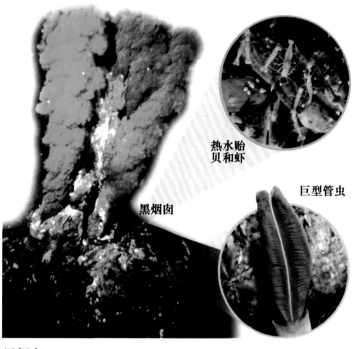

热水贻贝和虾

黑烟囱

巨型管虫

黑烟囱

多数植物和动物生活在阳光能够照射到的地方，但是深海中的很多物种却完全生活在黑暗当中。在地下几千米处，富含矿物质的热水从极热的地幔裂缝中喷涌而出。这些火山口看上去就像黑烟囱一般，这里是大量巨型管虫、贻贝、虾以及蟹的家园。它们以细菌为生，细菌通过分解那些溶解在热水中的化学物质而获得能量。有的细菌生活在坚硬的岩石里或者寒冷的海底，它们以岩石中的矿物质为生。

看一看：海洋中的爆发性繁殖

海洋不仅是大型生物，如鱼和鲸的家。那里最重要的生命是一种被称为浮游植物的微型生物。这些微小的生物漂浮在海水表面，那里阳光充足。浮游植物是从小虾到巨大的鲸等一系列动物的重要食物来源。如果大量的浮游植物聚集到一个区域，海洋表面的颜色就会被改变。有时候这种爆发性的繁殖非常强大，以至在太空中都可以看到。

▲ 大量的浮游生物
2006年6月，爱尔兰海岸线青绿色的微生物爆发性繁殖。

大量的复杂生命出现

3亿年前：种子植物出现。

2.5亿年前：爬行动物（翼龙）开始飞行。植物开始长出花朵。

2亿年前：从爬行动物中进化出了恐龙和鸟类。

1.5亿年前：哺乳动物出现。

6500万年前：恐龙以及很多其他生物灭绝。

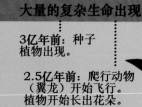

现代

6000万年前：哺乳动物占领地球，现代的鱼、鸟、植物以及昆虫出现。

500万年前：类人猿离开树木开始直立行走。

25万年前：现代人（智人）出现。

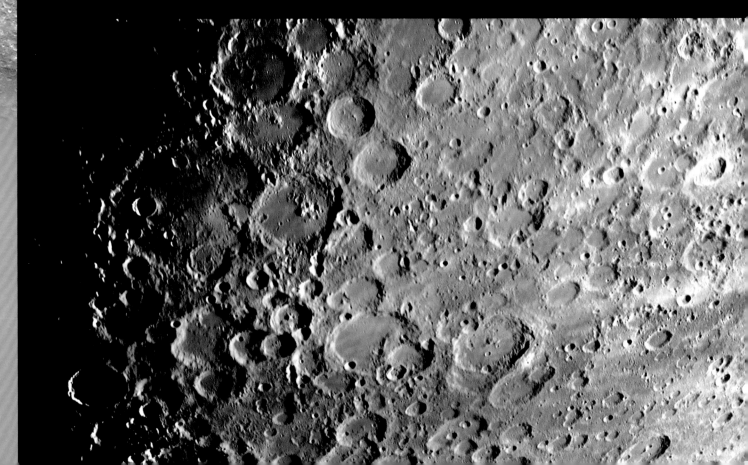

月球

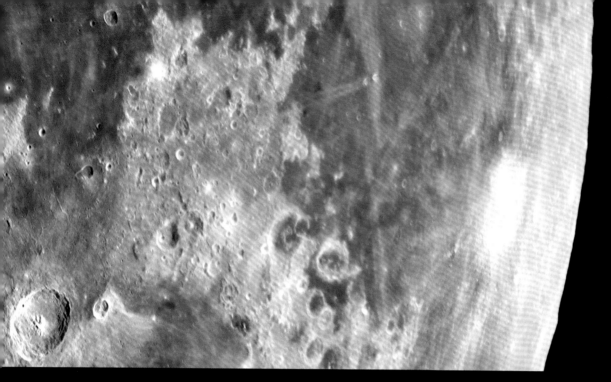

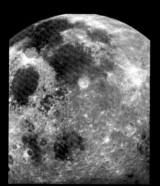  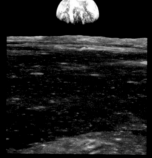

满月的亮度在天空中仅次于太阳的亮度。月球是人类探索太空的第一个目的地，但是迄今为止仅有12人登上过月球。

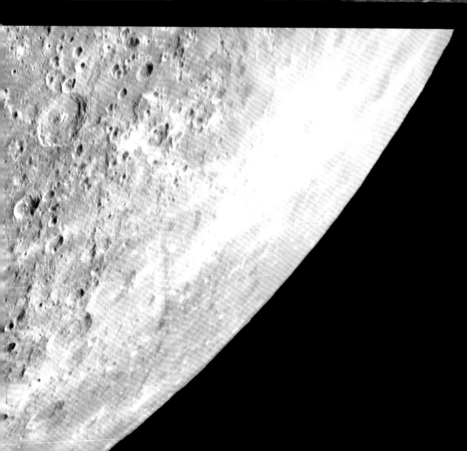

地球的伙伴

地球和月球已经共存了大概45亿年了。虽然月球比地球小很多，但是它在很多方面影响着我们的地球，人类对月球已经着迷了几千年了。

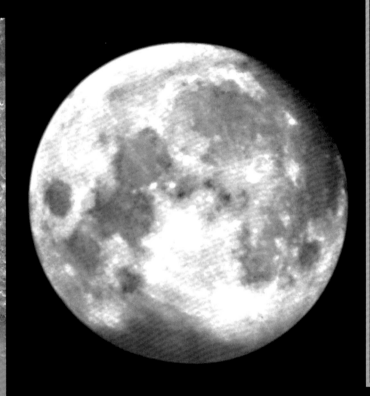

月球潮汐

潮汐是由于月球对地球表面的水的吸引作用而产生的。在任何一个时间点，地球上总有一个位置距离月球最近，另一个位置距离月球最远。这两个位置都会因为其相对于地球中心位置所受到的引力大小不同，使海水涌起或者落下，从而产生潮汐。潮汐会伴随着地球的自转，持续地在地球的表面发生。

▲ 落潮每天会出现两次，发生于地球上的某个位置垂直于月球引力时。

▲ 涨潮每天也会出现两次，发生于地球上的某个位置同月球处于一条直线时。

太阳潮汐

太阳和月球一样，也会引起潮汐，但比月球微弱。当月球、地球和太阳处于一条直线时，由于引力作用，会产生大潮。当月球和太阳相对于地球互相垂直时，会产生小潮。

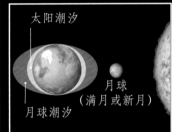

▲ 大潮是由于太阳和月球对地球引力的叠加而产生的。

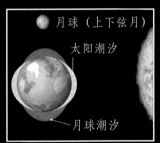

▲ 当小潮发生时，高潮的潮水比其他时候低，而低潮的潮水比其他时候高。

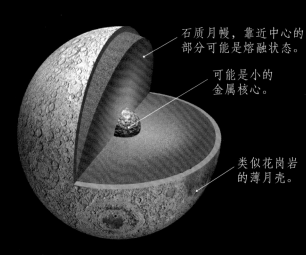

石质月幔，靠近中心的部分可能是熔融状态。

可能是小的金属核心。

类似花岗岩的薄月壳。

月球信息

- 距地球的平均距离 384400千米
- 直径 3476千米
- 一日的时长 27.3个地球日
- 一月的时长（新月到新月）29.5天
- 表面温度 -150~120℃
- 表面重力 0.17（地球=1）

月球内部

月球表面是一层布满裂缝的厚度大约为50千米的易碎岩石。在地壳下面，是富含矿物的地幔，这一点与地球类似。月幔可能一直延伸到了月球的中心，它的中心可能是一个金属核心。

减速

地球和月球之间的潮汐力使地球的自转逐渐减慢，这也使得每天的时间逐渐延长。在地球形成初期，一天只有6小时。在6.2亿年前，一天就延长到了22小时。最终潮汐力会使地球上的一天延长到现在的27.3倍，将同月球一日的长度（太阴日）一样。

▼ 地球和月球北极的俯视图。

自转

月球环绕地球一圈耗时27.3天，自转一圈也需要27.3天。所以月球正对着地球的一面是不变的，这一面叫做近地面。即便如此，由于月球绕地的公转是有变化的，所以在地球上偶尔也可以看到其部分远地面。地月之间的潮汐力使月球以每年3.8厘米的速度远离地球。

新月

渐亏的蛾眉月　　渐盈的蛾眉月

下弦月　　　　　　　　上弦月

月球从新月到满月的过程叫"渐盈"。从满月到下一个新月的过程叫"渐亏"。当月球的大部分可见时叫"凸月"。

渐亏的凸月　　　　渐盈的凸月

满月

面向地球的总是相同部分。

月球轨道的方向。

月球按逆时针方向旋转。

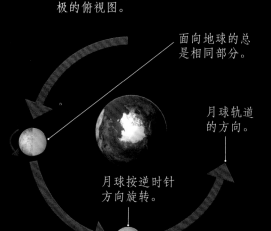

月相

人类对月相每29.5天的轮回变化着迷了若干个世纪。月相的变化是由于月球在环绕地球公转时，太阳照亮月球部分的大小不同而产生的。

月球

日食和月食

日食和月食是人类可以看到的最奇特的天文现象之一。当地球、月球、太阳运行在一条直线的时候，就会发生日食或月食。当地球的阴影遮挡住整个月球或月球的阴影遮挡住整个地球时，站在阴影中的人们就可以看到太阳或月亮的黑色影子。

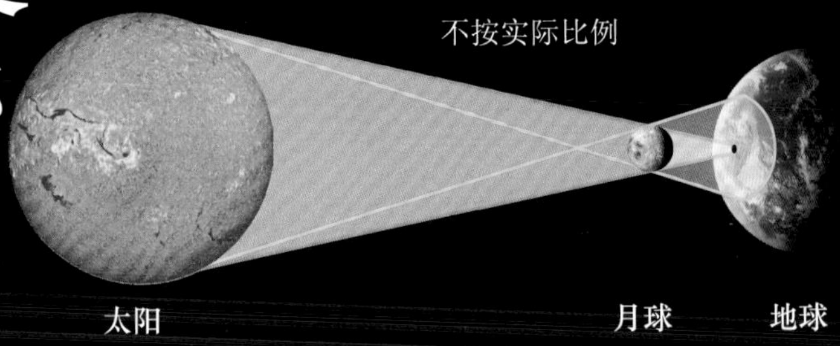

不按实际比例

太阳　　　　　　　　　　月球　　地球

▲ 当月球完全遮挡住太阳光线时，就会出现日全食。这时能看到的只是太阳周围闪着微光的日冕（太阳的大气）。

▶ 被月球遮挡
当月球慢慢地遮挡住太阳时，我们能看到太阳的部分越来越少。

▶ 钻戒
在日全食开始和结束的时候，当太阳光照射在月球表面的山脉时，会产生"钻戒"的效果。

光影游戏
日全食只有在地球上月球的阴影中间，即本影中才能看到。在日食发生时，地球表面有几千千米长，但不超过100千米宽的本影区域。在本影以外，月球只产生部分阴影，形成日偏食。

日食

每当"新月"的时候，月球都会从太阳和地球之间穿过，但是由于其轨道有一点倾斜，通常不会遮住太阳，偶尔才会正对着太阳，从而形成日食。太阳的大小是月球的400倍，巧合的是，它们相对地球的距离也相差400倍。这样，在地球上观察日全食的时候，月球的轮廓刚好能够遮挡住整个太阳的轮廓。

影像定格

小心！没有采取合适的眼睛防护措施时，不能用肉眼直接观看日食。虽然绝大部分太阳被遮住了，但剩余的日冕所发出的光，仍足以灼伤眼睛。

直到2024年的
日食预测路径

月球

月食

当月球运行到地球阴影中的时候，月食就形成了。月食每年发生2~3次，月食中的月球不会完全变黑。地球大气折射的太阳光会使月球呈现出像落日一样的橘红色。在地球上，能看到月球的人都能够看到月食，相比日食来说，观察月食要容易并且安全得多。

白天到黑夜

日全食大概每18个月发生一次。如果你所在的地方刚好能看到，便可以观赏这种神奇的景观。当太阳的最后一束光芒被遮挡的时候，黑暗降临，星星出现，周围变得昏暗，这时只能看到太阳周围朦胧的大气。

▼ 月食
当地球出现在太阳和月球之间时，月球被地球的阴影遮挡而形成了月食。

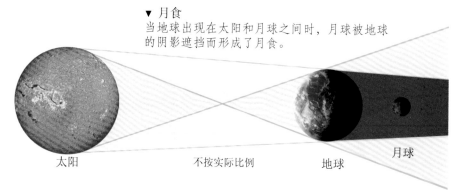

太阳　　　　　　不按实际比例　　　　地球　　　月球

月全食近期观测表	
2010年12月21日	亚洲东部，大洋洲，美洲，欧洲
2011年6月15日	欧洲，南美洲，非洲，亚洲，大洋洲
2011年12月10日	欧洲，非洲东部，亚洲，大洋洲
2014年4月15日	大洋洲，美洲
2014年10月8日	亚洲，大洋洲，美洲
2015年4月4日	亚洲，大洋洲，美洲
2015年9月28日	美洲，欧洲，非洲，亚洲西部
2018年1月31日	欧洲，非洲，亚洲，大洋洲
2018年7月27日	亚洲，大洋洲，美洲西北部
2019年1月21日	南美洲，欧洲，非洲，亚洲，大洋洲
2021年5月26日	亚洲，大洋洲，美洲

▲ 红月亮　这幅延时照片显示了月食的不同阶段。地球的阴影可以在月球表面存在4小时，但月球完全处在阴影中的时间，也就是"月全食"，仅能持续大约1小时。

月球表面

我们仅凭肉眼就可以观察到月球表面的状况。月球上较暗的区域叫做"月海",因为最初天文学家误认为这些区域是海洋。意大利科学家伽利略是第一个通过望远镜观察月球的人,他当时被月球表面的山脉、平原和山谷震惊了。

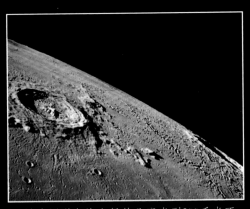

▲ 月球环形山的直径从几毫米到300千米不等。较大的环形山群通常包括一个受到冲击后回弹而形成的环形山主峰,比如直径58千米的埃拉托斯特尼环形山。它被附近的哥白尼环形山反射出来的光线所环绕。

成千上万的陨石坑遍布月球表面,它们是由小行星和彗星的撞击而形成的。

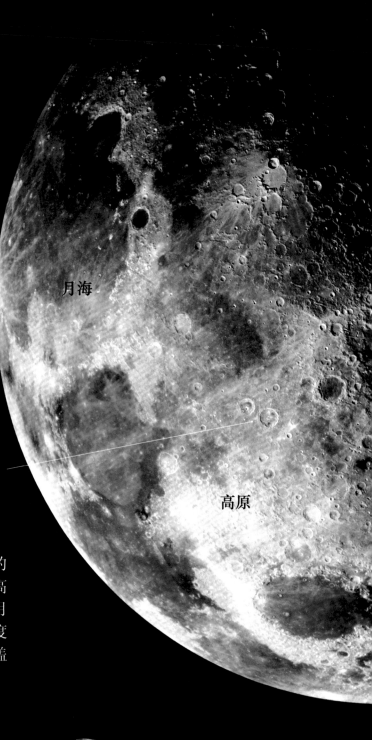

月海

高原

月球高原

月海的外围部分叫做高原。这部分覆盖了月球表面的大部分区域,远离地球的月球背面全部包括在内。高原岩石的化学成分与月海区域不同,颜色也较浅。月球上的山脉沿着环形山或月海区域的边缘延伸,高度超过3.5千米,比地球上的山脉要平整,其表面覆盖着岩石和厚达数米的尘埃。

月球背面

从地球上我们只能看到月球朝向地球的一面。人类第一次看到月球的背面是通过1959年苏联发射的"月球"3号探测器所拍摄到的照片。之后美国国家航空航天局拍到了更为清晰的照片。如图所示，中间是月球面向地球的一面和背向地球的月球背面的分界线，月球背面只有很少的"月海"（月球表面阴暗处），绝大部分是布满陨石坑的高地。

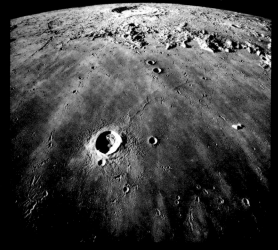

无水的海洋

"月海"实际上是由火山岩石形成的平原。天文学家认为它是在月球早期的8亿年间，由熔岩喷发并注入月球表面的巨大盆地而形成的。熔岩经过冷却和凝固，最终形成平坦的平原。在这一层月球表面形成之后，经过流星的撞击，也会出现环形山，但数量相比年龄较古老的高原要少。

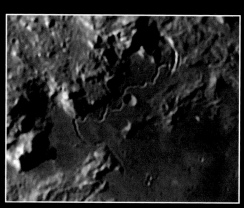

▲ 熔岩流
蛇形渠道由数十亿年前的熔岩流形成。熔岩表面首先冷却形成固态。之后其内部的熔岩液体渐渐溢出，使表面出现裂缝，最终形成了弯弯曲曲的月面谷。

📷 **影像定格**

这个积满灰尘的脚印将永远留在月球上，因为这里没有风，不会把它吹散。月球灰尘据说闻起来像火药。当航天员到达这里时，他们的航天服和设备上覆盖满了细小的灰尘颗粒。

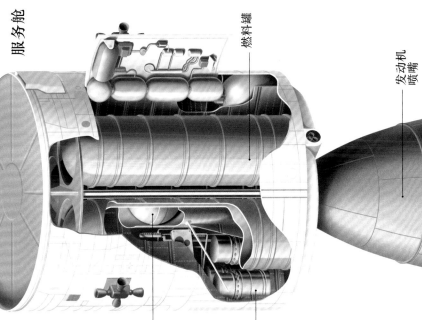

目的地月球

20世纪50~60年代，人类探索太空的梦想成为现实。在苏联与美国之间的太空竞赛中，苏联第一次发射了无人探测器，并第一次将人类送入太空。而美国则实现了第一次人类登月。

指令舱
- 快速逃生舱门
- 航天员座椅
- 前隔热防护罩
- 仪表盘

服务舱
- 燃料罐
- 氢燃料罐
- 燃料电池
- 发动机喷嘴

影像定格

到了20世纪50年代，由于空间技术的进步使得探月成为可能。那个时代的很多玩具、书刊和电影都以空间探索为题材。

1. 指令-服务舱和登月舱一起进入地球轨道。

2. 火箭将被丢弃。指令-服务舱和登月舱开始进入绕月轨道。

3. 登月舱进行分离-服务舱携带燃料飞行，以备返回地球。

4. 登月舱在月球表面着陆。

5. 登月舱的上升段返回月球轨道，与指令-服务舱对接。

6. 指令-服务舱返回点燃火箭，返回地球轨道。

7. 指令舱与服务舱分离并返回地球。

登月和返回

1969年7月16日，在美国佛罗里达州的卡纳维拉尔角，第一次执行人类登月任务的"土星"5号运载火箭将"阿波罗"11号飞船送入太空，开始了其历史性的飞行。实际上，那次的人类登月之梦几乎破灭，当时登月舱的燃料只够航天员尼尔·阿姆斯特朗在30秒的时间内寻找安全的着陆地点。

各就各位，发射！

自1959年第一次探月以来，人类已经向月球发射了超过100个探测器，不过其中很多发射都以失败告终。以下例举的是早期探月的一些记录。

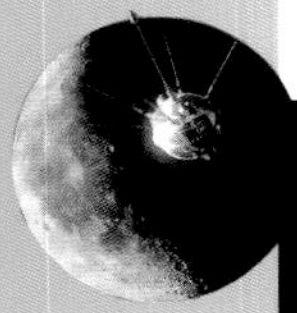

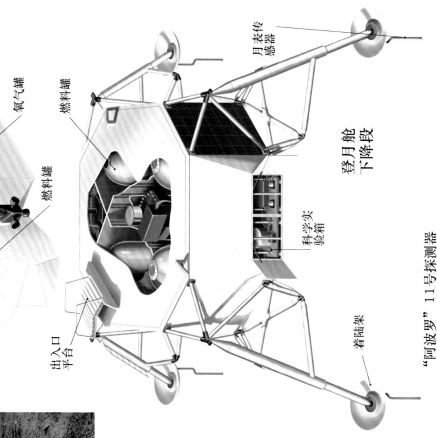

登月舱上升段
对接通道
设备舱
氧气罐
燃料罐
燃料罐
交会雷达天线
控制台
出入口平台

月表传感器
科学实验箱
登月舱下降段
着陆架

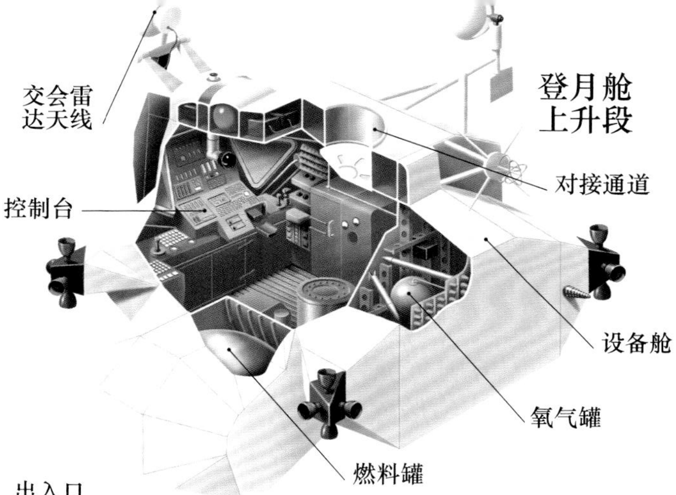

"阿波罗"11号探测器
此飞船包括3个部分：指令舱是航天员生活和工作的地方，也是最终返回地球的部分；服务舱附在指令舱下端，为飞船提供燃料、为航天员提供水、电和氧气；登月舱由下降段和上升段组成，下降段在上升段飞离月面时起发射架作用。

鹰的着陆
登月舱有个昵称叫做"鹰"。此登月舱外面是轻薄的铝层，铝层下面是镀金的隔热层。有了这些保护，即使在巨大温度变化下，登月舱也不会损坏。当登月舱安全着陆之后，航天员穿上可以在太空中活动的航天服，来到月球表面开始进行一些科学试验。

▲ 这幅图是由"阿波罗"11号拍摄的，显示了地球从月球表面升起的情景。图中观察到是月球左边的史密斯红海区域。

1959年1月
苏联发射的"月球"1号是第一个飞往月球的探测器，它在距离月球6000千米处失踪。

1959年9月
"月球"2号探测器按照指令在月球上撞毁，成为第一个在月球硬着陆的探测器。

1959年10月
"月球"3号成为首次拍摄到月球背面图像的探测器。

1964年7月
美国"徘徊者"7号在紧急降落之前拍摄了数千幅月球表面影像。

1966年2月
"月球"9号成为第一个在月球表面软着陆的探测器。

1967年4月
美国"勘测者"3号探测器登月并拍照，为之后"阿波罗"号载人登月寻找合适的着陆点。

1968年12月
美国国家航空航天局发射的"阿波罗"8号飞船，实现了人类第一次绕月飞行。

1969年7月
尼尔·阿姆斯特朗和巴兹·奥尔德林成为了第一批踏上月球的人，这是美国国家航空航天局"阿波罗"11号任务的一部分。

1970年11月
"月球车"1号是苏联发射的一个类似婴儿车的探测器，并装有8个轮子的探测器，它是第一辆在月球行驶的车辆。

栏目

1969年7月20日，大约5亿人通过电视见证了尼尔·阿姆斯特朗在人类历史上第一次登上月球。当尼尔·阿姆斯特朗向月面迈出第一步时说："对个人来说，这是一小步。对人类来说，这是巨大的一步。"从1969~1972年间，总共有12人登上了月球。

▲ 奥尔德林和阿姆斯特朗登上了月球，全世界通过电视观看了他们太空行走的全过程。

月球漫步

由于月球的引力非常小，所以航天员在月球上的体重只有地球上的1/6，本来沉重的航天服也变得很轻，这使得航天员活动起来更容易些。然而这种微重力环境使航天员不能正常地行走。他们有的像袋鼠一样跳跃着前进，有的则迈着大步前进，有些人甚至借助月球表面的尘埃向前滑行。

月球上的垃圾！

月球上有很多垃圾，诸如废弃的登月舱、旗帜、探测器和一些由于有意或无意的撞击而散落的设备和零件。在美国的"阿波罗"11号登月舱登陆月球1小时之后，苏联的"月球"15号无人飞船就撞击了月球。

存储器，用于存放工具、月球岩石和土壤样品。

照相机

抛物面天线，用于向地球传送图像。

月球车

"阿波罗"15号和17号都携带了一个3米长、敞开型，放置于登月舱内的可折叠式月球车。这辆电动月球车的最高时速可达18.6千米/时。

实心轮胎

月球岩石

"阿波罗"航天员在6次登月任务中，带回了很多月球上的岩石和土壤标本。采集这些标本是一项艰苦的工作，相比地球唯一的好处就是月球上引力较小。航天员的手臂由于受到航天服和手套的限制，非常容易疲劳。而弯腰就几乎不可能做到了，所以航天员使用一些特殊的工具来采集岩石标本。航天员还发现月球上的尘埃是粉末状的，非常粗糙，并且黏性很大，这些尘埃使航天服变成了灰色，划伤了护目镜，甚至把鞋子表层都磨损掉了。

▲ 岩石标本能够帮助科学家了解月球的历史。这块由"阿波罗"15号航天员发现的玄武岩矿石表明，月球上曾经有过火山活动。

▲ 航天员在地球上会进行一系列有关工具的使用及其操作的训练。这是航天员在美国亚利桑那州的一座火山口进行练习的情景。

📷 **影像定格**

作为登月纪念，"阿波罗"16号的航天员查尔斯·杜克将他的家庭照片和一个装有勋章的塑料袋留在了月球表面。他的家人在家庭照的背面都签上了自己的名字。

把它点亮

在月球上放置一个激光反射器是航天员在月球表面进行的科学实验之一。科学家从地球发射一束激光到月球上的反射器，然后测量激光需要多长时间返回地球。由此我们得知，月球在以每年3.8厘米的速度远离地球。

◀ 科学家在美国的麦克唐纳天文台使用一架光学望远镜发射出一束激光并监测反射。这个实验可以使测量地月之间距离的精度达到2.5厘米。

▲ 1969年以来，人类在月球上放置了一些反射器。不过由于反射回来的光线太弱，以至于我们使用肉眼察觉不到，所以需要借助一些灵敏的放大器来加强信号。

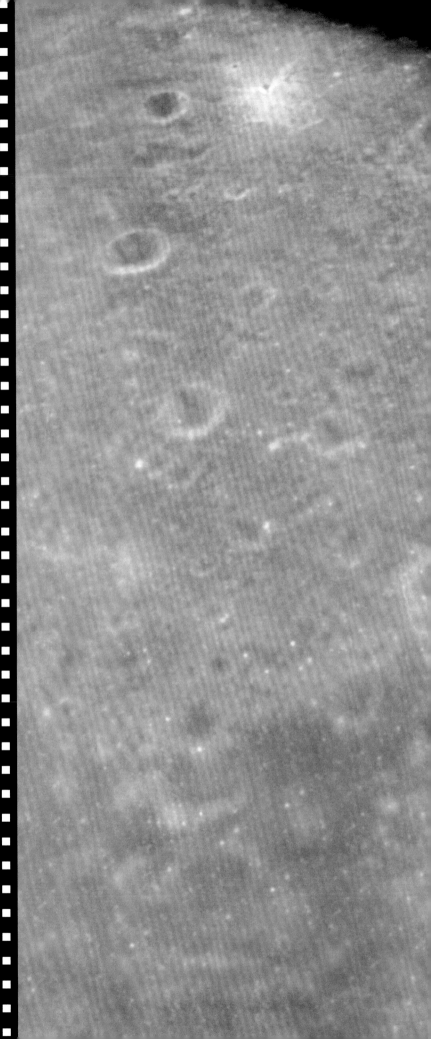

🪐 海中降落

"阿波罗"号指令舱重返地球，它在穿过大气层时表层会剧烈燃烧。之后指令舱上的降落伞使它平稳地溅落到太平洋中。海水缓冲了着陆速度，一旦触水，浮囊立即充气膨胀并使指令舱保持直立状态。

▲降落伞保证了锥形指令舱安全着陆。

▲蛙人（潜水员）帮助机组成员离开烧焦了的指令舱，送他们到救生艇上，最后将他们送上军舰。

▲"阿波罗"11号机组成员回到地球后，他们在封闭舱内被隔离了几个星期，以确认他们没有染上任何太空细菌。

快抵达了

这幅图像是由"鹰"登月舱在开始降落至月球表面时为"阿波罗"11号指令舱拍摄的。航天员迈克尔·柯林斯则独自待在绕月飞行的指令舱上。

重返月球

"阿波罗"登月计划结束于1972年，而最后一个"月球"号探测器造访月球是在1976年。之后再没有其他的登月计划，直到1990年，日本"飞天"号探测器重返月球。现在世界各地的许多航天机构都在筹划未来的登月或其他太空计划。

◀日本"飞天"号成功完成了第一次近月定点飞行、绕月飞行和撞月飞行。成为第三个发射月球探测器的国家。

"克莱门汀"号探测器将一些装备送入太空，以测试它们在太空环境下如何运作。"克莱门汀"号探测器还测绘了月球表面的地形、地貌以及地壳厚度，并拍摄了上百万幅图像。由"克莱门汀"号探测器发回的数据显示，在月球南极环形山较深处，可能有固态水存在。

月表绘图任务

1994年，美国发射了"克莱门汀"号探测器。这标志着美国国家航空航天局将重启月球探测计划。71天的环月行程中测绘了3800万平方千米的月表地形和地貌图。美国国家航空航天局继续跟进这项任务，并于1998年发射了"月球勘探者"环月探测器，2009年发射月球勘测轨道飞行器。

▲"克莱门汀"号探测器反射回来的无线电波表明月球表面有冰存在的迹象。

▲"克莱门汀"号探测器发回的数据帮助"月球勘探者"号探测器探测那些可能含有水的区域。

"月球"号探测器绕月飞行了一年。除了寻找到月球两极处的冰的迹象，它还在搜寻矿产和气体，以便将来用于人类月球基地，或者作为将航天器从月球发射到太空的燃料。

月球勘测轨道飞行器（LRO）

2009年美国发射了无人驾驶的月球勘测轨道飞行器勘测设立人类月球基地的理想地点。与此同时发射了环形山感测卫星（LCROSS）。这颗卫星为了探明月球上的冰而最终撞向月球。

▶环形山感测卫星（LCROSS）的任务证明了月球的一个环形山上有一点水冰的迹象。月球勘测轨道飞行器拍下的图像驳斥了有关"阿波罗"登月是个骗局的言论。

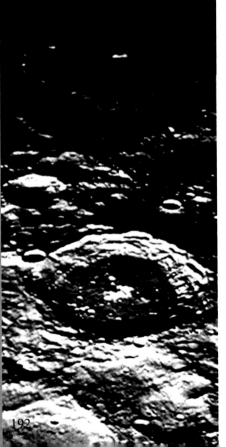

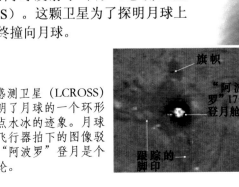

旗帜

"阿波罗"17号登月舱

跟踪的脚印

月球任务

"月亮女神"号

新时代的探月计划中，除了美国还有其他国家和机构参与，包括欧洲空间局、日本、中国和印度等。

■ 欧洲空间局的"精灵"1号（2003，轨道飞行器）。研究了45亿年前小行星撞击地球形成月球理论。

■ 日本"月亮女神"号（2007，轨道飞行器）。释放了两颗卫星进入月球轨道，测量了月球两端的引力。

■ 中国"嫦娥"1号（2007，轨道飞行器）。绕月494天，绘制了月表的三维图像，并研究了太阳是如何影响太空环境的。

■ 印度"月船"1号（2008，轨道飞行器）。搜寻放射性物质，这将有助于科学家解释月球形成的历史。

未来计划

航天国家未来的探月计划。

■ "嫦娥"2号（2010）中国月球探测器。

■ "月球-全球"1号（2012）俄罗斯无人驾驶月球探测器。

■ 欧洲空间局 ESMO项目（2013~2014）欧洲第一个由学生制作的月球探测器。

■ "月船"2号（2013）印度计划将漫游车送往月球表面。

■ "月球-全球"2号（2013）俄罗斯与印度"月船"2号合作的探测器-漫游车联合体计划。

■ "嫦娥"3号（2013）中国登月器与月球漫游车计划。

■ "月球-土壤"号（2014~2015）俄罗斯两个独立的月球轨道飞行器和登月器计划。

■ 欧洲空间局（2017~2020）月球登月器，能够在月球上运输货物和研究设备。

■ 印度（2020）印度第一个载人登月计划。

欧洲空间局 ESMO项目

月球X竞赛

想得到3000万美元的谷歌月球X竞赛（Google Lunar X Prize）奖金吗？你只需以私人团队的方式于2014年底前将登月机器人送上月球。这个登月机器人必须行走500米，并将图像、视频和数据传回地球。目前已有20个团队正在筹划。

◀意大利队的目标是建造一个可靠并且经济实用的机器人，他们正在构思各种不同的设计，包括这一个。

那么火星计划呢？

几个国家都试图第一个建立人类月球基地。它需要由太阳能驱动，并利用月球两极的固态水。通过基地可以采集稀有矿物，并将它们运回地球。月球基地也可以作为登陆火星或其他星球的跳板。在2011年俄罗斯"火卫一-土壤"机器人火星联合探险任务中，中国已经为自己的卫星预订了位置。

▼科学家认为，月球拥有极其稀有的氦元素沉积物，它可以被开采，并作为地球上的核燃料。

月球

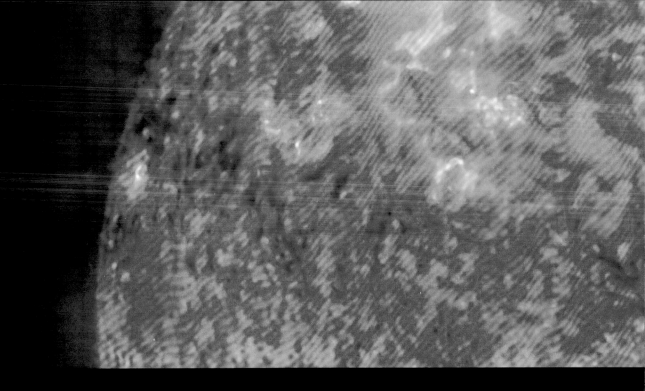

太阳

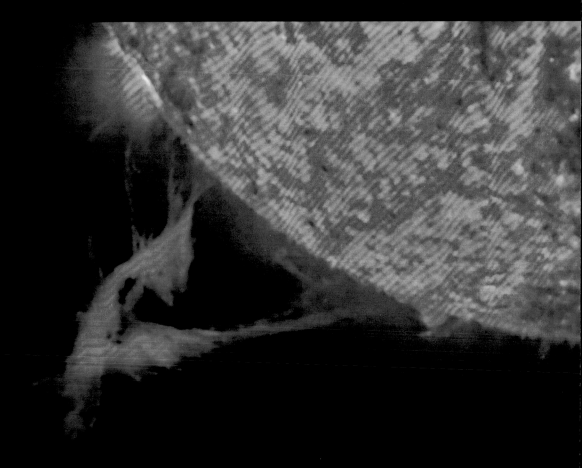

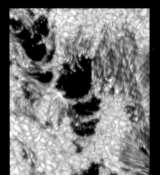

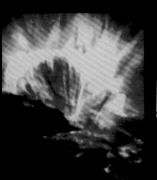

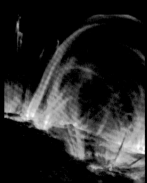

我们太阳系的中心天体是一个庞大的气态火球，距离我们1.5亿千米，内核蕴含了巨大的能量，它就是太阳。

太阳

太阳是离我们最近的恒星，它距离地球大约1.5亿千米。尽管它是由气体组成的，但是它的质量却是地球质量的33.3万倍，是太阳系所有行星质量总和的750倍以上。

影像定格

这是专门研究太阳的太阳和日球层天文台（SOHO）。自1995年发射以来，它使我们彻底改变了对于太阳的许多认识。在太阳风暴到达地球之前，它会提前给我们提供预警。它还帮助我们发现了1500多颗彗星。

色球层是紧贴着光球层上面的一层大气。

光球层就是我们通常看到的太阳表面。

对流层，太阳的热核能量以等离子体湍流的形式通过这个区域。

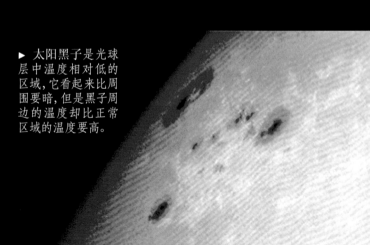

▶ 太阳黑子是光球层中温度相对低的区域，它看起来比周围要暗，但是黑子周边的温度却比正常区域的温度要高。

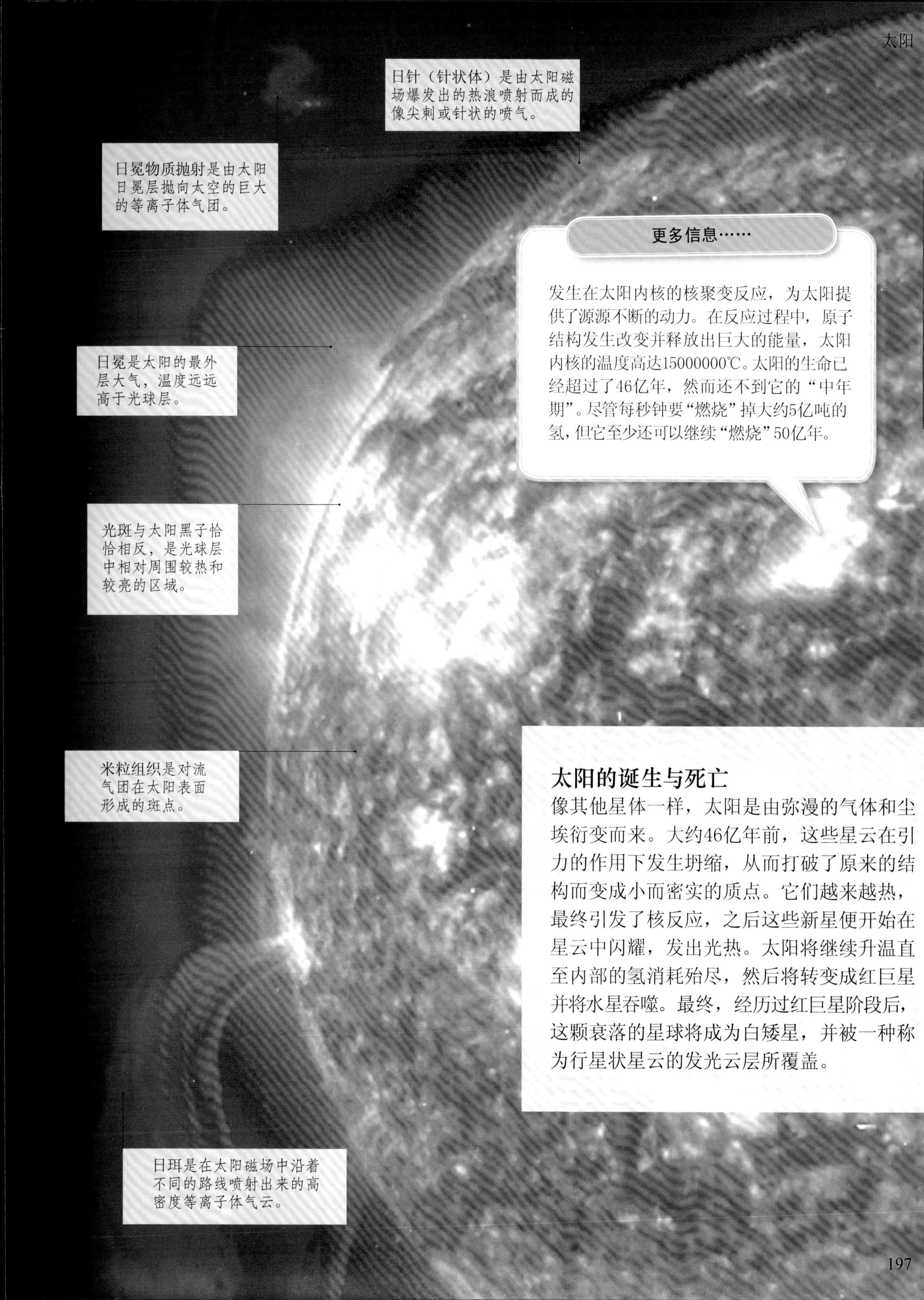

日针（针状体）是由太阳磁场爆发出的热浪喷射而成的像尖刺或针状的喷气。

日冕物质抛射是由太阳日冕层抛向太空的巨大的等离子体气团。

日冕是太阳的最外层大气，温度远远高于光球层。

光斑与太阳黑子恰恰相反，是光球层中相对周围较热和较亮的区域。

米粒组织是对流气团在太阳表面形成的斑点。

日珥是在太阳磁场中沿着不同的路线喷射出来的高密度等离子体气云。

更多信息……

发生在太阳内核的核聚变反应，为太阳提供了源源不断的动力。在反应过程中，原子结构发生改变并释放出巨大的能量，太阳内核的温度高达15000000℃。太阳的生命已经超过了46亿年，然而还不到它的"中年期"。尽管每秒钟要"燃烧"掉大约5亿吨的氢，但它至少还可以继续"燃烧"50亿年。

太阳的诞生与死亡

像其他星体一样，太阳是由弥漫的气体和尘埃衍变而来。大约46亿年前，这些星云在引力的作用下发生坍缩，从而打破了原来的结构而变成小而密实的质点。它们越来越热，最终引发了核反应，之后这些新星便开始在星云中闪耀，发出光热。太阳将继续升温直至内部的氢消耗殆尽，然后将转变成红巨星并将水星吞噬。最终，经历过红巨星阶段后，这颗衰落的星球将成为白矮星，并被一种称为行星状星云的发光云层所覆盖。

太阳内部

太阳自身是一座庞大的核电站，其内核产生了无比巨大的能量，这些能量透过太阳表面辐射到太空中（主要以可见光和热能的形式）。如果没有这些能量，地球将成为一个"冰球"。

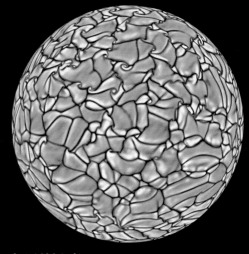

气团的运动
热气从太阳深处上升到表面，产生明亮的气体元组织（米粒组织），这些颗粒的直径为1000~2000千米。超大气团升腾形成的气体元称为超米粒，直径可达3万千米。单个米粒组织的寿命为20分钟，而超米粒组织的寿命可达一二天的时间。

原子能

太阳主要由氢元素构成。在太阳内核，起决定作用的巨大压力和高温环境使得氢原子相互结合，通过核聚变反应，转化为氦原子。这一反应所释放出的巨大能量，使太阳的内核充满了高能量的X射线和伽马射线。

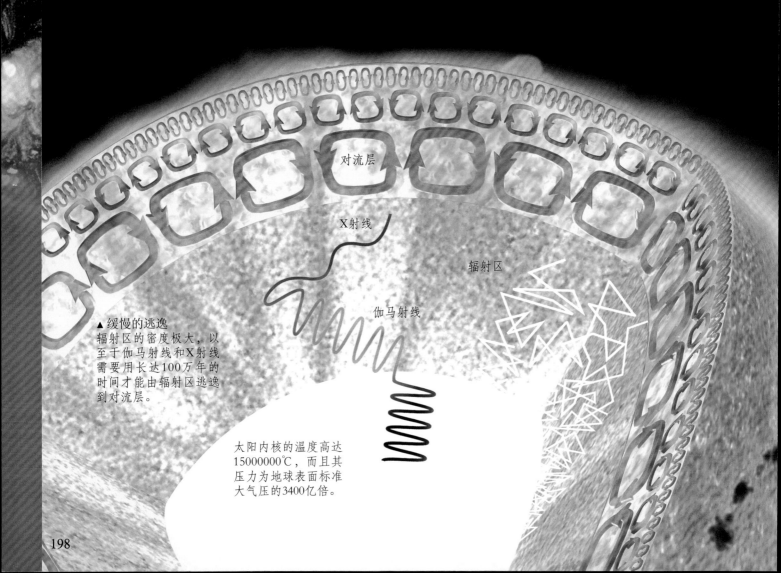

对流层

X射线

辐射区

伽马射线

▲ 缓慢的逃逸
辐射区的密度极大，以至于伽马射线和X射线需要用长达100万年的时间才能由辐射区逃逸到对流层。

太阳内核的温度高达15000000℃，而且其压力为地球表面标准大气压的3400亿倍。

太阳

光球层

光球层位于对流层之上，也就是我们所看到的太阳表面。光球层看起来像是固体，但是实际上它是由一层厚500千米的气体组成，它很薄，所以光和热量可以从这里逃逸到太空中。这一层的温度比太阳内核要低很多，大约在5500℃。光线从光球层传播到地球大约需要8分钟的时间。

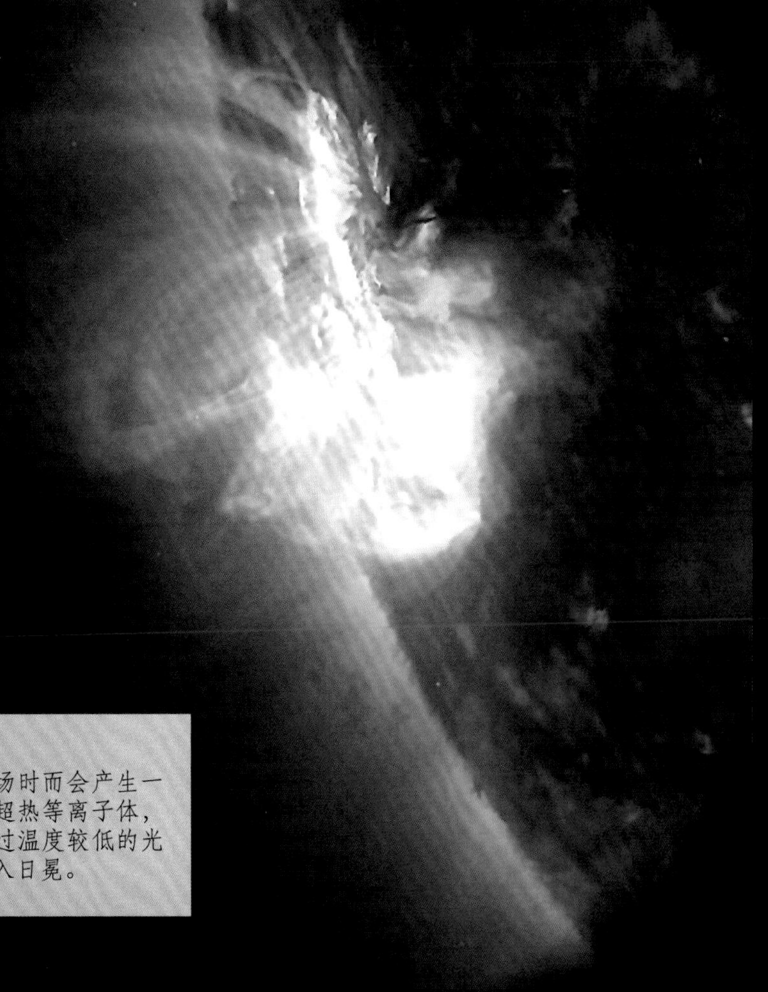

▲ 热斑
太阳磁场时而会产生一圈圈的超热等离子体，它们穿过温度较低的光球层进入日晷。

明亮的燃烧

每秒钟内，太阳会将5.5亿吨的氢原子转化为氦原子。这意味着太阳每燃烧一秒钟，所释放的能量可以满足地球上所有生物生存1000年的需要。

红色区域表示等离子体下降。

蓝色区域表示等离子体上升。

喧闹的太阳

热离子在对流层的翻腾产生了声波，并从太阳内部向外传播开来。在太阳表面，声波将热离子推高了50千米。由于声音不能在真空中传播，因此我们听不到太阳上的噪声。相应地，声波向内传播会使等离子体向下沉降，通过对这些声波类型的研究，科学家已经掌握了许多关于太阳内部的信息。

看一看：太阳的自转

太阳围绕中心轴旋转，它与地球不同，由于地球是固体的，所以只进行单一速度的刚性自转，而太阳是气体星球，因此会有若干个不同的自转速度：赤道地区的转速要大于两极地区的转速。右图示意了太阳的转速，其中转速较快的区域为绿色，较慢的区域为蓝色。热等离子体在太阳的内部自转，它们在赤道和两极之间漂流。等离子体漂流向两极时非常接近表面，但是漂流回赤道时会向较深处移动。

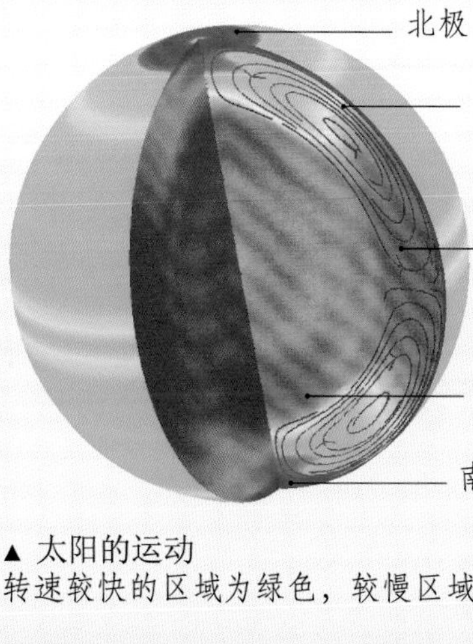

北极

由赤道向两极的表面漂流。

由两极漂流回赤道。

热等离子体

南极

▲ 太阳的运动
转速较快的区域为绿色，较慢区域为蓝色。

太阳大气

太阳是一个巨大的、极热的气体球，我们通常所看到的太阳表面是它的光球层，这是太阳大气的最内层，地球上接受的可见光就是从这里产生的。在光球层上面是稀薄的色球层和厚而不匀的日冕层。由内向外，一层层的温度逐渐升高，而密度却依次降低。

日冕

日冕是环绕太阳的一层极热大气层，这里的温度可达2000000℃。虽然很热，但日冕并不亮，通常只有在发生日食的时候才能从地球上看到它。不过现在航天飞机配备的仪器已经能够遮住圆形的太阳光使日冕变为可见。为何远离太阳中心的日冕会有如此高的温度，目前仍不得而知，据推测可能是由于它所存储的磁场能量释放的结果。

▲ 日食
日食发生时，日冕就像是在月亮的四周铺上了美丽的花冠。

日冕环

日冕环是在日冕层中沿着特定轨道流动的增强离子流（超级热气）。这些离子环流速度达到32万千米/时，可以上升到距离太阳表面100万千米的高空。日冕环的温度范围很大，局部可高达数百万摄氏度。

▲ 这幅来自美国国家航空航天局的追踪卫星所拍摄的图像显示了日冕内离子流爆发的环状路径。

▼ 在地球上，每年至少有两次日食发生，而每当日食发生时，太阳完全被月亮遮挡的时间能持续8分钟。对于多数人来说，这是唯一可以看到太阳外层大气的途径。

"尤利西斯"号探测器

太阳的极点从地球上很难观测，为进行更多的科学探测，美国国家航空航天局和欧洲空间局联合研制了"尤利西斯"号探测器。"尤利西斯"号探测器发射于1990年，是迄今为止唯一对太阳极区进行过探测的航天器。它的工作任务于2009年结束，共完成了3条路线的考察，并且显示出太阳风在太阳活动不活跃的年份会大大减弱。

用于和地球通信的抛物面天线，"尤利西斯"号探测器上共有4个。

太阳暗条

经常有大量的相对温度较低、密度较大的舌形或弓形气体从色球层上升到日冕层，它们可能传播数十万千米，有时候会脱离太阳并且将百万吨的气体抛射到太空中。它们在明亮的、圆形的太阳衬托下像是一种暗淡的丝带（暗条），但是在黑暗的太空背景下像日珥一样清晰可见。暗条的形状取决于太阳磁场，它们也常与太阳黑子以及太阳耀斑相关，一些暗条能持续几个月，而有一些仅能存在几小时。

看一看：太阳风

太阳释放出的充满热量与能量的粒子流以太阳风的形式吹向太空。经过冕洞逃逸的粒子流，产生的快速太阳风以900千米/秒的速度吹向地球；太阳其他区域释放的太阳风辐射速度则要慢许多。这些传播或快或慢的粒子相互叠加成的粒子流遭遇地球磁场，从而引起冲击波（磁暴）。其中一些太阳风中的粒子流穿过磁场并继续传播至地球两极，就会产生美丽的极光（204~205页）。

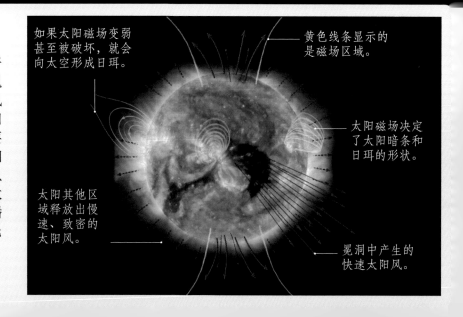

如果太阳磁场变弱甚至被破坏，就会向太空形成日珥。

黄色线条显示的是磁场区域。

太阳磁场决定了太阳暗条和日珥的形状。

太阳其他区域释放出慢速、致密的太阳风。

冕洞中产生的快速太阳风。

太阳风暴

由太阳磁场衰减所引发的磁场大爆炸，会导致人造卫星失去作用并威胁到太空中航天员的生命。当这些磁暴射向地球时，我们的大气层会发生奇特的现象，还会致使我们的通讯系统受到严重破坏。

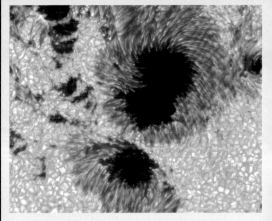

太阳黑子周期
太阳在赤道区域自转较快而两极区域较慢，因此太阳磁场的形状就像一个被拉伸的橡皮圈，它最终会断裂开来。太阳磁场会产生翻转，并且有极性交换的现象。这样的现象大约每11年发生一次，并且会促使太阳黑子周期发生变化，可以看出太阳黑子的数量呈周期性的增减变化。

耀斑

太阳耀斑是发生在黑子群上空的巨大爆炸，这里是太阳磁场的密集区域。它们在仅仅几分钟的时间里，能释放出巨大的能量。在太阳活跃时期，耀斑可能每天会多次爆发，但是在太阳黑子数量较少的不活跃时期却很少见到，大的耀斑会导致日冕物质抛射。

太阳耀斑的温度可超过10000000℃。

▲ 太阳能量
太阳耀斑是太阳系最大的爆炸，它能释放出比地球上的火山爆发高1000万倍的能量。

看一看：太阳震动

太阳耀斑爆发时会引起太阳内部发生震动，就像我们地球上的地震。震源所发出的冲击波在进入光球层之前衰减，它的传播距离相当于10倍的地球直径，而传播速度可达40万千米/时。

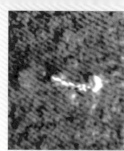

▲ 太阳耀斑
由太阳和日球层天文台拍摄。

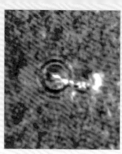

▲ 冲击波
由耀斑引发的可视冲击波，由震源中心环状放射。

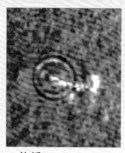

▲ 传播
环形冲击波在太阳表面可以传播10万千米。

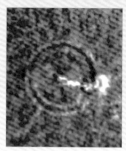

▲ 能量
一次太阳震动释放的巨大能量，足够全美国使用20年。

太阳抛射物

太阳黑子经常会引发巨大的气体爆炸，使数十亿吨的物质射向太阳系，这些巨大的气体流称为日冕物质抛射。它们将电离能量碎片以高达1200千米/秒的速度射向太空。在时隔两三天到达地球后，这些碎片可引起极光、电力中断和通讯系统破坏等现象。就像耀斑一样，日冕物质抛射被认为是快速磁场能量的释放，通常其能量比太阳黑子活动高峰还要高几倍。

此图为目前记录的最大的太阳耀斑，由太阳和日球层天文台拍摄于2001年4月2日。

耀斑引发了巨大的日冕物质抛射。

影像定格

2001年，一场磁场风暴横扫地球，它是由一个巨大的太阳黑子所产生的日冕物质抛射引起的。这场磁暴产生了异常壮观的南极光，在4月1日清晨，新西兰的上空出现了美丽的极光，图中为垂悬于达尼丁市上空的红色极光。

粒子流袭击

在2000年7月14日，仅在耀斑爆发后的3分钟，太阳和日球层天文台便遭到了带电粒子射入太空的扰动。卫星拍摄下了这些碎片产生的雪暴效应图像，从中你可以看到一个日冕物质抛射向太空爆发的巨大气团，以及在明亮的太阳光线中心的暗圆形区域

神奇的极光

极光就像是在极地的夜空中垂悬的一张明亮的舞毯。当太阳风中的带电离子碎片被地球的磁场牵引到极地上空时，极光就会出现。在这里它们与空气中的氧原子和氮原子碰撞，释放出红色和蓝色的闪光。

太阳活动周期

太阳每天都在天空中闪耀着，虽然从外表看起来不曾改变，但实际上它每时每刻都在发生着变化。太阳的周期性变化表现为从极端活跃再到平静阶段，这种周期会给我们的地球带来巨大的影响。

该系列X射线图显示了太阳日冕在10年周期内的变化，由日本"阳光"号航天器拍摄。

变化的太阳

从2008~2010年，太阳变得非常平静，太阳活跃区域和耀斑也越来越少。这种活动程度的下降称为太阳极小年，大约每11年发生一次。在极小年太阳到达地球的总辐射能量仅比极大年减少了0.1%。

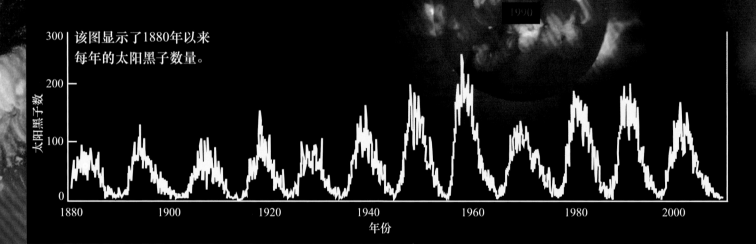

该图显示了1880年以来每年的太阳黑子数量。

在17世纪，几乎没有太阳黑子出现的记录，这一时期是公认的太阳蒙德极小期，是有记载以来太阳持续不活跃时间最长的一个时期。在蒙德极小期，地球上发生了长时间的严寒天气，被称之为小冰期。科学家们怀疑这两个事件之间存在着某些内在的联系。

冰上博览会

15~18世纪，北半球经历了一次小冰期，这一时期中，平均气温下降了若干度并对环境造成了极大的影响：格陵兰岛大部分被冰川覆盖，荷兰的运河经常处于结冰状态，阿尔卑斯山脉的冰川延长并摧毁了村庄。尽管如此，冰川也促成了一些趣事——冰上博览会，河流被冰冻得非常结实，人们可以尽情地在冰上娱乐。

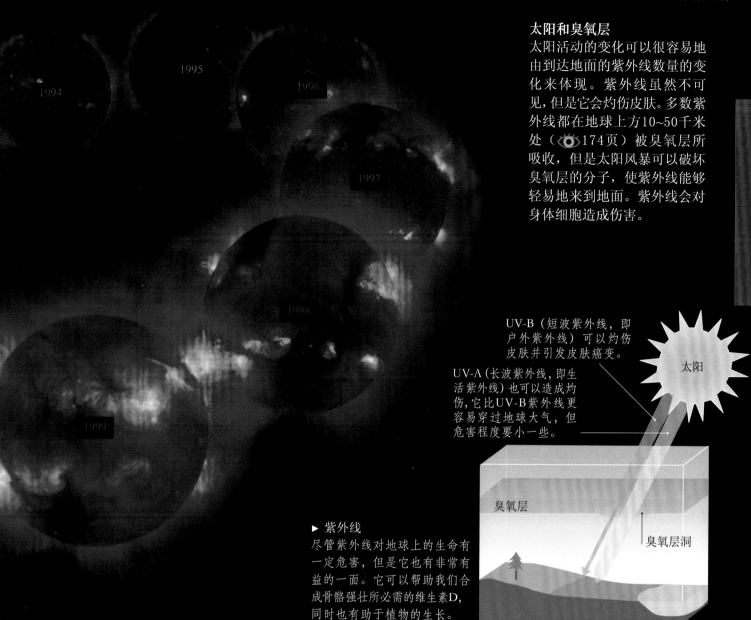

太阳和臭氧层

太阳活动的变化可以很容易地由到达地面的紫外线数量的变化来体现。紫外线虽然不可见，但是它会灼伤皮肤。多数紫外线都在地球上方10~50千米处（ 174页）被臭氧层所吸收，但是太阳风暴可以破坏臭氧层的分子，使紫外线能够轻易地来到地面。紫外线会对身体细胞造成伤害。

UV-B（短波紫外线，即户外紫外线）可以灼伤皮肤并引发皮肤癌变。

UV-A（长波紫外线，即生活紫外线）也可以造成灼伤，它比UV-B紫外线更容易穿过地球大气，但危害程度要小一些。

太阳

臭氧层

臭氧层洞

▶ **紫外线**

尽管紫外线对地球上的生命有一定危害，但是它也有非常有益的一面。它可以帮助我们合成骨骼强壮所必需的维生素D，同时也有助于植物的生长。

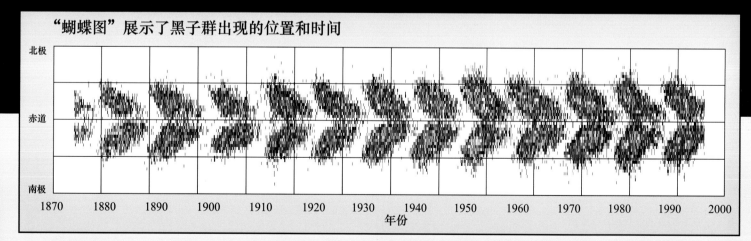

"蝴蝶图"展示了黑子群出现的位置和时间

北极　赤道　南极

1870　1880　1890　1900　1910　1920　1930　1940　1950　1960　1970　1980　1990　2000

年份

蝴蝶现象

英国天文学家爱德华·沃尔特·蒙德（1851~1928）等人发现，太阳黑子在太阳表面的出现并不是随机的，黑子群的出现有一个11年的周期。在新的太阳活动周期开始时，黑子群在靠近两极的地区出现，随着周期的推进它们出现的位置逐渐向赤道靠拢。通过多年的观测，蒙德将黑子的位置绘成图，该数据图所展示的位置变化就像一队展翅而飞的蝴蝶，即展现黑子位置著名的"蝴蝶图"。

探测太阳

人类对于太阳的观测和记录已经有数千年的历史了，这些数据被用于现代天文学家更进一步地观测太阳活动和解释太阳、地球和月球的运动。如今地球上和太空中有许多专业的太阳观测设备，同时许多天文爱好者也开始对太阳进行观测。

影像定格

意大利天文学家伽利略被誉为现代天文学之父，他证明了太阳是太阳系的中心。

伽利略太阳黑子

伽利略通过使用望远镜观测到的影像来绘制观测图的方法研究太阳。他每天在相同的时间进行观测和绘制。他注意到，在太阳表面的暗点（黑子）具有非对称的外形，而且不断地在太阳圆盘中出现和消失。他观测到了太阳黑子的运动，同时还证明了太阳是沿轴自转的。

麦克梅斯-皮尔斯太阳望远镜

世界上最大的太阳望远镜是位于美国亚利桑那州大熊湖天文台的麦克梅斯-皮尔斯太阳望远镜。该望远镜建于1962年，镜面口径1.6米，镜面安装在一个30米的高塔顶部，使太阳光沿着60米长的倾斜通道进入地下仪器室。这台望远镜已经帮助人们绘制出许多关于太阳的细节图像，并被用于对太阳黑子和太阳活动的研究。

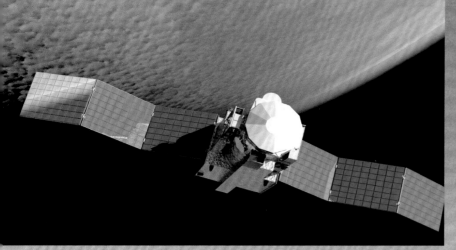

"日出"号航天器

2006年9月发射的"日出"号航天器是专门用于研究太阳磁场活动的在轨太阳观测器。它在地球上空600千米的轨道运行,每年有9个月的时间连续对准太阳。它装载了3台先进的探测器和望远镜,分别用于拍摄太阳的X射线照片、测量三维磁场强度和测量太阳风的速度。

太阳

看一看:昌克罗十三塔——秘鲁古观象台

在秘鲁的沿海沙漠上,坐落着美洲最古老的太阳观测设施——昌克罗十三塔。它由13个大石块组成,是沿着一个矮山脊由北向南排列形成的"齿形"边界线。它已经有2300年的历史了。石塔的位置刚好和一年中的日升、日落点相对应。这样的山顶结构看起来像是古代的某个太阳崇拜部落用来获取太阳历,并通过这种方法观察一年中太阳的运动的。

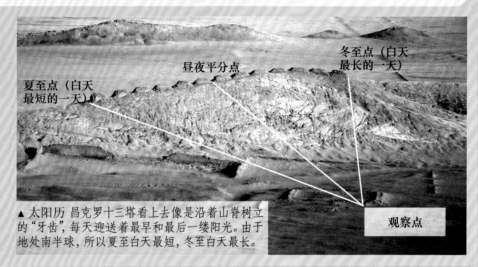

▲ 太阳历 昌克罗十三塔看上去像是沿着山脊树立的"牙齿",每天迎送着最早和最后一缕阳光。由于地处南半球,所以夏至白天最短,冬至白天最长。

望远镜塔

在地面附近,来自太阳的热量使空气受热并产生紊流,这会使望远镜的成像扭曲,因此需要建造专门的望远镜塔来观测太阳。理查德•巴顿太阳望远镜位于美国加利福尼亚州的萨克拉门托天文台(右图),它不仅拥有一个高出地面41.5米的高塔,而且还深入到地下67米。在这里人们几乎将所有的空气用塔隔离开,从而获取来自太阳的最清晰的图像。

恒星

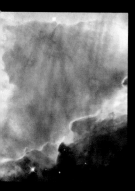  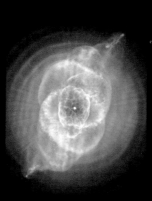

恒星是一种存在于宇宙中，自身能够发光、发热的气体星球，在夜空中它们形态各异。人类研究恒星已经有数千年的历史了。

什么是恒星？

太阳是离我们最近的恒星，它距离地球大约只有1.5亿千米。就宇宙的尺度而言，太阳好比就近在地球的跟前。太阳仅仅是一颗普通的恒星，宇宙中还有亿万颗各具特色的不同的恒星。太阳的大小和亮度属中等，处于恒星的中年阶段。随着时间的推移，太阳也会像其他恒星一样逐渐走向衰亡。

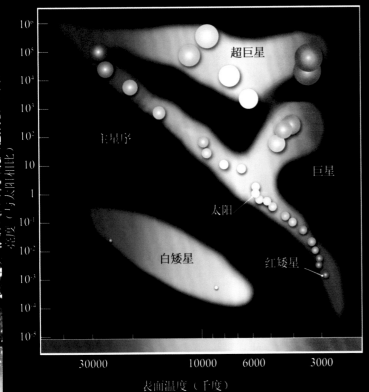

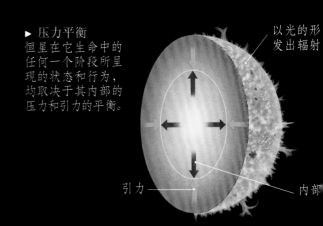

▶ 压力平衡
恒星在它生命中的任何一个阶段所呈现的状态和行为，均取决于其内部的压力和引力的平衡。

以光的形式发出辐射

引力

内部

温度和亮度

左图被称为赫罗图，它展示了不同恒星的温度亮度（发光度）。冷星用红色表示，热星用蓝表示。大多数燃烧氢的恒星，包括太阳都在从上方至右下方的这条对角线上，也称为主星序。氢燃烧结束的巨星则离开主星序，位于它的方；暗淡的白矮星则位于主星序的下方，接近表的底部。

恒星的生命历程

所有恒星都是在星云中形成的，星云是由气体和尘埃构成的云雾状天体。大多数中等质量的恒星燃烧并耗尽氢能需要上亿年的时间。当氢能耗尽时，这些中等质量的恒星就会膨胀变成红巨星，接着红巨星会抛射外壳，最终变成暗淡的白矮星。明亮的大质量恒星能在几百万年内迅速地燃烧并将能源耗尽。当所有可用的燃料耗尽时，大质量恒星将膨胀变成红超巨星，接着发生超新星爆炸形成中子星或黑洞。

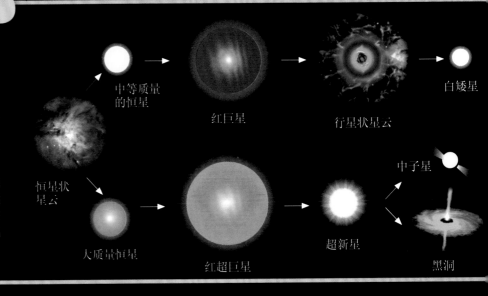

恒星

看一看：恒星的类型

赫罗图上有着不同类型的恒星。它们分别处于各自生命周期的不同阶段，有些温度高的处于青年阶段，有些温度低的处于晚年阶段，还有些恒星即将爆炸。

◀ 沃尔夫-拉叶星 是一种极热的大质量恒星，它们正在快速地流失质量并逐渐走向超新星爆炸。

▼ 主序星是图表中位于主星序上的恒星，例如太阳，它们燃烧氢并转化为氦。

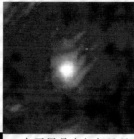

▼ 蓝超巨星是宇宙中最热、最亮的恒星。图上这颗明亮的恒星是参宿七，它是猎户座中最亮的一颗恒星。

▲ 白矮星是中低质量的恒星，处于生命周期的晚年阶段。白矮星形成于发生坍缩的红巨星的中心核，其密度极高。

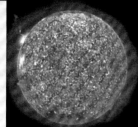

▲ 中子星是由红超巨星爆炸后形成的体积小、密度极高的恒星，它坚硬的表层布满了密密麻麻的中子。

▲ 红超巨星体积巨大，半径大约是太阳的200~800倍。由于表面温度低，因此它们的颜色看起来是红色或橙黄色。

巨星和超巨星

当主序星中的氢燃烧结束时，它们的体积开始膨胀变大并转而开始燃烧氦。将来我们的太阳也会演变成一颗红巨星。到那时它的体积将达到目前的30倍，亮度将达到目前的1000倍。

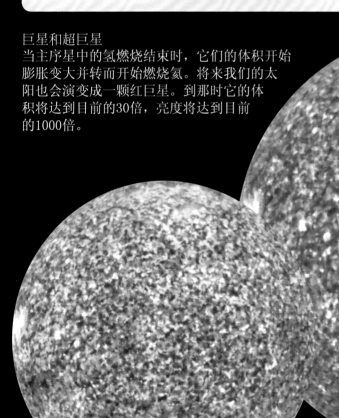

仙王座VV星

心宿二

参宿四

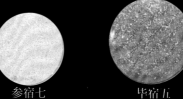

太阳（1像素） 天狼星 北河三 大角星 参宿七 毕宿五

▲ 真正的巨无霸

即使是像参宿四和心宿二这样的超巨星，如果与仙王座VV星相比，它们也会显得很渺小。仙王座VV星被称为特超巨星，它距离地球大约2400光年，是银河系第二大巨星。

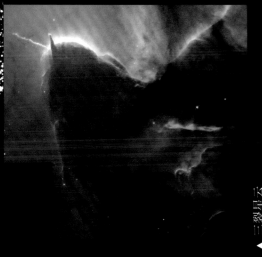

▲ 三裂星云
三裂星云位于人马座，它正被附近的一颗大质量恒星逐渐侵蚀。在星云的右上方，一颗恒星喷发出了一阵恒星形成时释放的废气。像这样的喷流是新恒星形成时释放的废气。

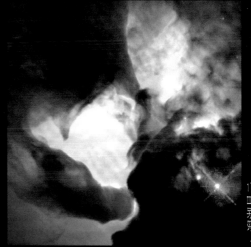

▲ 潟湖星云
在三裂星云附近还是一个体积和更大的潟湖星云，因其中央潟湖状尘埃暗带而得名。成团的新星正在三裂星云内形成，在它的中心有一颗非常年轻的炽热新星，它的辐射正在蒸发并驱散着周围的气体。

恒星的诞生

大多数恒星形成于一团巨大的云雾状天体中，这个云雾状天体由气体和尘埃组成，被称为星云。最初，星云开始收缩，接着被分成了一些较小的气旋，当气团继续坍缩时，气团内部的物质会越来越热，当温度达到1000000℃时，气团开始发生核反应，于是一颗新颗的恒星诞生了。

星云

星云可以呈现出不同的颜色，取决于星云中的尘埃是吸收还是反射附近新生恒星的辐射。蓝色星云是通过小尘埃粒子的反射而发出的蓝光。红色星云是由附近恒星加热了的灰尘和气体所致。

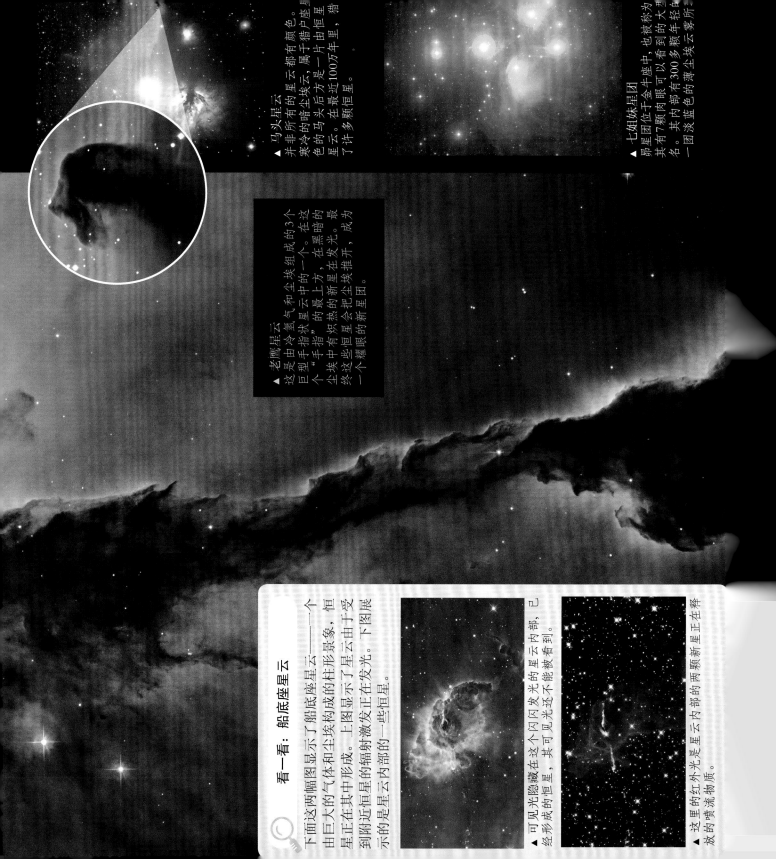

▲ 马头星云
并非所有的星云都有颜色。寒冷的暗色尘埃星云，属于猎户座的一片寒冷的马头尘埃星云。这片马头星云上方是一片由恒星、气体色的星云在后方是一片近100万年里，猎户多颗恒星。

▲ 七姐妹星团
昴星团位于金牛座中，也被称为其有7颗肉眼可以看到的大星名。其内部有300多颗星云轻包一团淡蓝色的薄尘埃云雾所包围。

▲ 老鹰星云
这是由冷氢气和尘埃组成的3个巨型冷氢指状星云中的一个。在这个"手指"的最上方，在黑暗的尘埃中有炽热的新星在发光。最终这些恒星会把尘埃推开，成为一个耀眼的新星团。

看一看：船底座星云

下面这两幅图显示了船底座星云——一个由巨大的气体和尘埃构成的柱形景象。恒星正在其中形成。上图显示了星云由于受到附近恒星辐射激发正在发光。下图展示的是星云内部的一些恒星。

▲ 可见光隐藏在这个闪闪发光的星云内部的恒星，其可见光还不能被看到。已经形成的恒星和恒星正在释放的喷流物质。

▲ 这里用红外光，星云内部的两颗新星正在释放的喷流物质。

辉煌的瞬间

麒麟座V838星是一颗红超巨星，距离地球大约2万光年。2002年3月，麒麟座V838星的亮度突然达到了正常值的1万倍。下面这组图像显示了这颗红超巨星爆发的光芒散发到太空，又从周围的大气层反射回来的情景，我们把这个现象称为光反射。图中看到的星云似乎是在膨胀，但实际上并非如此。这个壮观的景象是由恒星爆发的光芒向外扩散，从而照亮了更多的星云而形成的。

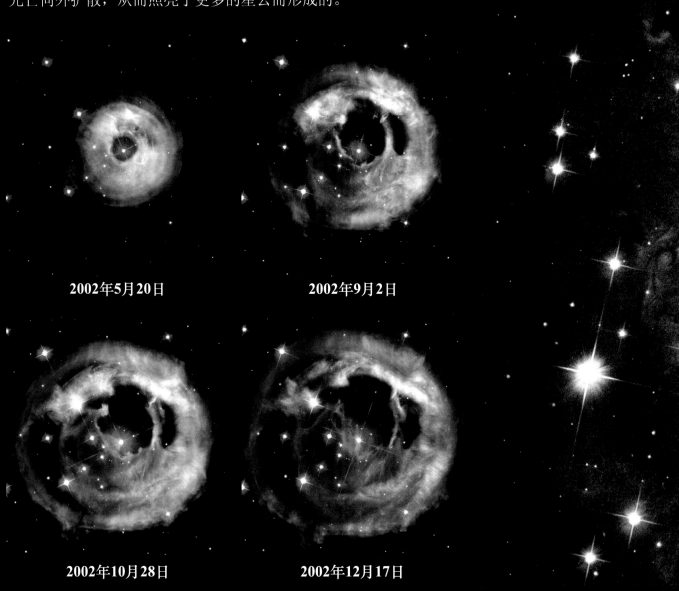

2002年5月20日　　　　　　2002年9月2日

2002年10月28日　　　　　　2002年12月17日

2006年9月
恒星爆发后的4年多，
光的余晖依然在尘埃
云中继续扩散。

恒星死亡

恒星的质量越大，寿命越短。炽热的大质量恒星只能发光几百万年，因为氢燃烧的速度非常快。小质量恒星的温度较低，氢燃烧的速度相对缓慢，所以能持续发光达上亿年。不过迟早有一天，所有的恒星都会耗尽燃料走向死亡。

之前的图像 这颗恒星即将爆炸时的图像。

10天后的图像 此时这颗恒星处于超新星爆炸阶段。它位于附近的大麦哲伦星云中，于1987年爆发，是近400年里第一颗可以用肉眼看到的超新星。

参宿四

当一颗恒星的氢燃烧结束后，它会膨胀并变成一颗红巨星或红超巨星。参宿四是位于猎户座的一颗红超巨星，直径为太阳的1000多倍。它燃烧的速度大约是太阳的14000倍，所以它的亮度大约是太阳的14000倍。在数百万年后，参宿四将会燃烧耗尽，以超新星爆炸来结束它的生命。到那时它将成为天空中仅次于太阳的最亮的恒星。

垂死的恒星

船底座伊塔星是一颗濒临死亡的恒星。它正在被大规模爆炸时向外抛出的巨大气体尘埃云撕裂，它的亮度也发生了巨大的变化。在1843年，它曾经是天空中第二亮的恒星；而现在，肉眼已经无法看到它。

烟雾环

像我们太阳这样的中、小质量的恒星，最终将演化成红巨星。当红巨星燃烧并将氢和氦耗尽，而它的热度又不足以燃烧其他物质时，红巨星会发生坍缩。其外层膨胀，形成巨大的烟雾环。由于通过早期的望远镜观测时，它们看似行星，所以被称为行星状星云。恒星中心收缩，形成白矮星，白矮星的大小与地球相当，热度极高。

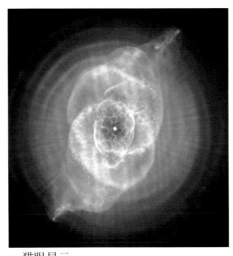

▲ 猫眼星云
它的中心气泡是由一颗垂死的红巨星在1000年前发出的。它正在向外膨胀，并将扩散到更早的爆炸所产生的气体云当中。

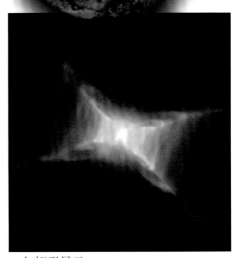

▲ 红矩形星云
它的中心有两颗恒星，是双星系统。双星的周围环绕着浓密的环状尘埃云，使周围环绕的气体形成了四个尖峰。

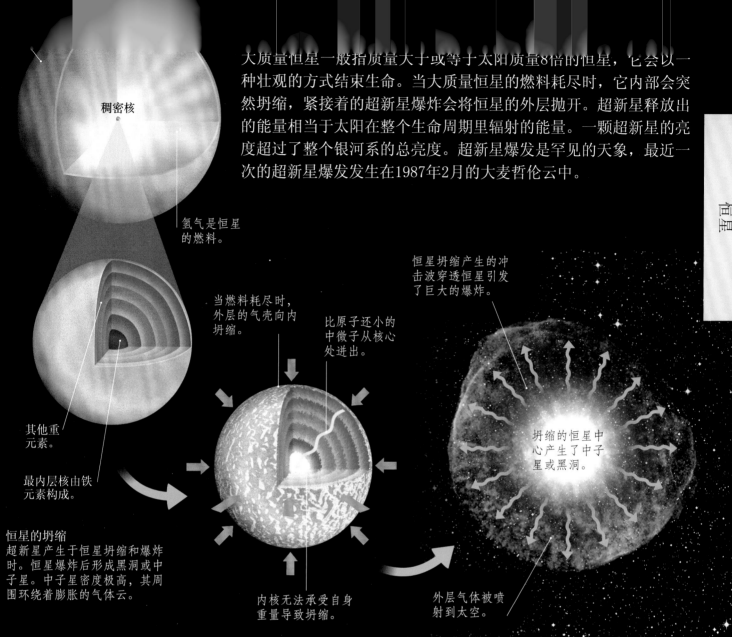

大质量恒星一般指质量大于或等于太阳质量8倍的恒星，它会以一种壮观的方式结束生命。当大质量恒星的燃料耗尽时，它内部会突然坍缩，紧接着的超新星爆炸会将恒星的外层抛开。超新星释放出的能量相当于太阳在整个生命周期里辐射的能量。一颗超新星的亮度超过了整个银河系的总亮度。超新星爆发是罕见的天象，最近一次的超新星爆发发生在1987年2月的大麦哲伦云中。

稠密核

氢气是恒星的燃料。

恒星坍缩产生的冲击波穿透恒星引发了巨大的爆炸。

当燃料耗尽时，外层的气壳向内坍缩。

比原子还小的中微子从核心处迸出。

其他重元素。

最内层核由铁元素构成。

坍缩的恒星中心产生了中子星或黑洞。

恒星的坍缩
超新星产生于恒星坍缩和爆炸时。恒星爆炸后形成黑洞或中子星。中子星密度极高，其周围环绕着膨胀的气体云。

内核无法承受自身重量导致坍缩。

外层气体被喷射到太空。

▲ 蛋形星云
它中心的恒星被一层浓密的气体和尘埃所覆盖。尽管如此，它发出的光依然可以照亮大气层的外部，并产生了一系列色彩明亮的弧形和圆形的光环。

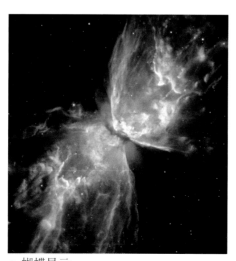

▲ 蝴蝶星云
这个星云由垂死的中心恒星抛出的气流组成，形状就像是蝴蝶的两个翅膀。整个蝴蝶星云宽达2光年，大约是太阳到最近恒星距离的一半。

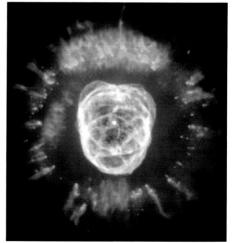

▲ 爱斯基摩星云
这个看似爱斯基摩人脸的部分是恒星风吹出的物质形成的"泡泡"，它的尾部向远离恒星的方向扩散。

星际空间

恒星与恒星之间的空间被称为星际空间，并不是绝对的真空，那里到处弥散着气体分子和尘埃。这些气体和尘埃实际上包含了整个银河系中的大部分物质。

小球

小的气体和尘埃云体被称为小球。已知最小的一个小球体是以美国航天员巴特·博克的姓氏命名的，被称为博克球状体。博克球状体和我们的太阳系一样大，直径大约2光年。气体云中的气体主要由氢分子构成，温度大概是-260℃。小球在自身引力的作用下缓慢收缩并形成恒星。

▶ 博克球状体
炽热、发光的氢气映出了这些黑暗的博克球状体的轮廓。

气体和尘埃

科学家们可以探测到太空中的微粒，是因为这些微粒能够吸收或发射无线电波。目前已经被确认身份的微粒达到140多种，其中最主要的是气体，如氢。银河系中的气体非常充足，足够产生200亿颗类似太阳一样的恒星。太空中还存在着尘埃粒子、水、氨和以碳原子为基础的有机化合物。

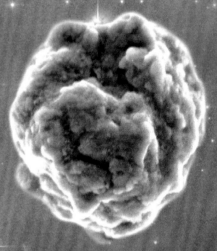

▲ 太空尘埃
每颗尘埃粒子的直径比人的一根头发的直径还要小。

带着尾巴的小球体

这片朦胧的发光气体和尘埃云看起来就像是一个外星怪兽正要吞噬银河系，它是由附近的一颗新恒星的气流形成的。那颗恒星强烈的紫外线让这个云体的"嘴巴"散发出红光。这个云体是一个典型的彗状云球。彗状云球得名于它拉长的尾巴，它看起来类似彗星的尾巴。

▲ 尘埃云
这个小球体包含的物质足够形成几颗像太阳一样大小的恒星。

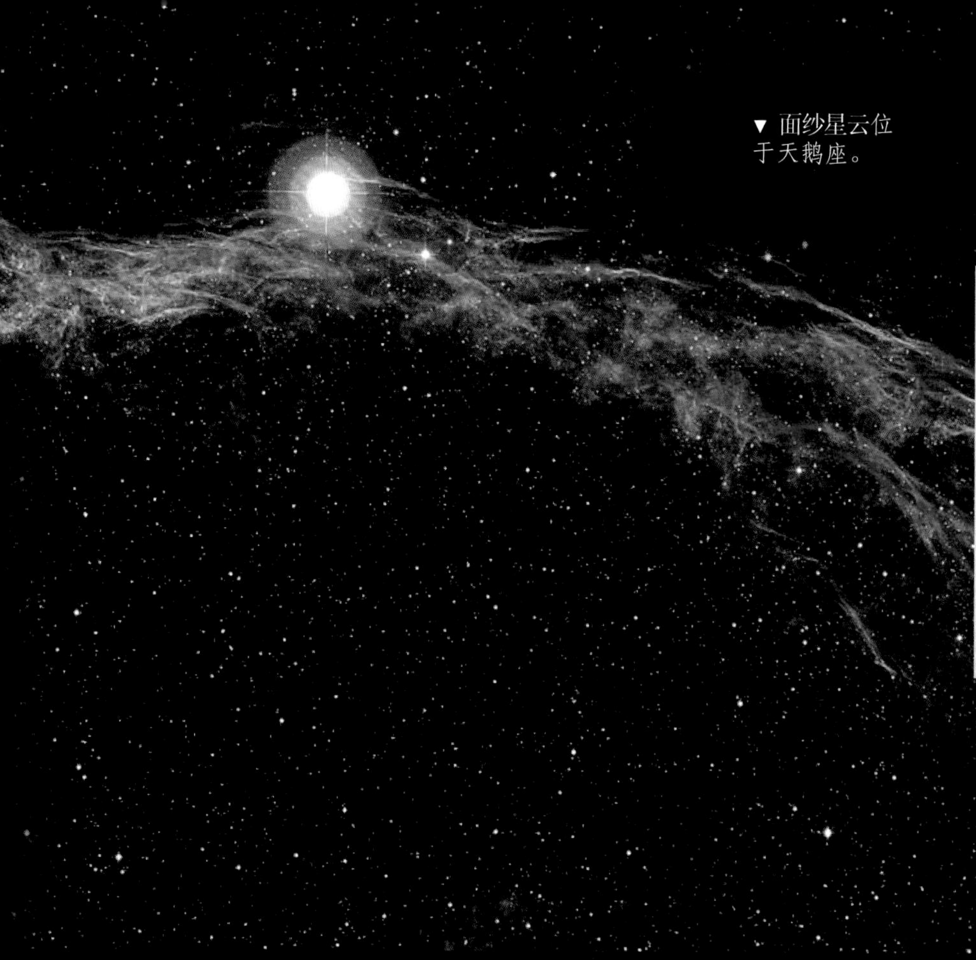

▼ 面纱星云位于天鹅座。

面纱星云

恒星风和垂死的恒星不断地为星际空间增加新的尘埃和气体。这个束状的面纱星云是大约3万~4万年前一个巨大的超新星遗迹。直到今天，面纱星云仍在以100千米/秒的速度向外膨胀着。

恒星诞生地

这个云体被称为猎户座星云，因为它非常亮，所以我们用肉眼就能很容易地看到它。它距离地球1500光年，宽达25~30光年，质量大约是太阳的几百倍。猎户座星云受到了猎户座四边形的加热。猎户座四边形是由位于猎户座星云中心的一群新星组成的，新星诞生的地方。

知识速览

■ 星际空间的物质成分随着新分子的产生和旧分子的破裂而不断地变化。
■ 尘埃和气体随着恒星的死亡而增加，随着新恒星的诞生而减少。
■ 氢、氦和一氧化碳是星际空间最常见的气体。
■ 星际空间中弥漫着各种形式的辐射，例如光、热和无线电波。
■ 其他的空间物质包括磁场、宇宙射线和中子。

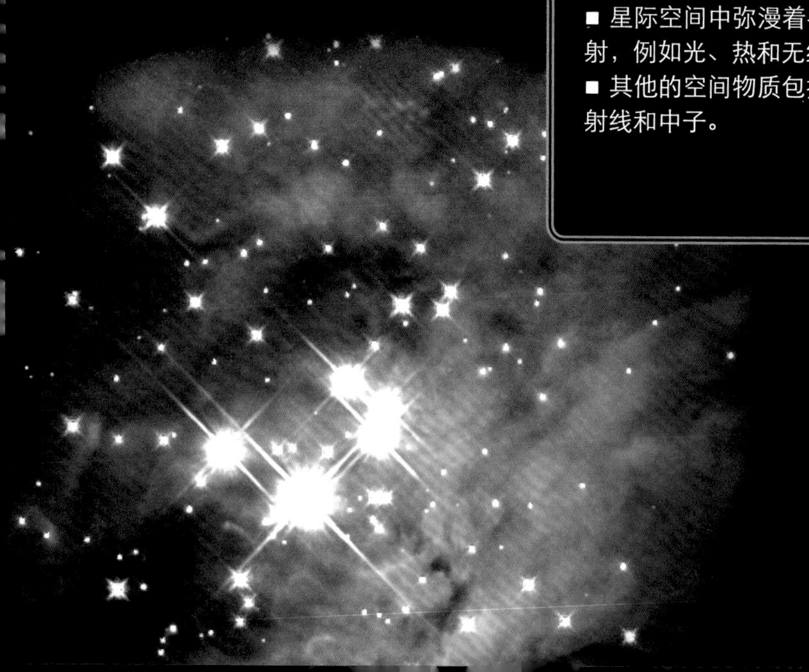

运动中的太阳系

我们的太阳系正在高速地穿越星际空间。当太阳系移动时，太阳风在它周围产生了一个看不见的"气泡"，我们把它叫做日球层。这个气泡将星际空间的气体和尘埃推挤到了太阳系外。科学家们曾经认为，太阳系穿越星际空间移动时的形状就像是拖着尾巴的彗星，但是最新的观测发现，它实际上像是一个壁球。

◀ 猎户座四边形
猎户座四边形周围的星团中，包含大约1000颗年龄不到100万岁的炽热恒星。

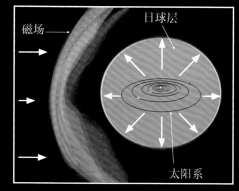

▲ 穿越星际空间
星际磁场弯曲并分开以便太阳系通过。

图中标注：磁场、日球层、太阳系

221

聚星

大多数恒星会在大型的气体和尘埃云里形成星团。随着时间的流逝，这些恒星会分开并离开原来的星团。我们的太阳是一颗比较罕见的孤星。而超过一半以上的恒星都属于双星系统，还有很多属于三星或多星系统。

恒星

双星系统

双星系统由两颗互相环绕的恒星组成。第一对被发现的双星是位于北斗七星斗柄上的开阳星。1650年，乔瓦尼·李奇发现了它的伴星。从那之后，数对双星陆续被人们发现。著名的双星包括1685年发现的南十字座上的亮星南十字二和鲸鱼座上的红巨星蒭藁增二。

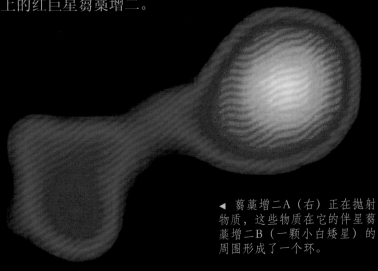

◀ 蒭藁增二A（右）正在抛射物质，这些物质在它的伴星蒭藁增二B（一颗小白矮星）的周围形成了一个环。

双狼星

天狼星是夜空中最亮的一颗恒星，因为它位于大犬座，所以取名天狼星。蓝白色的天狼A星的温度比太阳还高，亮度是太阳的22倍。它的伴星天狼B星是一颗暗淡的白矮星。

▲ 天狼B星（右）距离天狼A星非常近，但是由于天狼B星的光线非常暗淡，所以直到最近人们才弄清它的形状。

太空中的食人族

有时双星系统中的两颗恒星距离太近，会导致一颗星从另一颗星中"窃取"物质。于是那颗"食人"星的体积和质量会开始增大。英仙座双星系统就是其中的一个例子。这个双星系统含有一颗年龄更大，正逐步脱落外层物质的恒星。它的伴星吸收了它脱落的物质，体积增大至太阳体积的9倍。这颗伴星巨大的旋转幅度致使其表面抛射出的气体围绕该星形成了一个环。最终它会将所吸取的气体"还给"主星。

英仙座双星

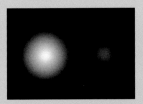

1. 英仙座双星在最近约1000万年里依靠双方的引力相互环绕，保持相对稳定。

2. 当较大的主星开始耗尽其核反应的氢燃料时，双星开始发生变化，逐渐衰老的主星开始膨胀。

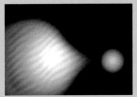

3. 当逐渐衰老的主星开始膨胀时，它将自身的物质抛射给了比它小的伴星。

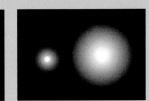

4. 当主星几乎脱落了所有的物质时，位于中心的亮核就会暴露出来。

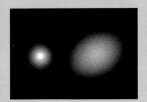

5. 此时的小伴星已经获取了主星多余的物质。它由一颗中等质量的恒星逐步变成了一颗高速旋转的、炽热的大质量恒星。

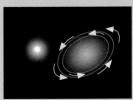

6. 伴星的高速旋转使得它被扭曲成为扁球状，也导致它脱落的氢气在其周围形成了一个较大的环。

疏散星团

疏散星团是指由数百颗乃至上千颗由彼此引力束缚在一起的恒星所组成的天体。疏散星团内的恒星形成于同一片巨大的气体和尘埃云中，所以它们的年龄和成分完全相同，但是质量各有不同。人们肉眼可见的著名疏散星团包括昴星团（七姐妹星团）、毕星团和珠宝盒星团。

三星结伴

北极星其实并不是我们肉眼看到的那么简单，它属于三星系统。伴星北极星B是1780年被人们发现的，第三颗恒星由于离北极星A太近，因此直到2005年才被人们发现。

▲ NGC3603

它是银河系年轻的恒星星团中最大的之一。图上展示的是被气体和尘埃环绕着的年轻恒星。

球状星团

球状星团是在星系轨道上由密集恒星群组成的球形星团。一个球状星团中含有数百万颗同一时期、同一云体形成的恒星。这些恒星可以依靠引力相互联系并稳定存在数十亿年。许多球状星团年代久远，其中包含银河系中最早形成的一批恒星。

知识速览

■ 大多数球状星团形成于宇宙初期，即最早星系形成的阶段。

■ 大多数球状星团是由早期形成的那些古老的恒星组成，它们大约有100亿年的历史了。

■ 但是有些球状星团中包含着不同时期的年轻恒星，所以它们的形成时间相对较短。

■ 年轻的球状星团可能是大型星系和矮星系发生碰撞时留下的残余物。

▲ 矮星系的残余物？
半人马座欧米茄是南半球夜空中最壮观的景象之一。人们认为这个球状星团已经有120亿年的历史了。最近的观测发现，它附近的恒星正在快速地移动，这表明该星团的中心有个中等大小的黑洞。这个星团有可能是一个古老矮星系的中心。矮星系与银河系发生碰撞后遭到严重毁坏，而半人马座欧米茄是它留下的残余物。

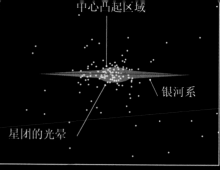

▲ 球状星团

银河系中约有150个球状星团。它们与位于银河系圆盘上的疏散星团不同，许多球状星团位于银河系中心凸起区域的光晕上。科学家们通过这些球状星团的亮度，可以计算出它们之间的距离。

▲ 白矮星和红矮星

NGC6397是距离地球最近的球状星团之一。通过哈勃空间望远镜，人们可以观测到该星团的中心。其中心由两种恒星组成：一种是白矮星，它们是很久以前大质量恒星燃烧留下的残余物；另外一种是寒冷的红矮星，它们持续地燃烧着氢已经长达120亿年。

巨型星团

半人马座欧米茄是银河系中最大的球状星团。它由1000万颗恒星组成，直径达150光年。夜空中它看起来几乎和满月的大小相同。

▲ M13球状星团是北半球天空中最亮，也是最著名的球状星团之一。在冬天的晚上，人们通过肉眼可以轻易地看到位于武仙座的这些闪闪发亮的星星。它的中心聚集着大约30万颗恒星，周围零星散落着更多的恒星。M13球状星团的直径超过100光年。

其他的太阳系

几个世纪以来，人们一直想知道那些遥远的恒星是否也有行星环绕其运行。遗憾的是，由于多数恒星距离太远，人们无法看到任何行星。但是现代的仪器已经能够探测到它们，迄今人们已经发现了400颗太阳系外行星。

太阳系外行星也被称为外星行星。最早被人们发现的外星行星是在1992年发现的两颗环绕脉冲星运行的行星。虽然人们无法用肉眼看到这些行星，但是通过脉冲星所发射出的无线电波，人们知道它们的确存在（◉ 227页）。

▲ 脉冲星行星
在这些行星上不可能存在生物，因为脉冲星会发出高强度的有害辐射。

婴儿行星系统

新的"太阳系"正在太空形成。这是猎户座星云，它是众多恒星形成的地方。每颗恒星的四周环绕着呈圆盘状旋转的气体和尘埃。如果这个圆盘内的物质集中到一起，最终会形成环绕恒星运转的行星。

▲ 行星的雏形
天文学家们已经发现，在猎户座星云中有30个处于形成初期的"太阳系"。

牵引力

1995年，人们发现了第一颗环绕类似太阳的恒星运行的太阳系外行星。人们在飞马座51恒星的运动过程中发现了微弱的摇晃，从而发现了这颗行星。这颗行星被命名为飞马座51b，它环绕着飞马座51运行，飞马座51在它的引力作用下时而靠近地球，时而远离地球。这种摇晃导致星光发生了轻微的变化。从那以后，人们通过恒星的摇晃发现了成百上千的太阳系外行星。

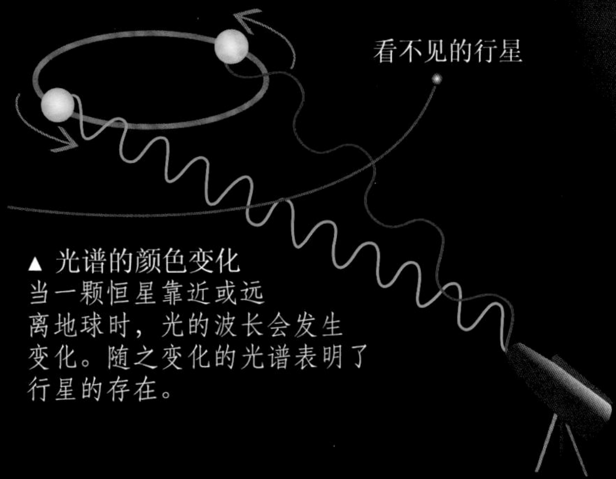

看不见的行星

▲ 光谱的颜色变化
当一颗恒星靠近或远离地球时，光的波长会发生变化。随之变化的光谱表明了行星的存在。

类似地球的行星

行星系统十分常见，在宇宙中可能存在着许多的类似地球的行星。虽然我们现在还未发现，但是在未来的几年内，通过太空天文台有望观测到。下图这个命名为HR8799的星系是有记录以来最早发现的多行星星系之一。这样的图像表明复杂的行星系确实存在，这个星系也许会含有一颗类似地球的行星（类地行星）。

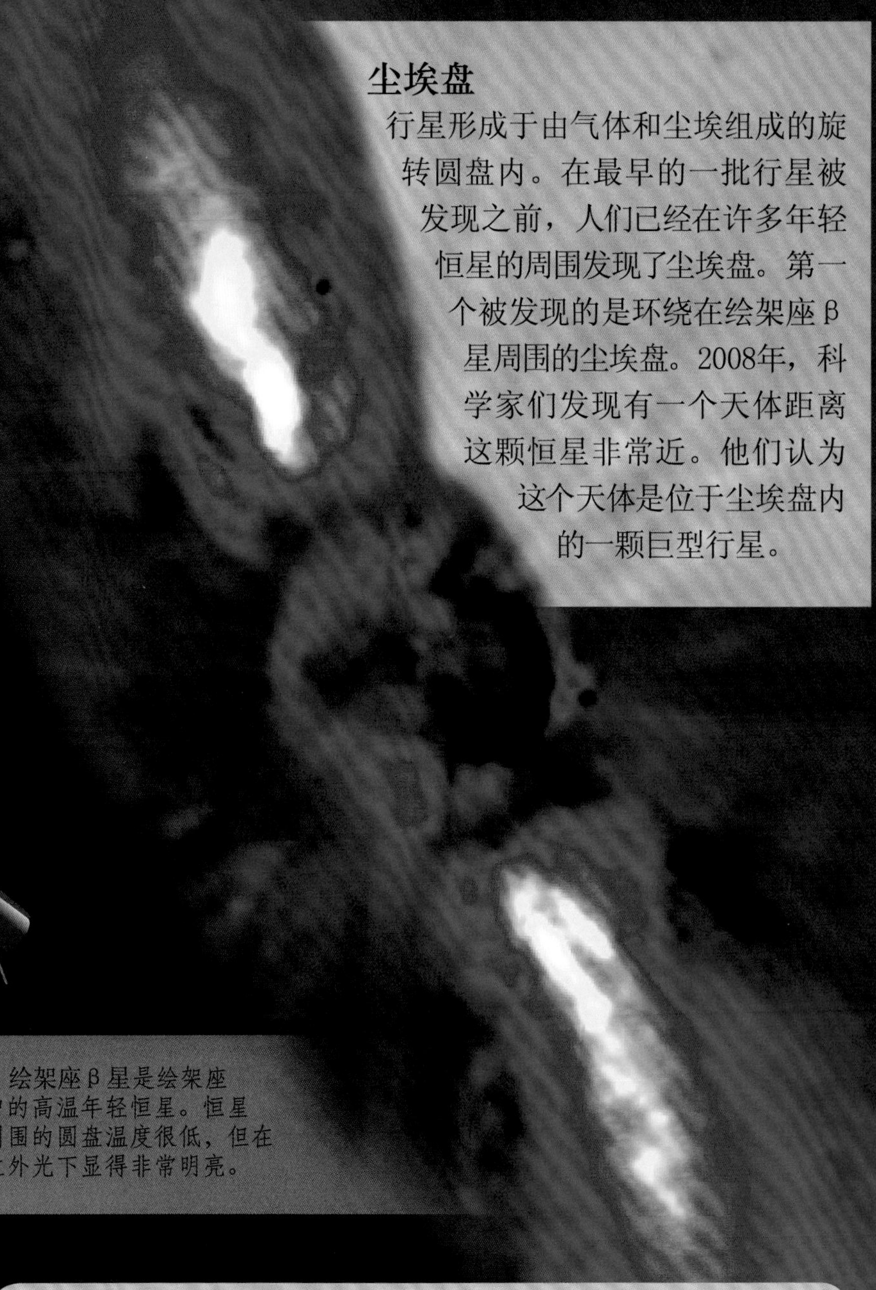

尘埃盘

行星形成于由气体和尘埃组成的旋转圆盘内。在最早的一批行星被发现之前，人们已经在许多年轻恒星的周围发现了尘埃盘。第一个被发现的是环绕在绘架座β星周围的尘埃盘。2008年，科学家们发现有一个天体距离这颗恒星非常近。他们认为这个天体是位于尘埃盘内的一颗巨型行星。

▶ 绘架座β星是绘架座中的高温年轻恒星。恒星周围的圆盘温度很低，但在红外光下显得非常明亮。

巨蟹座55

目前，位于巨蟹座的"巨蟹座55"是最类似太阳系的行星系了。太阳系有8颗行星，巨蟹座55有至少5颗行星，远多于目前发现的其他行星系统。巨蟹座55星系中的5颗行星均比地球大，其中4颗离恒星的距离比地球到太阳的距离还要短。在两个星系的轨道上，都有类似于木星的庞大气体行星。事实上，行星位于适宜生命存在的轨道上，而且绕其运行的卫星岩层中可能存在液态水。

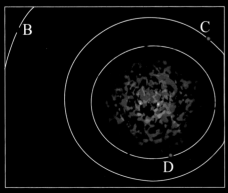

▲ HR8799星系 这3颗行星（B、C和D）环绕着一颗中心恒星运行。

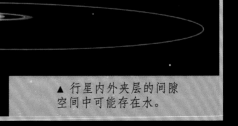

▲ 行星内外夹层的间隙空间中可能存在水。

特别的恒星

宇宙中充满了比我们的太阳更炽热或更寒冷，更大或更小的恒星。它们有的处于生命的晚期，有的会突然变得非常活跃，还有的是从未进行过核反应的褐矮星。

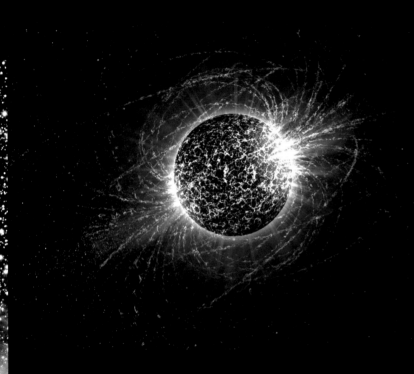

中子星

中子星很小，直径只有大约10千米，但它比太阳还要重。一茶勺中子星物质的质量可达10亿吨，中子星外壳的硬度是钢的100亿倍。中子星的内部含有大量的中子流——它们是超新星爆炸时原子的残余物。

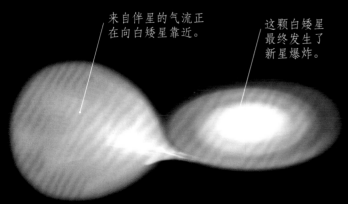

来自伴星的气流正在向白矮星靠近。

这颗白矮星最终发生了新星爆炸。

矮星

白矮星

任何一颗质量不到太阳7倍的恒星最终都将演变成一颗微小暗淡的白矮星。当一颗垂死的恒星脱落了大部分物质并且发生坍缩时，它会变得极小，密度和温度极高。白矮星的高密度致使它一茶勺物质的质量可达数吨。

白矮星

▲ 恒星的毁灭
我们的太阳在未来约70亿年后会变成一颗白矮星。

褐矮星

有些恒星被称为褐矮星，它们非常小，温度低，核心内部无法发生核反应或燃烧氢能源。它们被称为"衰星"。其实褐矮星也会发光，但是非常微弱，因为当它们受到引力作用收缩时只会产生微弱的热量。

▲ 双胞胎褐矮星2M0939是到目前为止人们发现的最暗淡的类似恒星的天体。

新星

当一颗白矮星的运行轨道接近双星系统中一颗正常恒星时，它可以从另一恒星那里吸收大量的气体。被吸收过来的气体变得极热，致使白矮星的表面压力增大，最终发生巨大的核爆炸。爆炸后的白矮星在未来数周或数月的时间里变得越来越暗淡，然后将等待下一次的爆炸。这种周期性的爆炸被称为新星爆炸。

脉冲星

脉冲星是指旋转时发出脉冲辐射的中子星。从地球上望去，脉冲星的辐射就好似灯塔发出的光线，它会快速地划过夜空。地球上能接收到的脉冲星的辐射包括无线电信号、可见光、X射线和伽马射线。

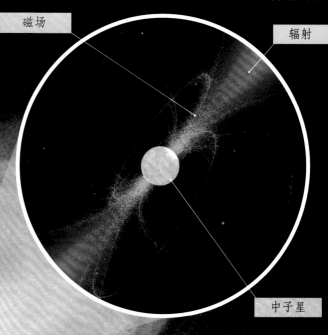

磁场

辐射

中子星

恒星

▲ 脉冲星辐射
一颗具有强烈磁场的中子星高速旋转并产生了高能量的电磁辐射。

◄ 恒星的颤动
2004年，一颗磁星发出的耀眼光芒盖过了宇宙中所有X射线恒星的光亮。这种能量的突然爆发源自恒星扭转磁场时发生的颤动。

极度爆发

天文台有时能探测到十分强大却非常短暂的伽马射线。伽马射线的光芒超过10亿个太阳的光芒，但是只能持续几毫秒。它们可能是黑洞和中子星发生碰撞产生的；也可能是两颗中子星发生碰撞产生的。如果是第一种情况，如下图所示，黑洞会吸进中子星并且变得更大。如果是第二种情况，两颗中子星的碰撞将产生一个黑洞。

磁星

磁星是一种中子星，它的磁场能量为普通中子星的1000倍。磁星是宇宙中磁性最强的天体，它们产生的磁场相当于普通磁铁的10万亿倍。这种强大的磁力可能产生于它们诞生时300~500次/秒的高速旋转。这种旋转加上其内部旋涡状的中子流一同形成了巨大的磁场。

黑洞

黑洞大概是宇宙中最奇特的天体。黑洞是一个空间范围，在这个范围内其本身发生塌缩，导致大量的原子被聚集在一个小的区域。黑洞的引力非常强大，任何东西都难以逃脱，甚至包括光线。

▲ 黑洞的大小
黑洞有不同的大小。有一些只比太阳大几倍；另一些位于星系中央的黑洞，可能是我们太阳的几千倍。图中这个是中等大小的黑洞，它被球状星团的恒星包围着。

恒星级黑洞
这种黑洞是当一颗大约比我们太阳的质量大10倍的恒星在发生超新星爆炸时形成的。恒星剩余物质塌缩到仅有几千米的一个区域。如果恒星的伴星在爆炸后依然幸存，那么就很容易形成恒星级黑洞。这颗恒星脱落的物质形成一个圆盘，在黑洞周围旋转。由此专家可以计算出黑洞的质量和轨道。

热物质圆盘

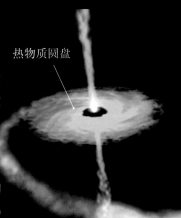

▲ 辐射喷流以接近光的速度远离黑洞。

伴星

▶ 在航天员掉入黑洞很久之后，机组人员看到他在黑洞的边缘被拉伸得极其长，而且特别红。

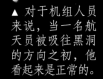

▲ 对于机组人员来说，当一名航天员被吸往黑洞的方向之初，他看起来是正常的。

无法控制的拉伸
掉落到黑洞里的物体会被拉伸至一个原子的宽度。一个脚先落下的航天员会感到一种引力，这种力对他脚的拉动比头更强烈。这种拉伸离黑洞越近就会越强烈，最后航天员将会被这种无法抗拒的引力拉碎。在远处的机组人员会看到他变为红色，当变为红色的航天员尝试着想从黑洞中逃离时，他似乎盘旋在洞的边缘处，但是最终他会消失。

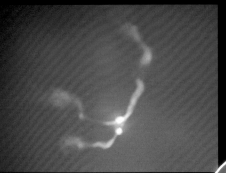

▲ 两个洞 这两个光亮的天体是两个相互环绕运行的超大质量黑洞。它们最终可能会发生碰撞并形成一个更大的黑洞。图上这条粉红色的条痕是它们在爆炸中形成的喷流。

超大质量黑洞

人们认为,包括银河系在内的大部分星系,其中心都存在着超大质量黑洞。一些专家认为,这些黑洞是由于很多物质被压挤在一个新形成的星系中心形成的。另外一种可能性是,超大质量黑洞开始非常小,后来通过不断地吸入和吞并附近的物质而逐渐变大。

辐射喷流

▶ 宇宙喷射
当气体被吸入黑洞时,会变得非常热。这种能量会以辐射喷流(通常是X射线)的形式爆发到宇宙空间。

尘埃和气体环

辐射喷流

知识速览

■ 所有掉入黑洞的物质都会堆积到中心的某个点上,这个点叫做奇点。

■ 如果两个黑洞发生碰撞,就会造成引力波,这将波及整个宇宙。

■ 地球如果变成了一个黑洞,将会压缩成一个弹珠的大小。

■ 在我们的宇宙里,可能存在着多达1000亿个超大质量黑洞。

■ 黑洞慢慢地失去能量,但是其能量完全消逝需要数十亿年的时间。

做个观星者

自古以来，人们就被夜空深深地吸引着。人类早期文明记录了太阳、月亮和行星的位置。如今街灯和建筑物的光芒掩盖了夜空的星光，但是夜空中的许多景象仍然令人神往。

▲ 必要的设备
除了星图，还要带上你的书，这样你将会了解更多你所看到的景象。看书时请使用红色灯光，若使用普通颜色的光线，你的眼睛将需要更长的时间去重新适应黑暗。最后别忘了穿戴保暖的衣物哦！

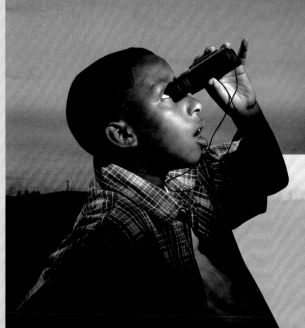

观测恒星

如果想观测夜空中微小、模糊的天体，你需要使用双筒或单筒望远镜。相比单筒望远镜，双筒望远镜的价格更低，而且在观测星场、星色和月球时的效果也不错。单筒望远镜的放大倍数更高，更适合观测行星、星云和星系。

天空中的指示标

乍一看，夜空中似乎均匀地散布着颗颗繁星，但是如果仔细观察，你会发现其中有不同的排列模式。这些恒星的排列模式，又被称为星座，早期的天文学家为它们命了名。

猎户座（右图）是最引人注目的星座之一。它是北半球冬季夜空中最好的指示标之一，人们可以利用它来定位寻找其他星座以及其他明亮的恒星。

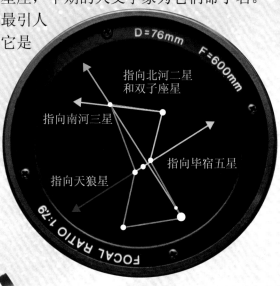

夜空中的群星距离我们实在是太遥远了，因此看上去它们的方位似乎是固定的。你也许可以很容易地记住那些最亮的星星和星座的位置，但是要寻找那些较昏暗的天体，你就必须得借助于星图了。星图有很多种类型。纸质的星图很实用，但是不方便携带，尤其是在晚上不易查看。而圆形的星座盘则可以随时旋转至你头顶星空的准确位置。还有通过互联网也能看到一些发布于网络的星图。

连线刻度尺上的数值，并将星座盘旋转到匹配的时间和日期。

窗口中显示的区域即为此刻你头顶的夜空。

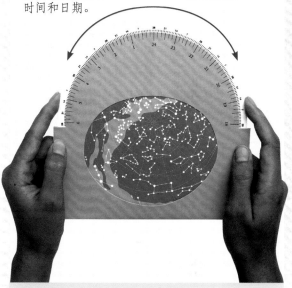

▲ 引导星 星图可以帮助你在群星中找到方向。

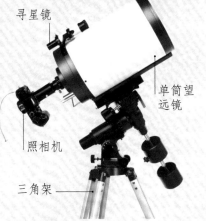

▲ 长镜头
通过在望远镜上附加照相机并保持开机至少半小时，我们可以获得非常微弱的天体图像。

多彩的宇宙

行星和恒星的色彩能够很容易被观察到，而星云和星系就没那么容易了。即使使用大型望远镜，它们看上去也只是灰色或绿色的模糊斑点。这是因为它们的亮度满足不了我们肉眼对色彩的感应要求。所以需要利用照相机才能拍摄到它们的色彩。拍摄时，在照相机稳定的状态下，保持快门打开几分钟就可以了。

凝视太阳

▲ 直接观看日食会灼伤你的眼睛。

观测太阳是一件极具吸引力的事情，但是由于太阳非常明亮，如果直接观测将会导致眼睛失明。在观测太阳黑子或者研究日食时，最安全的方式是将太阳投影到一张卡片上。你可以利用单筒望远镜或者双筒望远镜中的一个镜头，将太阳影像投射到纸上（如图）。你还可以借助于针孔投影仪，在镜头上覆盖一个金属箔片，并在中间挖一个小孔。这样就可以将太阳的影像投射到另一张卡片上了。

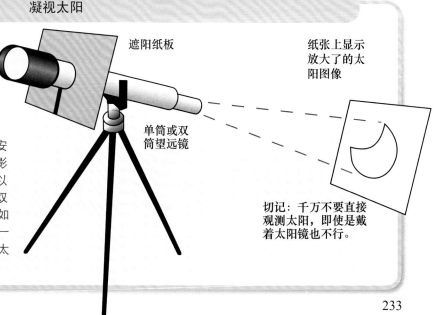

遮阳纸板

纸张上显示放大了的太阳图像

单筒或双筒望远镜

切记：千万不要直接观测太阳，即使是戴着太阳镜也不行。

夜空

如果你在一个晴朗的夜晚仰望天空，将会看到数千颗星星，但是如何来辨别这些星星呢？你可以通过由恒星构成的星座来帮助你在夜空中找到你想要看到的那些星星。

南半球星座分布图

北半球星座分布图

谁绘制的星座呢？

早期的天文学家发现，一些具有特征并容易被人们记忆的恒星在天空形成了不同的图案（星座），它们按照某种规律运动着。于是人们便使用一些人物、动物以及神话传说中的事物来对其命名。其中大部分星座名称源于希腊神话和罗马神话，有些甚至可以追溯到古埃及、古巴比伦和苏美尔文明。古代中国人也用星宿来命名天上的星星。

星表

早期的天文学家拟定了一份星座目录。那时只有48个星座，因为当时的欧洲人对于南半球还一无所知，所以南半球的星座未被发现。随着水手们南下探险活动的深入，越来越多的星座被添加进了星座目录中。1922年，国际天文学联合会公布了我们今天所知道的88个星座，并分别对它们的形状进行了确定。

▶ 天文学家通过望远镜观测一颗早期的恒星，就像在《天上的舆图》中描述的一样。

看一看：行星

金星
月亮

在夜空中我们不仅能够看到恒星，也可以看到行星。水星、金星、火星、木星和土星都是肉眼可见的。金星和水星又分别被称为启明星和辰星，因为它们的最佳观测时间分别是日出前和日落后。

寻找北极星

北极星位于地球北极的正上方，因此通过它可以很容易地确定正北方向。在北半球全年都可以观测到处于小熊座顶端（小小熊）的北极星。你还可以借助于大熊座来确认北极星的位置。大熊座中排列成斗形的7颗恒星被称为北斗星或北斗七星，斗前端的两颗星直指北极星。北极星是我们能看到的第二亮的恒星。

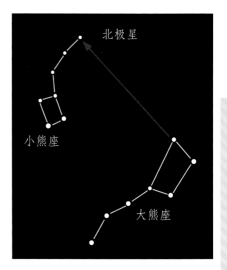

北极星
小熊座
大熊座

恒星

黄道十二宫

在南、北半球中都可以看到12个星座，古人称之为黄道十二宫。这些星座中的大部分都是以动物来命名的，个别的是以人物或物体来命名。这12个星座在天空中运行的轨迹称为黄道，行星每年走过的路径与地球赤道保持23°的交角。太阳、月球和行星的相对运动基本上也在黄道面上。

天秤座
室女座
太阳
太阳运动的方向
狮子座
巨蟹座
人马座
地球赤道
地球
双子座
金牛座
白羊座
摩羯座
黄道
太阳在天球上的环形路径
水瓶座
双鱼座
天球赤道
地球赤道在天球上的投影

移动的星座

我们所看到的那些组成星座的恒星好像是聚集在一起的，事实上这些恒星的大小不同，距离我们的远近也不同。因为我们无法目测出它们彼此间的距离，所以看上去它们在空中分布得非常平滑。太空中的每颗恒星都在移动着。在几十万年后，恒星将会移动到不同的位置，从而星座的形状与今天相比也会发生变化。

10万年前的北斗星

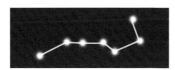

今天的北斗星

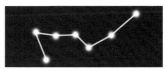

10万年后的北斗星

北部的天空

要想观察星座，你需要准备一张星图，并且要选择一个具有宽阔视野的观测地点。右图显示的是在北半球可以看到的星座。你不可能一次就看到所有的星座，由于地球的倾斜和轨道运动，一些星座只能在一年中的某些时间段才可以看到。

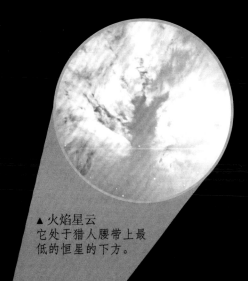

▲ 火焰星云
它处于猎人腰带上最低的恒星的下方。

▼ 猎户座星云（M42）是由恒星构成的巨大区域，看上去就像是猎人的腰带上佩戴着一把利剑。

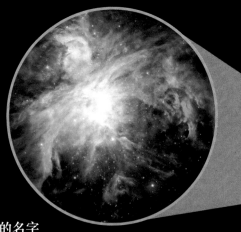

参宿四

参宿七

恒星的名字

有一些恒星在古时就已经被命名了，例如猎户座中的参宿四和参宿七。如今，天文学家按照星座中恒星的亮度从高到低进行分级。他们将希腊字母和星座名称组合进行命名，因此参宿四和参宿七分别被命名为猎户座 α 和猎户座 β。

猎户座
猎人

猎户座是天空中最容易辨识的星座之一。它就像是一位手持棍棒的猎人，其中3颗成斜线的恒星构成的猎人腰带上佩戴的一把利剑。他手里拿着一个狮子的头颅。猎户座中有两颗非常明亮的恒星，分别是位于右下角的蓝色超巨星参宿七和位于左上角的红色超巨星参宿四。

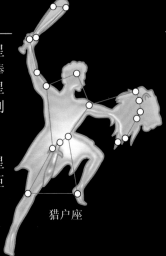

猎户座

天鹅座
天鹅

天鹅座是北半球的重要星座，它也被称为女皇座，有时又被称为北十字星座。在冬季有时候也可以在南半球的地平线附近看到它。在天鹅的尾部，有一颗明亮的蓝白色超巨星天津四，它比太阳还要亮16万倍。在天鹅的嘴部包含一对双子星辇道增七，通过双筒望远镜或小型单筒望远镜就可以观测到它们。

天鹅座

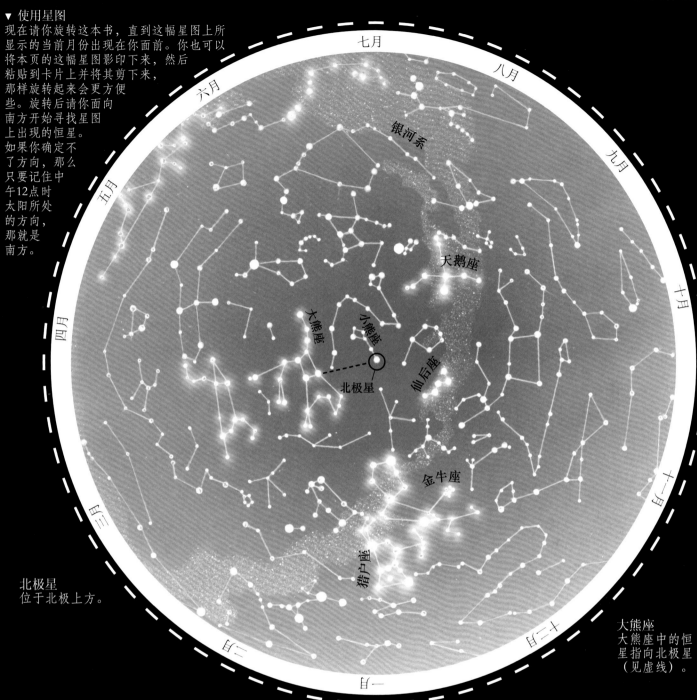

▼ 使用星图

现在请你旋转这本书，直到这幅星图上所显示的当前月份出现在你面前。你也可以将本页的这幅星图影印下来，然后粘贴到卡片上并将其剪下来，那样旋转起来会更方便些。旋转后请你面向南方开始寻找星图上出现的恒星。如果你确定不了方向，那么只要记住中午12点时太阳所处的方向，那就是南方。

七月

八月

九月

六月

五月

银河系

十月

四月

天鹅座

大熊座　小熊座

仙后座

北极星

金牛座

十一月

三月

猎户座

北极星
位于北极上方。

十二月

一月

二月

大熊座
大熊座中的恒星指向北极星（见虚线）。

金牛座
公牛

猎户座的正上方就是金牛座。这个星座由两个著名的星团构成，分别是毕星团和昴星团，它们都包含肉眼可见的恒星。一颗突出的红星毕宿五构成了牛的眼睛，而正上方的蟹状星云（M1）就像是公牛牛角尖的末端。天文学家推断出蟹状星云是1054年一次超新星爆炸的产物。

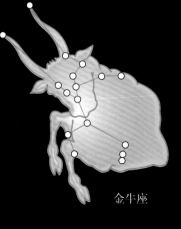

金牛座

仙后座
女王

仙后座是另一个很容易被辨识的星座。它得名于神话中的一位恶名昭著又自负的女王，因此她的手中总有一面镜子。这个星座的5颗主要恒星形成一个独特的W形。位于W中心的恒星恰好指向北极星。

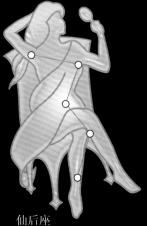

仙后座

南部的天空

相对北半球来说，南半球更适宜观星。由于光污染较少，因此更容易看到微弱的星体。与北半球相比，银河也显得更加明亮，星星看上去更多了。下面是可以看到的有趣的现象。

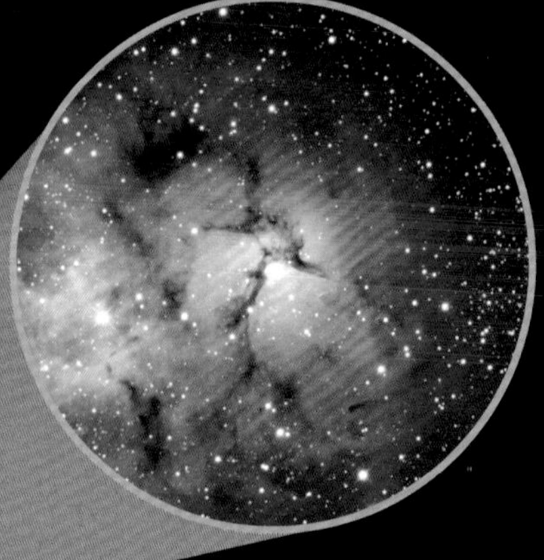

▲ 三裂星云
这种丰富多彩的星云形状就好像是三片树叶，其中包含一些非常年轻、炽热的恒星。

银河系

银河系中心

当我们仰望夜空时，还可以看到银河系的其他部分。这里是人马座，也是最密集的部分，恰好处于银河系的中心。相比其他星座，人马座中含有更多的星团和星云。

▲ 潟湖星云
这种巨大的星云可以直接用肉眼观测到，使用空间望远镜拍摄到的图像呈粉红色。

人马座
射手

人马座形似正准备搭弓射箭的半人马（一种神秘的半人半马的动物）。星座中包含一个被认为是黑洞的射电源，这里标志着整个银河系的中心。人马座包括潟湖星云、三裂星云、欧米茄星云以及球状星团M22。

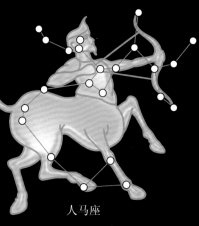

人马座

长蛇座
水蛇

长蛇座是88个星座中最大的，它几乎占据了整个天空的1/4。长蛇座中的大部分恒星，其光芒都非常微弱。星座中最亮的恒星是被称为星宿一的双子星。长蛇座中还包含两个星团和一个行星状星云。

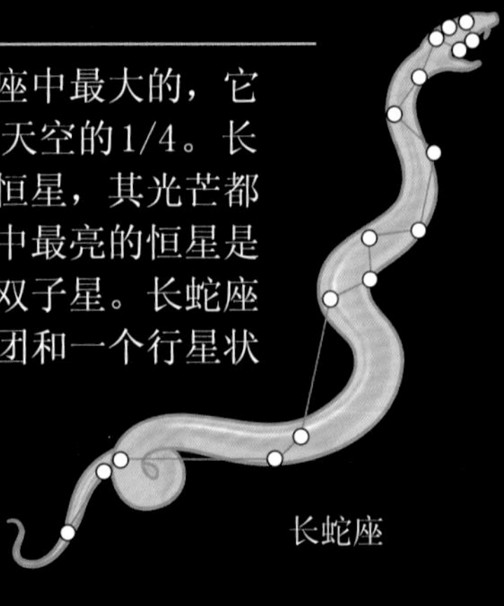

长蛇座

▼ 使用星图

现在请你旋转这本书，直到这幅星图上所显示的当前月份出现在你面前。然后面向北方开始寻找星图上出现的恒星。如果你手头没有指南针确定方向，那么只要记住中午12点时，太阳的反方向就是北方。

恒星

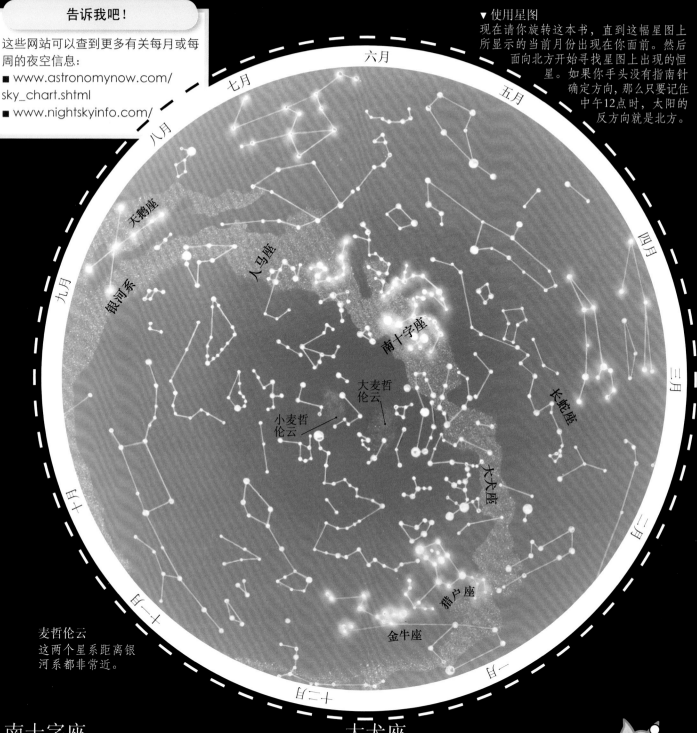

六月

七月

五月

八月

四月

天鹅座

银河系

人马座

三月

南十字座

大麦哲伦云

小麦哲伦云

长蛇座

九月

大犬座

十月

猎户座

金牛座

十一月

十二月

一月

麦哲伦云
这两个星系距离银河系都非常近。

南十字座
南十字星

在南极上方没有足够明亮的恒星，因此航海家们利用南极附近的南十字座来定位。星座中处于十字长臂方向的恒星指向南极。虽然南十字座是所有星座中最小的，但它包含4颗非常明亮的恒星，其中一颗为红巨星。十字的左臂附近是可用肉眼直接观测到的珠宝盒星团。

南十字座

大犬座
大狗

大犬座是追随猎户座的两条猎狗之一（较小的小犬座就在大犬座附近，但更微弱）。大犬座包括天空中最明亮的恒星天狼星，也称为天狗星。天狼星有一颗白矮星作为伴星，我们必须借助大型望远镜才能观测到。在埃及历法中天狼星的地位非常重要，因为它能预示每年尼罗河的汛期以及新一年的开始。

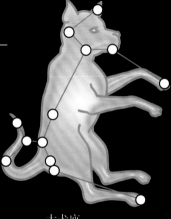

大犬座

239

太空大事记

数百年来，人类一直沉迷于浩瀚的夜空。经过几个世纪天文学家的观测，我们已经逐渐揭开了宇宙运行的神秘面纱。

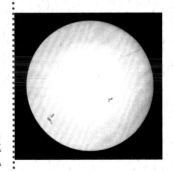

▼ 1845年，吉恩•傅科和阿尔芒•斐索通过望远镜拍摄到了第一组太阳表层的细部照片，这也是历史上第一组太空照片。

▼ 1781年，威廉•赫歇耳利用自己的一架望远镜发现了天王星。当时他的第一反应是，这是一颗彗星。

▼ 1846年，约翰•伽勒发现了海王星。

▲ 1609年，伽利略自己制造了望远镜，用于研究恒星。他的发现证明了太阳处于太阳系的中心位置。

▲ 公元前2300年建成的巨石阵，被认为是一个巨大的石头天文日历。

公元前
3000年　————　1600年　————　1700年　——　1800年　——

▲ 公元前164年，中东巴比伦地区的天文学家们最早记录了哈雷彗星。到了1066年人们再次发现它，并将它记录在贝叶挂毯上（如上图）。

▼ 1801年，朱塞佩•皮亚齐发现了第一颗小行星——谷神星。1802年威廉•赫歇耳首先使用术语"小行星"。

▼ 1655年，克里斯蒂安•惠更斯观测到了土星，并发现了它的行星环。

▲ 公元前320~前250年，来自萨摩斯岛的古希腊天文学家阿利斯塔克，第一次提出地球是环绕着太阳运行的。1800年后这种说法才得到人们的认同。

▲ 1895年，康斯坦丁•齐奥尔科夫斯基首次提出火箭可以在真空中工作，这使得太空飞行成为可能。

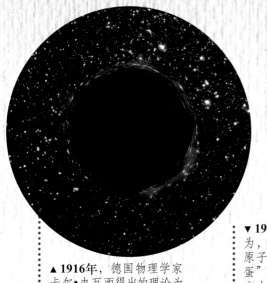

▲ **1916年**，德国物理学家卡尔•史瓦西得出的理论为日后黑洞概念的提出提供了依据。

▼ **1931年**，乔治•勒梅特认为，宇宙起源于一颗独立原子的爆炸。他的"宇宙蛋"概念后来被称为"宇宙大爆炸理论"。

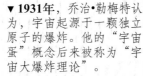

▼ **1926年**，罗伯特•戈达德发射了第一枚液体燃料火箭。

▲ **1959年**，苏联的"月球"2号探测器，成为第一个降落在月球上的航天器。同年，"月球"3号发回了月球背面的第一幅图像。

▲ **1961年**，经过108分钟的环绕地球飞行，尤里•加加林成为遨游太空第一人！

1900年　　　**1950年**

▼ **1957年**，苏联向太空发射了第一颗人造卫星——"人造地球卫星"1号。

▼ **1962年**，美国国家航空航天局的"水手"2号成为第一个到达金星附近的太空探测器。美国和苏联在20世纪60~70年代的一系列太空飞行由此开始。

▲ **1930年**，苏布拉马尼扬•钱德拉塞卡预测，超新星是由于较大的白矮星自我坍塌造成的。

▲ **1925年**，埃德温•哈勃宣布，他发现了我们银河系以外的星系。

▲ **1945年**，科幻小说家阿瑟•C.克拉克认为，卫星可用于传输地球周围的电话和电视信号。他的想法在20年后成为了现实。

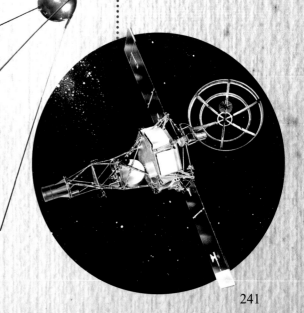

▲1965年，苏联的阿列克谢•列昂诺夫进行了首次太空行走。他搭乘"上升"2号飞船进入太空，利用5米长的保险绳，在舱外活动了12分钟。

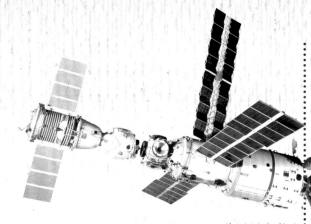

◄1986年"和平"号空间站成为第一个永久性轨道空间站。它延长了人类在太空中的工作和生活时间。

▲1969年，尼尔•阿姆斯特朗搭乘"阿波罗"11号，首次登上月球。

▼1976年，美国国家航空航天局的"海盗"1号探测器成为第一艘登陆火星并开展探测工作的宇宙飞船。

▼1981年，美国国家航空航天局的第一架可重复使用航天飞机"哥伦比亚"号，开始执行太空飞行任务。

┣1970年┫   ┣1980年┫

▼1971年，"月球车"1号成为第一辆远程遥控的，在月球上行驶的车辆。

▼1971年，苏联的"礼炮"1号成功进入轨道，它是世界上第一个空间站。

▲1977年，美国国家航空航天局发射"旅行者"号探测器，进行深空探测。

▼1986年，欧洲空间局发射的"乔托"号探测器从哈雷彗星的彗核中心附近掠过时，首次近距离拍摄了彗核的照片。

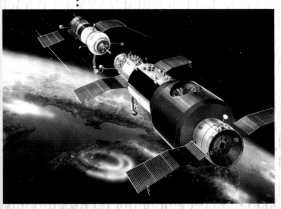

▲1982年，海王星的行星环被发现。

时间轴

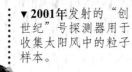

▼ **2001年**发射的"创世纪"号探测器用于收集太阳风中的粒子样本。

▲ **2004年**，私人制造的"太空船"1号首次进入太空。

▼ **1994年**，哈勃空间望远镜发现了星系M87中存在黑洞的证据。

▼ **2001年**，"近地小行星会合"探测器——舒梅克号首次环绕小行星"爱神星"飞行并成功着陆。

▼ **2011年**，美国国家航空航天局宣布了所有航天飞机的退役计划。2011年7月航天飞机执行了最后一次飞行任务。

┤1990年├────────────┤2000年├

▼ **2001年**，首位太空游客丹尼斯·蒂托完成了他在国际空间站为期6天的太空旅行。

▲ **2006年**，"星尘"号飞船使用气凝胶收集器带回彗星尘埃样品。

未来?
在未来的太空探索中，还有很多奥秘等待我们去发现。其中最大的挑战包括：如何开拓更宽广的太空领域，以及寻找其他星球上的生命。

▲ **1990年**，有史以来最大的在轨光学望远镜"哈勃空间望远镜"投入使用后，传回了来自遥远恒星和星系的图像。

▶ **1998年**，国际空间站的第一个组件成功发射。

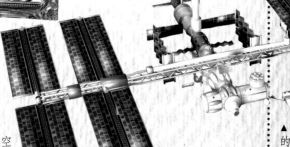

▲ **2010年**，国际空间站的最后一个非俄罗斯产的组件"宁静"号节点舱，搭载"奋进"号航天飞机升空。

专业词汇解释 按英文原版书顺序排列

Absorption line 吸收线 某特定波段上的光被吸收时在光谱中对应形成的暗谱线。

Aerogel 气凝胶 一种用于收集太空尘埃的轻物质。

Antenna 天线 航天器和望远镜上用于发送和接收信号的装置。

Aphelion 远日点 行星、彗星或小行星的运行轨道中距离太阳最远的点。

Asteroid 小行星 环绕太阳运行的巨大岩石。

Asteroid belt 小行星带 在火星和木星轨道间，拥有在轨小行星数量最多的空间区域。

Astrolabe 星盘 一种古老的工具，专门用于计算星星在天空中的位置。

Astronaut 航天员 经受过专门训练，在载人航天器和其他天体上生活和工作的人员的总称。

Atmosphere 大气层 包围地球的气体层。

Atom 原子 组成元素的最小粒子，由中子、质子和电子组成。

Aurora 极光 来自地球磁层或太阳的高能带电粒子注入极区高层大气时，撞击原子和分子而激发形成的绚丽多彩的发光现象。

Axis 轴线 穿过行星或恒星中心的虚拟直线，星体围绕其旋转。

Background radiation 背景辐射 来自整个宇宙空间的微弱无线电信号，是宇宙大爆炸遗留下来的微波辐射。

Big Bang 宇宙大爆炸 科学家认为，亿万年前的大爆炸创造了整个宇宙。

Binary stars 双子星 两颗互相绕着对方旋转的星体，也称为双星系统。

Black hole 黑洞 一种大质量引力场很强的天体，能吞噬任何靠近的物质，甚至连光线也无法逃脱。

Blazar 耀变体 一种活跃星系，中心含有一个超大质量黑洞，朝地球高速喷射气体。

Brown dwarf 褐矮星 大小介于行星和恒星之间的星体。它产生热量，但不发光。

Celestial object 天体 我们能看到的天空中的任何物体。

Charged particle 带电粒子 带有正或负电荷的粒子。

Chromosphere 色球层 太阳大气的组成部分，包围在光球层之外。

Comet 彗星 围绕太阳旋转的实心小天体，由尘埃和冰冻物质构成。当它靠近太阳时，冰冻物质开始汽化，形成一条由尘埃和气体构成的彗尾。

Constellation 星座 以人物、动物或神话传说中的事物来命名的空间恒星组合。

Coriolis effect 科里奥利效应 地球的自转使得北半球移动的气流或洋流方向向右偏，南半球向左偏。

Corona 日冕 太阳大气的最外层。日食发生过程中成为白色光环。

Crater 陨石坑 陨石撞击行星或卫星形成的凹地或盆地。

Crust 地壳 由岩石构成的行星或卫星的薄外层。

Dark energy 暗能量 科学家相信是这种能量导致了宇宙的膨胀。

Dark matter 暗物质 一种看不见的物质，它的引力能使来自遥远星系所散发出的光线弯曲。

Density 密度 是指单位体积中所含物质的量。

Drag 空气阻力 空气对运动中的物体的阻碍力。

Dust 尘埃 吸收星光的星体的微小颗粒，也指行星和卫星表面的细粒物质。

Dwarf planet 矮行星 有足够的质量可以克服固体应力以形成球体，但事实上并未成形的行星。

Eclipse 日食和月食 当一个天体从另一个天体的前方经过时，就会遮挡住照射该天体的光线。月食是指地球的影子投射到了月球上。日食则是指月球的影子投射到了地球上。

Electromagnetic radiation 电磁辐射 一种能量波，可以穿透空间和物质。

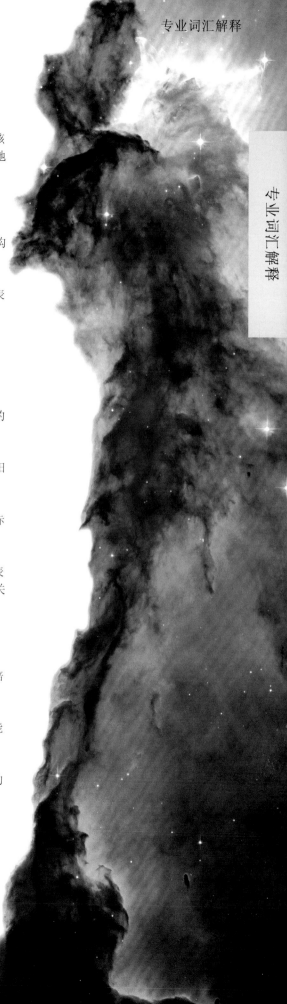

Electromagnetic spectrum 电磁波谱 按照波长顺序排列的从无线电波到伽马射线的能量波谱。

Electron 电子 一种带负电荷的亚原子粒子。

Equator 赤道 环绕行星中心的假想线。

Escape velocity 逃逸速度 物体不再作任何加速也能逃离引力中心的吸引的速度。又称脱离速度。

EVA 舱外活动 指太空中航天员在飞船外的活动。

Exoplanet 太阳系外行星 处于太阳系之外的行星。

Exosphere 外逸层 地球大气层热层顶以上的区域，是大气的最高层。它是大多数飞船飞行的区域。

Extraterrestrial 外星人 居住在地球以外的、至今尚未被证实的生命体。

False-colour image 假彩色图像 不通过光学望远镜获得，而是利用各种非真实的颜色显示人眼在可见光下通常无法识别内容的物体图像。

Filament 暗条 跨越整个太空的超星系团的一组星系。也指太阳表层释放到空中的巨大气流。

Flyby 飞越 指飞船直接飞过行星、彗星，没有降落或者环绕飞行。

Free-fall 自由下落 在没有受到任何另外的引力、反作用力的情况下，物体的失重状态。例如环绕地球飞行状态。

Galaxy 星系 由于引力作用而聚集在一起的数以亿计的恒星以及气体、尘埃、暗物质等构成。银河系就是一个普通的星系。不同星系间为真空区，彼此分离。

Gamma ray 伽马射线 一种能量波，它的波长很短。

Geostationary orbit 地球静止轨道 在该轨道，卫星将以与地球自转相同的速度绕地球旋转，因此从地面上看它是相对静止的。

Geyser 喷泉 从岩石裂缝中喷射出的液体。

Globules 小球 太空中由微小气体和尘埃构成的云球。

Granulation 米粒组织 对流气团在太阳表面的斑点。

Gravity 引力 把物体彼此吸引在一起的力。

Habitable 可居住的 适合人类居住、生存。

Heliopause 日球层顶 日光层和星际空间的分界线。

Heliosphere 日球层 指包括太阳系、太阳风、以及太阳磁场的大片区域。

Hemisphere 半球 地球的一半。通常由赤道将地球分为南、北两个半球。

Hertzsprung-Russell diagram 赫罗图 表示各恒星的温度、亮度、大小以及颜色的关系图。

Hydrothermal 热液 地壳内部的高温液体。

Hypersonic 高超声速 大于或等于声速5倍的飞行速度。

Infrared 红外线 一种肉眼无法识别的能量波。

Intergalactic 星系间 星系与星系之间的区域。

Interstellar 星际 恒星与恒星之间的区域。

Ionosphere 电离层 地球大气层的一个区域，距地面高度50~600千米。

Kelvin 开尔文 国际单位制中表示热力学温度的基本单位。简称开，符号为K。0开（绝对零度）为-273℃。

Launch vehicle 运载火箭 由多级火箭组成的航天运载工具。运载火箭的用途是把人造地球卫星、载人飞船、空间站或空间探测器等有效载荷送入预定轨道。

Light 可见光 对人眼能起视觉作用的光。本质上是电磁波。

Light year 光年 度量天体距离的单位。通常用来量度宇宙中较大的距离尺度。1光年等于光在真空中1年所走的距离。

Low Earth orbit 近地轨道 接近地球的运行轨道。

Luminosity 亮度 天体的明暗程度。

Magnetar 磁星 中子星的一种，拥有极强的磁场。

Magnetic field 磁场 行星、恒星或星系存在的磁性区域，它环绕着各天体并一直延伸至太空。

Magnetometer 磁力仪 用于测量磁场强度的仪器。

Magnetosphere 磁层 行星外层空间区域，该区域的磁场强度可以阻隔太阳风。

Magnitude 星等 用数值表示天体的亮度。天体越亮，星等值越小；天体越暗，星等值越大。

Mantle 地幔 地壳以下地核以上很厚的一层物质。

Mare 月海 月球表面大而平坦的区域，从地球上看是阴暗的。人们曾认为这些区域是湖泊或海洋，现已证实其为大面积的凝固熔岩。

Matter 物质 以固态、液态或气态形式存在的任何物体。

Mesosphere 中间层 距离地表50~80千米的大气层。这里是流星燃烧的区域。

Meteor 流星 宇宙尘粒和固体碎块等太空物质在进入地球大气层时由于摩擦升温而产生的发光现象。

Meteorite 陨石 落到地球表面的未燃尽的地外岩石块。

Microgravity 微重力 引力存在，但作用非常小的现象。

Microwave 微波 频率范围从300兆赫到3000吉赫的电磁波。

Milky Way 银河系 人类所处的星系名称。

Module 舱 宇宙飞船的某一部分。

Multiverse 平行空间 与我们所处空间平行的空间。

Nebula 星云 是指由太空中气体和尘埃组成的云雾状天体，恒星正是在这种天体中形成的。

Neutrino 中微子 在恒星核聚变以及宇宙大爆炸过程中产生的比原子还小的粒子。它很常见，但很难被检测到。

Neutron 中子 一种比原子还小的不带电的粒子。

Neutron star 中子星 一种具有超大密度的坍缩星，主要由中子构成。

Nucleus 核心 物质的中心点。

Observatory 天文台 装载有太空望远镜的建筑物、宇宙飞船或人造卫星。

Orbit 轨道 一个天体因受到另一天体的引力作用而环绕该天体运行的轨迹。

Orbiter 轨道飞行器 环绕天体飞行的飞行器，不需要降落。

Ozone 臭氧 地球大气层中的一种气体，可吸收太阳光中有害的紫外线。

Particle 颗粒 固体、液体或气体的极小一部分。

Payload 有效载荷 由运载火箭或人造卫星携带的物品。

Perihelion 近日点 行星、彗星或小行星的运行轨道中距离太阳最近的点。

Phase 位相 月亮或行星表面被太阳照亮部分的大小。

Photosphere 光球层 太阳大气的最低层，太阳的光和热由此发出。

Planet 行星 环绕恒星运行的天体。

Planetary nebula 行星状星云 垂死的恒星抛出的气体和等离子体云团。

Planetesimals 星子 由引力作用而聚集在一起的小岩石或冰冻物体。

Planisphere 星图 一种可移动的圆盘，用于指示星空中恒星的位置。

Plasma 等离子体 由电离状的气体构成的物质，是良导电体。

Probe 探测器 一种无人驾驶的飞行器，用于探测未知天体并将信息传回地球。

Prominence 日珥 太阳发出的巨大的羽状等离子体火焰。

Proton 质子 带正电的比原子还小的粒子。

Pulsar 脉冲星 一种旋转过程中不断发出电磁脉冲信号的中子星。

Quasars 类星体 类似恒星天体的简称，指距离非常遥远的、高亮度的、看起来很像恒星的天体。

Radiation 辐射 物体以电磁波和粒子流释放能量。

Red giant 红巨星 一种表面温度相对很低，但极为明亮的巨星。

Rille 月面谷 月球表面曲折蜿蜒的沟壑或裂纹。

Rover 漫游车 通过遥控驾驶探测行星或月球表面的车辆。

Satellite 卫星 环绕更大天体旋转的自然形成的或人造的天体。

Seyfert galaxy 赛弗特星系 一种活动的旋涡星系，核心为巨大质量的黑洞。

Silicate 硅酸盐 由硅酸根阴离子与金属阳离子结合而成的硅的含氧酸盐。天然硅酸盐矿物约占地壳质量的95%。硅酸盐也是月岩样品和陨石中的重要组分，水星、金星、火星的表面也有硅酸盐。

Solar radiation 太阳辐射 指太阳所发出的能量。

Solar wind 太阳风 太阳向空间不间断发射的粒子流。

Space–time 时空 一维时间与三维空间的四维统一描述。

Stratosphere 平流层 距地表约8~50千米处的大气层，适宜航空器飞行。

Subatomic particles 亚原子粒子 构成原子的粒子，比原子小。

Suborbital 亚轨道 飞行器飞往地球大气层顶端（100千米）时的轨道，在这里可以体验到失重的感觉。

Supernova 超新星 某些恒星演化到终期时灾变性的爆发。

Thermosphere 热层 距离地表80~600千米处的大气层，极光在此出现。

Thrust 推力 由发动机发出的驱动物体前进的力。

Troposphere 对流层 距离地表6~20千米的大气层，位于大气圈的最低层，直接与地表面相接的大气层。各种天气现象主要发生在这一层。

Ultraviolet ray 紫外线 一种能量波。电磁波谱中处于紫色光外人眼看不见的波段。是太阳光的重要组成部分，能灼伤人体暴露的皮肤。

Umbra 本影 月影或太阳黑子中心的阴暗区域。

White dwarf 白矮星 中等质量恒星的终点星。银河系中到处都能见到。这类星表面温度高、体积小、密度大，内部已停止核反应，仅靠残留的热发光。因个小且发白光而名为白矮星。太阳最终也将成为一颗白矮星。

X-ray X射线 一种能量波，可以穿透可见光无法穿透的物体。

Zero gravity 零重力 这不是失重，只是航天员在自由下落或在轨飞行时的一种类似失重的现象。

索引

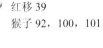

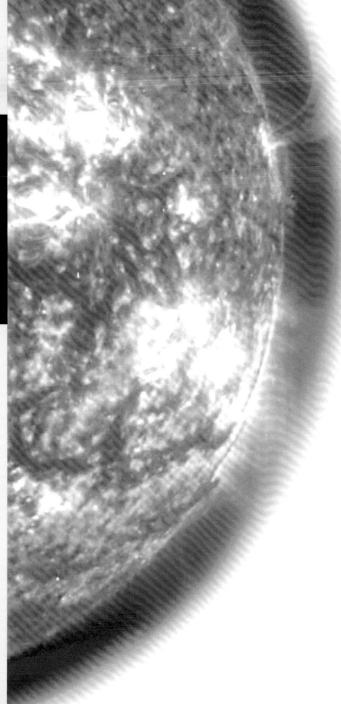

索引

致谢

本书出版商由衷地感谢以下名单中的人员提供照片使用权：

（缩写说明：a-上方；b-下方/底部；c-中间；f-底图；l-左侧；r-右侧；t-顶端）

Jacket images: *Front:* **Alamy Images:** Brand X Pictures bl; **HubbleSite:** NASA, ESA, and A. Zezas (Harvard-Smithsonian Center for Astrophysics); GALEX data: NASA, JPL-Caltech, GALEX Team, J. Huchra et al. (Harvard-Smithsonian Center for Astrophysics); Spitzer data: NASA/JPL/Caltech/Harvard-Smithsonian Center for Astrophysics fbr; **NASA:** JPL-Caltech br; JSC fbl; MSFC bc; **Science Photo Library:** Lynette Cook. *Back:* **ESA:** bl; NASA, ESO and Danny LaCrue fbl; **NASA:** cr; JPL-Caltech/ STScI/CXC/UofA/ESA/AURA/JHU fbr; **NRAO / AUI / NSF:** bc; **Science Photo Library:** Henning Dalhoff / Bonnier Publications br; Larry Landolfi t. *Front Flaps:* **Getty Images:** AFP/ Jim Watson. *Back Flaps:* **NASA:** JPL-Caltech/R. Hurt (SSC)

1 Getty Images: Purestock. **2 Corbis:** Mark M. Lawrence (tr); Douglas Peebles (cra/Volcano). **Dorling Kindersley:** NASA (br). **NASA:** ESA (crb/Huygens); JPL (crb); JPL/ University of Arizona (cra). **Science Photo Library:** CCI Archives (cra/Herschel). **SOHO/EIT (ESA & NASA) :** (cr). **3 Corbis:** Bettmann (ca/Chimps). **HubbleSite:** NASA, ESA, M. Wong and I. de Pater (University of California, Berkeley) (ca) (cb/ Discovery space shuttle). **NASA:** (cb/Boot print) (br); A.Caulet St-ECF, ESA (cb); ESA, and H. Richer (University of British Columbia) (tc); ESA, and the Hubble Heritage (STScI/AURA) -ESA/Hubble Collaboration (cra); ESA, and The Hubble Heritage Team STScI/AURA (bc); GSFC (crb/Moon crater); MSFC (cr); Voyager 2 (crb) (cra/Antenna). **NRAO / AUI / NSF:** (c). **Reuters:** NASA (crb/Telescope). **SST, Royal Swedish Academy of Sciences, LMSAL:** (tr). **4 Corbis:** Bettmann (cra); NASA/ Science Faction (ca); NOAA (cla); Seth Resnick/ Science Faction (fcla). **SOHO/EIT (ESA & NASA) :** (fcra). **4-5 Getty Images:** Stockbyte (Background). **5 Corbis:** Ed Darack/ Science Faction (fcla). **Getty Images:** Robert Gendler/Visuals Unlimited, Inc. (cla). **NASA:** MSFC (ca). **6-34 Chandra X-Ray Observatory:** X-ray: NASA/CXC/SAO; Optical: NASA/STScI; Infrared: NASA/JPL-Caltech/ Steward/O.Krause et al. (l). **6-7 Science Photo Library:** David Nunuk (Background). **7 Alamy Images:** Dennis Hallinan (fcla). **Chandra X-Ray Observatory:** X-ray: NASA/CXC/SAO; Optical: NASA/STScI; Infrared: NASA/JPL-Caltech/ Steward/O.Krause et al. (c). **Corbis:** Mark M. Lawrence (cl). **8 Alamy Images:** Dennis Hallinan (cl). **8-9 Alamy Images:** Dennis Hallinan (Background). **9 Corbis:** Mark M. Lawrence (l). **HubbleSite:** NASA / ESA / CXC / STScI / B. McNamara (University of Waterloo) (r). **NASA:** (c); STS-51A (tr). **10 Getty Images:** (cl); Rob Atkins (clb); Jeremy Horner (fclb). **NASA:** JPL-Caltech/R. Hurt (SSC) (cr). **10-11 NASA:** JPL-Caltech/C. Lonsdale (Caltech/IPAC) and the SWIRE Team (Background). **11 Science Photo Library:** Mark Garlick (cl). **12-13 Science Photo Library:** Kaj R. Svensson (cr). **14 Corbis:** Stapleton Collection (cr). **15 Corbis:** Paul Almasy (cl); Bettmann (tr) (r); Jose Fuste Raga (bc); Rob Matheson (t/Background); Seth Resnick/ Science Faction (c). **SOHO/EIT (ESA & NASA) :** (tc). **16 Corbis:** Roger Ressmeyer (tr) (b). **16-17 Getty Images:** Stattmayer (t/Background). **17 Corbis:** Bettmann (cr) (clb); Roger Ressmeyer (cla); Jim Sugar (br). **18 Science Photo Library:** John Sanford. **19 Corbis:** Ed Darack/ Science Faction (tr); Roger Ressmeyer (crb). **European Southern Observatory (ESO) :** (bl). **Getty Images:** Joe McNally (clb). **Large Binocular Telescope Corporation :** (c). **Reuters:** NASA (br). **TMT Observatory Corporation:** (br). **20 Corbis:** Matthias Kulka (ca); Mehau Kulyk/ Science Photo Library (bl); NASA/ JPL/ Science Faction (bc). **NASA:** JPL-Caltech/Las Campanas (br). **21 Corbis:** Markus Altmann (fbl); NASA-CAL /Handout /Reuters (bl); NASA, ESA and The Hubble Heritage Team/ Handout/ Reuters (tc). **Science Photo Library:** David A. Hardy (c); NASA (br); NRAO / AUI / NSF (fbr); JPL/ Caltech/Harvard-Smithsonian Center for Astrophysics (bc). **22 NASA:** JPL (bl). **22-23 NASA:** JPL-Caltech/ University of Arizona (c); JPL-Caltech/ IRAS / H. McCallon (br). **23 NASA:** JPL-Caltech/ K. Su (Univ. of Arizona) (tc). **Science Photo Library:** CCI Archives (tr); Robert Gendler (cla). **24 Courtesy of the NAIC - Arecibo Observatory, a facility of the NSF:** (cl). **24-25 NRAO / AUI / NSF:** (b). **25 NRAO / AUI / NSF:** (cla) (tr). **Science Photo Library:** Paul Wootton (tc). **26 (c) University Corporation for Atmospheric Research (UCAR) :** 2007 Copyright/ Carlye Calvin (br).

ESA: ECF (crb). **Max Planck Institute for Solar System Research:** SUNRISE project/ P. Barthol (bl). **NASA:** Swift/ Stefan Immler, et al. (tr). **27 Chandra X-Ray Observatory:** Optical: Robert Gendler; X-ray: NASA/CXC/SAO/J.Drake et al. (clb). **ESA:** (ca). **NASA:** ESA (tl) (clb); Courtesy of SOHO / MDI, SOHO / EIT & SOHO / LASCO consortia. SOHO is a project of international cooperation between ESA and NASA. (crb/Sun rays). **28 Getty Images:** NASA (l). **HubbleSite:** (br). **Science Photo Library:** Emilio Segre Visual Archives / American Institute Of Physics (cra). **29 Alamy Images:** Dennis Hallinan (b/Earth). **Chris Hansen:** (br). **NASA:** (c); ESA and the Hubble SM4 ERO Team (tr). **NRAO / AUI / NSF:** (cb). **Science Photo Library:** Emilio Segre Visual Archives / American Institute Of Physics (crb). **30 NASA:** STScI Digitized Sky Survey/Noel Carboni; NASA and The Hubble Heritage Team (STScI/AURA) (b); NASA, ESA, and J. Maíz Apellániz (Instituto de Astrofísica de Andalucía, Spain) (tr). **31 HubbleSite:** NASA, ESA and The Hubble Heritage Team (STScI/AURA) (cl). **NASA:** Courtesy NASA/JPL-Caltech (tl) (cr); JPL-Caltech/J. Bally (Univ. of Colo.) (cr). **32 Chandra X-Ray Observatory:** NGST (bl). **ESA:** (bc); D. Ducros (tr). **Science Photo Library:** NASA (br). **32-33 Alamy Images:** Dennis Hallinan (Background). **33 Chandra X-Ray Observatory:** NASA/ CXC/ SAO (cra); X-ray: NASA/CXC/SAO; Optical: NASA/STScI; Infrared: NASA/JPL-Caltech/Steward/O.Krause et al. (fcra). **ESA:** D. Ducros, 2009 (bc). **HubbleSite:** NASA, ESA, and the Hubble Heritage Team (STScI/AURA) -ESA/ Hubble Collaboration (fcla). **NASA:** (bl) (br); JPL-Caltech (cla). **34 Global Oscillation Network Group (GONG) :** NSO/ AURA/ NSF/ MLSO/ HAO (cla). **Laser Interferometer Gravitational Wave Observatory (LIGO) :** (c). **National Science Foundation, USA:** Glenn Grant (br). **35 ALMA:** ESO/ NAOJ/ NRAO (crb) (clb). **NASA:** SOFIA (tl); Carla Thomas (cla). **The Sudbury Neutrino Observatory Institute (SNOI) :** Lawrence Berkeley National Laboratory for the SNO Collaboration (cr). **36-37 HubbleSite:** NASA, ESA, J. Hester and A. Loll (Arizona State University) (Background). **36-62 HubbleSite:** NASA, ESA, J. Hester and A. Loll (Arizona State University) (l). **37 HubbleSite:** (c); NASA, ESA, CXC, and JPL-Caltech (fcl). **NASA:** JPL-Caltech/R. Hurt (SSC) (cl). **38 Corbis:** Moodboard (clb). **38-39 HubbleSite:** NASA, ESA, and the Hubble Heritage Team (STScI/ AURA) - ESA/Hubble Collaboration (c). **39 Alamy Images:** George Kelvin / PHOTOTAKE (cr) (crb) (fcrb). **Science Photo Library:** Detlev Van Ravensswaay (br). **40 Chandra X-Ray Observatory:** NASA/ CXC/ SAO/ P.Slane, et al. (bl). **43 © CERN :** Maximilien Brice (crb). **Corbis:** NASA/ epa (Background). **Getty Images:** Rob Atkins (fcra); Jeremy Horner (cra). **NASA:** WMAP Science Team (clb). **44-45 Science Photo Library:** NASA / ESA / STSCI / R.WILLIAMS, HDF TEAM (Background). **45 Anglo Australian Observatory:** David Malin (br). **HubbleSite:** NASA, ESA, Y. Izotov (Main Astronomical Observatory, Kyiv, UA) and T. Thuan (University of Virginia) (crb). **NASA:** X-ray: CXC/Wesleyan

Univ./R.Kilgard et al; UV: JPL-Caltech; Optical: ESA/S. Beckwith & Hubble Heritage Team (STScI/AURA); IR: JPL-Caltech/ Univ. of AZ/R. Kennicutt) (tc). **Science Photo Library:** (c); JPL-Caltech/CTIO (bc). **46 NASA:** JPL-Caltech (bl) (br). **Science Photo Library:** Volker Springel / Max Planck Institute For Astrophysics (cl). **46-47 NASA:** JPL-Caltech/STScI/CXC/UofA/ESA/AURA/ JHU (c). **47 European Southern Observatory (ESO) :** (bl). **NASA:** Al Kelly (JSCAS/NASA) & Arne Henden (Flagstaff/USNO) (bc); ESA, A. Aloisi (STScI / ESA), Hubble Heritage (STScI / AURA) - ESA/Hubble Collaboration (fbl); The Hubble Heritage Team (STScI/AURA) / Ray A. Lucas (ca). **48-49 HubbleSite:** NASA and The Hubble Heritage Team (STScI/AURA, x). **50 European Southern Observatory (ESO) :** Yuri Beletsky (cl). **Science Photo Library:** Chris Butler (bl). **50-51 NASA:** JPL-Caltech/R. Hurt (SSC) (c); CXC/ MIT/ Frederick K. Baganoff et al. (crb). **51 NASA:** CXC/ UMass/ D. Wang et al. (tr); JPL-Caltech/ R. Hurt (SSC) (bc); JPL-Caltech/ S. V. Ramirez (NExScI/ Caltech) , D. An (IPAC/Caltech) , K. Sellgren (OSU) (clb); NASA/ CXC/ M.Weiss (cb). **52 Chandra X-Ray Observatory:** NASA/ SAO/ CXC (crb). **NASA:** JPL-Caltech /M. Meixner (STScI) & the SAGE Legacy Team (cl). **53 CSIRO:** Dallas Parr (br). **ESA:** Hubble and Digitized Sky Survey 2 (tl); NASA, ESO and Danny LaCrue (cl). **NASA:** ESA, and the Hubble Heritage Team (STScI/ AURA) (tr). **54 Science Photo Library:** Mark Garlick (br); MPIA-HD, BIRKLE, SLAWIK (c). **55 NASA:** Adam Block/ NOAO/ AURA/ NSF (c); JPL-Caltech/D. Block (Anglo American Cosmic Dust Lab, SA) (cr); JPL-Caltech/Univ. of Ariz. (cl); Paul Mortfield, Stefano Cancelli (br); UMass/Z.Li & Q.D.Wang (tc). **56-57 NASA:** JPL-Caltech/ ESA/ CXC/ STScI. **58 NASA:** X-ray: NASA /CXC/ CfA/E. O'Sullivan Optical: Canada-France-Hawaii-Telescope/ Coelum (c). **58-59 Courtesy of Dr Stelios Kazantzidis (Center for Cosmology and Astro-Particle Physics, The Ohio State University) :** (b/Spiral galaxy collision); NASA, ESA, and the Hubble Heritage Team (STScI/ AURA) (tr); NASA, ESA, and the Hubble Heritage Team (STScI/ AURA) -ESA/ Hubble Collaboration (crb); NASA, ESA, Richard Ellis (Caltech) and Jean-Paul Kneib (Observatoire Midi-Pyrenees, France) (clb); NASA, H. Ford (JHU) , G. Illingworth (UCSC/ LO) , M.Clampin (STScI) , G. Hartig (STScI) , the ACS Science Team, and ESA (cr). **59 HubbleSite:** NASA, ESA, CXC, C. Ma, H. Ebeling, and E. Barrett (University of Hawaii/ IfA) , et al., and STScI (tl). **60 Corbis:** STScI/ NASA (crb). **Till Credner , Allthesky.com:** (Background). **HubbleSite:** (bl). **Science Photo Library:** NRAO / AUI / NSF (cr). **61 Chandra X-Ray Observatory:** X-ray: NASA/CXC/Univ.

of Maryland/A.S. Wilson et al.; Optical: Pal.Obs. DSS; IR: NASA/JPL-Caltech; VLA: NRAO/ AUI/NSF (bl). **HubbleSite:** John Hutchings (Dominion Astrophysical Observatory) , Bruce Woodgate (GSFC/NASA), Mary Beth Kaiser (Johns Hopkins University), Steven Kraemer (Catholic University of America), the STIS Team., and NASA (tl). **NRAO / AUI / NSF:** Image courtesy of National Radio Astronomy Observatory / Associated Universities, Inc. / National Science Foundation (cra). **Science Photo Library:** NASA / ESA / STSCI / J. BAHCALL, PRINCETON IAS (crb). **62 Science Photo Library:** Mike Agliolo (crb); Volker Springel / Max Planck Institute For Astrophysics (cl). **62-63 Science Photo Library:** Lynette Cook. **63 HubbleSite:** NASA, ESA, M.J. Jee and H. Ford (Johns Hopkins University) (br). **Science Photo Library:** M. Markevitch/ CXC/ CFA/ NASA (bl). **64-65 Getty Images:** AFP/ Jim Watson (Background). **64-88 Dorling Kindersley:** ESA - ESTEC (l). **65 Corbis:** Bettmann (fcl). **ESA:** (c). **US Geological Survey:** Astrogeology Team (cl). **66 Getty Images:** Sir Godfrey Kneller (c). **NASA:** KSC (l); United Launch Alliance/ Pat Corkery (r). **67 NASA:** Bill Ingalls (c); Pratt & Whitney Rocketdyne (tr). **68-69 NASA:** Bill Ingalls. **70 Alamy Images:** Linda Sikes (br). **Corbis:** NASA/CNP (c). **Science Photo Library:** Mark Garlick (cl). **71 Alamy Images:** Stock Connection Blue (c). **Corbis:** (cra); Bettmann (tl). **Getty Images:** NASA (clb). **Science Photo Library:** NASA (cr) (crb). **72 NASA:** (tr); KSC (crb); MSFC / KSC (cl). **73 ESA:** (cl). **EUROCKOT Launch Services GmbH:** (cra). **Getty Images:** Space Imaging (bl). **NASA:** Victor Zelentsov (tl). **Courtesy Sea Launch:** (br). **74 ESA:** CNES/ Arianespace/ Photo optique video du CSG (clb) (cb); Service Optique CSG (cr). **74-75 ESA:** CNES/ Arianespace/ Photo optique video du CSG (t). **75 ESA:** CNES/ Arianespace/ Photo optique video du CSG (bc) (cr); Service Optique CSG (cl). **76 Corbis:** Alain Nogues/ Sygma (br). **NASA:** JPL (clb). **77 NASA:** (b). **78 Corbis:** Bettmann (b). **ESA:** D. Ducros (c). **NASA:** Goddard Space Flight Center/ MODIS Rapid Response Team/ Jeff Schmaltz (cr). **79 CNES:** Illustration P.Carril - Mars 2003 (clb). **© EADS :** Astrium (crb). **ESA:** J. Huart (cra). **80-81 USGS:** Courtesy of the U.S. Geological Survey. **82 Getty Images:** Ludek Pesek (b). **NASA:** NSSDC (tl). **Science Photo Library:** Detlev Van Ravenswaay (c). **83 NASA:** Ames Research Center (cra); JPL (tl); NSSDC (clb). **Science Photo Library:** NASA / JPL (bc). **US Geological Survey:** Astrogeology Team (fclb). **Wikimedia Commons:** Daderot (br). **84 ESA:** (c). **NASA:** (crb). **85 CNES:** Illustration D. Ducros - 1998 (cr). **ESA:** (tr). **NASA:** (cb) (bc) (br). **86 NASA:** ISRO/ JPL-Caltech/ USGS/ Brown Univ. (bl). **Science Photo Library:** Indian Space Research Organisation (r). **87 CBERS:** INPE (cra). **Corbis:** Li Gang/ Xinhua Press (tc). **Getty Images:** ChinaFotoPress (cl). **Akihoro Ikeshita:** (clb). **Courtesy of JAXA:** NHK (b/Background) (cb). **88 ESA:** AOES Medialab/ ESA 2002 (cb). **Science Photo Library:** David A. Hardy, Futures: 50 Years In Space (ca). **89 Courtesy of JAXA:** (crb). **Science Photo Library:** David A. Hardy (clb); NASA (tl) (cra). **90-114 Dorling Kindersley:** NASA (l). **90-91 Getty Images:** NASA/ National Geographic (Background). **91 Corbis:** Bettmann (cl). **NASA:** (fcl). **SpaceX:** NASA (c). **92 Corbis:** Bettmann (cl) (cr); NASA - digital version copyright/Science Faction (bl). **NASA:** 5909731 / MSFC-5909731 (cra). **92-93 Corbis:** Bettmann (Background). **93 Corbis:** Bettmann (cla) (bc) (cr); Karl Weatherly (cb). **Dorling Kindersley:** Bob Gathany (tl). **NASA:** (clb); MSFC (tr). **94 NASA:** ESA (r); Robert Markowitz/ Mark Sowa (bc). **95 ESA:** (cla) (cra); ASI-Star City (crb). **NASA:** (cl) (br) (clb); Bill Ingalls (tl). **Science Photo Library:** NASA (cr). **96 NASA:** JSC (clb) (b) (tr). **97 Dorling Kindersley:** NASA (clb). **NASA:** JSC (crb) (br) (fbr). **Science Photo Library:** NASA (t). **98 NASA:** (cl) (bc). **Science Photo Library:** NASA (crb) (br). **99 NASA:** (tl) (bc) (tr). **Wikimedia Commons:** Aliazimi (bl). **100 Alamy Images:** RIA Novosti (cl). **Corbis:** Bettmann (c); Hulton-Deutsch Collection (tr). **Getty Images:** Hulton Archive (ca). **NASA:** 5909731 / MSFC-5909731 (br). **101 Corbis:** Roger Ressmeyer (tr). **NASA:** Kennedy Space Center (bl). **Press Association Images:** (fbr). **Science Photo Library:** Power And Syred (crb). **102-103 NASA:** (Background). **104 Alamy Images:** RIA Novosti (cla). **The Kobal Collection:** MGM (crb). **NASA:** (clb). **104-105 Science Photo Library:** NASA (b). **105 NASA:** (tl) (cra). **106 NASA:** (cl) (br). **107 Courtesy of JAXA:** (br). **NASA:** (cla) (cr) (tr). **108 NASA:** (cra) (cb) (crb). **109 Corbis:** Bettmann (cr). **NASA:** (br); MSFC (tl) (cla). **Science Photo Library:** NASA (cra). **110 Alamy Images:** Detlev van Ravenswaay / Picture Press (br). **Corbis:** Jim Sugar (bl). **NASA:** Scaled Composites (ca). **110-111 Corbis:** Ed Darack/ Science Faction (Background). **111 Bigelow Aerospace :** (crb). **Getty Images:** Daniel Berehulak (ca). **NASA:** KSC (bl). **Science Photo Library:** Take 27 Ltd (br). **courtesy Virgin Galactic:** (tl) (cra). **112 Reaction Engines Limited / Adrian Mann:** Reaction Engines Ltd develops SKYLON, a space plane which evolved from the HOTOL project (b). **Science Photo Library:** Richard Bizley (cra). **113 Agence France Presse:** (crb). **Corbis:** (cl). **NASA:** DFRC/ Illustration by Steve Lighthill (b). **SpaceX:** NASA (tr). **114 Alamy Images:** Pat Eyre (crb). **Corbis:** James Marshall (cb). **ESA:** S. Corvaja (bl). **Science Photo Library:** Sinclair Stammers (cra). **115 Alamy Images:** Photos 12 (cr). **NASA:** MSFC (clb). **PA Photos:** AP/ NASA (br). **Science Photo Library:** Victor Habbick Visions (t). **116-117 NASA:** JPL/ University of Arizona (Background). **116-162 Dorling Kindersley:** NASA /Finley Holiday Films (l). **117 Corbis:** Dennis di Cicco (c). **HubbleSite:** M. Wong and I. de Pater (University of California, Berkeley) (cl). **118 NASA:** JPL-Caltech / T. Pyle (SSC) (c). **Science Photo Library:** Detlev Van Ravenswaay (crb). **119 David A. Hardy :** PPARC (br). **Julian Baum:** (clb). **120 HubbleSite:** Reta Beebe (New Mexico State University) / NASA (cb); NASA, ESA, L. Sromovsky and P. Fry (University of Wisconsin) , H. Hammel (Space Science Institute) , and K. Rages (SETI Institute) (crb). **NASA:** (clb/Earth). **120-121 NASA:** JPL-Caltech (solar system planets). **121 Dorling Kindersley:** NASA /Finley Holiday Films (cb). **122 Science Photo Library:** NASA (r). **123 Getty Images:** Dieter Spannknebel (tl); NSSDC (clb). **NASA:** NSSDC/ GSFC (ca). **Science Photo Library:** M. Ledlow Et Al / NRAO / AUI / NSF (cb). **SOHO/EIT (ESA & NASA) :** (cr). **124-125 Science Photo Library:** NASA (tc). **125 ESA:** MPS/ Katlenburg-Lindau (crb). **NASA:** JPL (cla); NSSDC (bl) (bc). **126 NASA:** JPL (cra) (b) (clb). **127 ESA:** (crb). **NASA:** Ames Research Center (tr); JPL (tl); JPL-Caltech (cra) (c) (cl). **Science Photo Library:** David P.Anderson, SMU/ Nasa (cb). **128 ESA:** DLR/ FU Berlin (G. Neukum) (bc). **NASA:** (cra); ESA (cr); JPL (cb); JPL/ Malin Space Science Systems (br); NSSDC (bl). **129 Getty Images:** Time & Life Pictures (clb). **NASA:** GSFC (r); JPL /MSSS (tl); JPL/ Malin Space Science Systems (ca). **130 Corbis:** Lowell Georgia (br); JPL / USGS (r); JPL /MSSS (cb). **NASA:** JPL/ University of Arizona (cl). **131 ESA:** G. Neukum (FU Berlin) et al./ Mars Express/ DLR (cra); JPL (cb); JPL-Caltech (cb/Rover). **NASA:** JPL/ Cornell (t) (bl) (br) (ca) (cb). **Science Photo Library:** NASA (fbl). **132-133 NASA:** HiRISE/ JPL/ University of Arizona. **134 Alamy Images:** Mary Evans Picture Library (tr). **Science Photo Library:** Chris Butler (cb) (br). **135 NASA:** JPL / USGS (t). **Science Photo Library:** Henning Dalhoff / Bonnier Publications (crb); D. Van Ravenswaay (cl). **136 HubbleSite:** NASA/ESA, John Clarke (University of Michigan) (tr); M. Wong and I. de Pater (University of California, Berkeley) (br). **137 Corbis:** NASA-JPL-Caltech - digital versi/Science Faction (r). **HubbleSite:** NASA, ESA, IRTF, and A. Sánchez-Lavega and R. Hueso (Universidad del País Vasco, Spain) (clb). **NASA:** JPL/ Cornell University (cla). **138 Corbis:** Bettmann (tr); JPL / USGS (b). **NASA:** JPL/ University of Arizona (c); JPL/ Brown University (bl); JPL/ DLR (tr); JPL/ University of Arizona (cr). **139 NASA:** JPL (cla) (bc) (cl) (clb). **140 NASA:** JPL-Caltech (crb); MSFC (bl). **141 NASA:** Walt Feimer (cr); JPL (clb); JPL-Caltech (cl) (br); MSFC (cra); JPL/ Space Science Institute (clb). **142 NASA:** JPL/ STScI (tr). **Science Photo Library:** D. Van Ravenswaay (crb); NASA, ESA, J. Clarke (Boston University) , and Z. Levay (STScI) (c). **143 Corbis:** NASA - digital version copyright/ Science Faction (tc); STScI/ NASA (r) (bc). **Science Photo Library:** NASA/ JPL/ University Of Arizona (tl). **144 Alamy Images:** The Print Collector (tr); JPL / USGS (bc). **NASA:** JPL/ Space Science Institute (clb) (cl) (crb). **NRAO / AUI / NSF:** (cr). **144-145 NASA:** JPL/ Space Science Institute (tc). **145 ESA:** (br); NASA/ JPL/ University of Arizona (tr) (cb) (crb). **NASA:** (cla); JPL (bl); JPL/ GSFC/ Space Science Institute (clb); JPL/ University of Arizona (ca). **146-147 NASA:** JPL/ Space Science Institute. **148 Getty Images:** John Russell (cl). **W.M. Keck Observatory:** Lawrence Sromovsky, (Univ. Wisconsin-Madison) (cb). **NASA:** JPL (br); NSSDC (l). **149 NASA:** GSFC (br); JPL (c); JPL / USGS (bl); JPL-Caltech (cla) (cr) (fcr); NSSDC (cra). **150 NASA:** (bl); Voyager 2 (c). **151 NASA:** (cra); JPL (bl); JPL / USGS (cla). **Science Photo Library:** Royal Astronomical Society (cr). **152 HubbleSite:** NASA, ESA, and M. Buie (Southwest Research Institute) (tr). **NASA:** Dr. R. Albrecht, ESA/ ESO Space Telescope European Coordinating Facility (cla). **152-153 NASA:** ESA and G. Bacon (STScI) (b). **153 HubbleSite:** ESA, H. Weaver (JHU/APL) , A. Stern (SwRI) , and the HST Pluto Companion Search Team (cb). **154 Corbis:** Dennis di Cicco (b). **155 Corbis:** Jonathan Blair (bl); Gianni Dagli Orti (cla). **HubbleSite:** NASA / ESA / M. Wong (Space Telescope Science Institute, Baltimore, Md.) / H. B. Hammel (Space Science Institute, Boulder, Colo.) / Jupiter Impact Team (cr). **Science Photo Library:** Mark Garlick (br); Gordon Garradd (tr); NASA / ESA / STSCI / H. Weaver & T. Smith (c). **156 Corbis:** NASA (crb); Roger Ressmeyer (c). **Dorling Kindersley:** ESA (cra). **ESA:** SOHO (clb). **NASA:** JPL (br). **157 HubbleSite:** NASA, ESA, P. Feldman (Johns Hopkins University) and H. Weaver (Johns Hopkins University Applied Physics Laboratory) (tr); JPL/ UMD (cra). **NASA:** JPL (tl); MSFC (cl). **Science Photo Library:** Erik Viktor (b). **158 ICSTARS Astronomy:** Vic & Jen Winter. **159 Corbis:** Tony Hallas/ Science Faction (br). **HubbleSite:** John Caldwell (York University, Ontario) , Alex Storrs (STScI) , (tr). **Kwon, O Chul:** (cr). **Jimmy Westlake:** (cla). **160 Corbis:** Hans Schmied (ca). **Science Photo Library:** Mark Garlick (cla). **160-161 Corbis:** Bryan Allen (b). **161 Dorling Kindersley:** The Natural History Museum, London (ca). **Galaxy Picture Library:** UWO/ University of Calgary/ Galax (tr). **NASA:** Ted Bunch/ JPL (fcra); M. Elhassan/ M. H. Shaddad/ P. Jenniskens (crb); Michael Farmer/ JPL (cr); JPL/ Cornell (cl). **162 Selden E. Ball:** Cornell University (ca). **Corbis:** NASA/ Roger Ressmeyer (cr). **NASA:** JPL/ University of Arizona (fcr). **Science Photo Library:** Christian Darkin (b); NASA (cl); T. Stevens & P. Mckinley, Pacific Northwest Laboratory (cra). **163 NASA:** (tc) (bl); JPL / USGS (clb); JPL/ University of Arizona (cl); JPL/ University of Arizona/ University of Colorado (tr); NOAA (cr). **Science Photo Library:** Mark Garlick (br); US Geological Survey (crb). **164-165 Science Photo Library:** Planet Observer (Background). **164-176 Dorling Kindersley:** NASA (l). **165 Corbis:** Momatiuk - Eastcott (fcl); Douglas Peebles (c). **Getty Images:** Barcroft Media (cl). **166 Dorling Kindersley:** Planetary Visions Ltd (clb). **166-167 NASA:** (c). **167 NASA:** (tr/Earth); MSFC (cr) (bc). **168-169 Alamy Images:** Rolf Nussbaumer Photography. **170 Alamy Images:** Alaska Stock LLC (b). **NASA:** JPL (cl). **171 iStockphoto.com:** Janrysavy (cl) (cb) (cr) (fcrb). **NASA:** GSFC (bl); MODIS Ocean Science Team (br). **Science Photo Library:** European Space Agency (c). **172 Corbis:** Douglas Peebles (crb). **172-173 Corbis:** Galen Rowell (b). **173 Corbis:** Momatiuk - Eastcott (ca). **Science Photo Library:** Bernhard Edmaier (crb); David Parker (br); Ron Sanford (tr). **174 Corbis:** Bryan Allen (clb); Hinrich Baesemann / DPA (cl). **NASA:** (tr). **Science Photo Library:** Detlev Van Ravenswaay (br). **175 Corbis:** (br); Mike Hollingshead / Science Faction (bl); Gerolf Kalt (clb); NOAA (cr). **Science Photo Library:** David R. Frazier (cl). **176 Dorling Kindersley:** The Royal Museum of Scotland, Edinburgh (br). **Science Photo Library:** Lynette Cook (Volcanoes); Henning Dalhoff / Bonnier Publications (clb). **177 Alamy Images:** Amberstock (tl). **Dorling Kindersley:** Jon Hughes (bl) (bc). **ESA:** (crb). **imagequestmarine.com:** Peter Batson (cb). **NOAA:** Office of Ocean Exploration; Dr. Bob Embley, NOAA PMEL, Chief Scientist (ca). **Science Photo Library:** Victor Habbick Visions (tr); P. Rona/ OAR/ National Undersea Research Program/ NOAA (cl). **178-179 Alamy Images:** Melba Photo Agency (Background). **179 NASA:** (cl) (c). **180 Alamy Images:** Patrick Eden (b). **Science Photo Library:** Andrew J. Martinez (cra) (fcra). **181 Corbis:** William Radcliffe/ Science Faction (cr). **Science Photo Library:** Planetary Visions Ltd (bc). **182 Getty Images:** VGL/ amanaimagesRF (fcra). **NASA:** Image courtesy of the Image Science & Analysis Laboratory, NASA Johnson Space Center (cra). **Science Photo Library:** Dr Fred Espenak (ca); NOAO (cr); David Nunuk (crb). **182-192 Dorling Kindersley:** NASA (l). **183 Corbis:** Tom Fox/ Dallas Morning News (crb); Reuters (tl). **Getty Images:** VGL/ amanaimagesRF (cr). **NASA:** Image courtesy of the Image Science & Analysis Laboratory, NASA Johnson Space Center (fcr). **Science Photo Library:** NOAO (c). **184 NASA:** JSC (cl). **184-185 Getty Images:** Stocktrek RF (c). **Moonpans.com:** (b). **185 Getty Images:** SSPL (crb). **NASA:** JSC (cb); MSFC (cla);

致谢

NSSDC (cra). **186 Getty Images:** Viewstock (bl). **187 NASA:** (cr) (cb) (crb); Neil A. Armstrong (cl) (br); JPL-Caltech (bc). **Science Photo Library:** D. Van Ravenswaay (clb); Ria Novosti (bl). **188 Moonpans.com:** Charlie Duke (b). **NASA:** JSC (tl) (cl). **189 Corbis:** (tl); Roger Ressmeyer (bl). **NASA:** (crb); Charlie Duke (cra); JSC (ca). **Science Photo Library:** NASA (tr). **190 Corbis:** NASA / Roger Ressmeyer (bl). **NASA:** MSFC (cla) (clb). **190-191 NASA. 192 Courtesy of JAXA:** (cra). **NASA:** (cr) (br) (fbr); GSFC (ca) (cb); NSSDC (l). **193 ESA:** (c). **Courtesy of JAXA:** (tl). **Science Photo Library:** Paul Wootton (b). **X-Prize Foundation:** (fcra); Team Italia/ Alberto Rovetta (cra). **194-195 NASA:** SOHO. **194-208 Alamy Images:** Brand X Pictures (l). **195 NASA:** GSFC / TRACE (cl); TRACE (c). **SST, Royal Swedish Academy of Sciences, LMSAL:** (fcl); SOHO (fbr). **Science Photo Library:** John Chumack (cr); Ton Kinsbergen (tl). **SOHO/EIT (ESA & NASA) :** (br). **197 NASA:** SOHO. **198 (c) University Corporation for Atmospheric Research (UCAR) :** Illustration by Mark Miesch (tr). **NASA:** (b). **199 NASA:** (cl); GSFC / A. Title (Stanford Lockheed Institute) / TRACE (tl); GSFC / SOHO (br). **200 NASA:** TRACE (bl). **200-201 NASA:** Steve Albers / Dennis di Cicco / Gary Emerson. **201 NASA:** (br); JPL-Caltech (tl); SOHO (cra). **202 NASA:** GSFC (b). **SST, Royal Swedish Academy of Sciences, LMSAL:** (tr). **203 NASA:** GSFC (clb); SOHO / ESA (t); SOHO / MSFC (c) (br). **204-205 Corbis:** Fred Hirschmann / Science Faction. **206 Wikimedia Commons:** (bl). **206-207 NASA:** ISAS. **207 NASA:** MSFC (cb). **208 Corbis:** Bettmann (tl). **Science Photo Library:** Royal Astronomical Society (ca). **208-209 Corbis:** Roger Ressmeyer. **209 Alamy Images:** BWAC Images (br). **NASA:** MSFC (tl). **Reuters:** Ho New (c). **210-211 HubbleSite:** NASA / ESA / A. Nota (STScI / ESA). **210-238 HubbleSite:** NASA, ESA, and Martino Romaniello (European Southern Observatory, Germany) (l). **211 Corbis:** Stapleton Collection (cl); NASA / ESA / HEIC / The Hubble Heritage Team / STScI / AURA (c). **HubbleSite:** NASA / ESA / J. Hester (ASU) (fcl). **212 HubbleSite:** NASA / ESA / M. Robberto (Space Telescope Science Institute / ESA) / Hubble Space Telescope Orion Treasury Project Team (b). **213 Anglo Australian Observatory:** D. Malin (AAO) / AATB / UKS Telescope (ftr). **NASA:** (tr); Compton Gamma Ray Observatory / GSFC (tc); ESA / H. Bond (STScI) / M. Barstow (University of Leicester) (ftl). **Science Photo**

Library: European Space Agency (cla) (bl) (br) (clb) (crb) (r); NASA / A. Caulet / St-ECF / ESA (tr). **214 HubbleSite:** NASA / Jeff Hester (Arizona State University) (tl). **214-215 HubbleSite:** heic0506b / opo0512b. **215 HubbleSite:** A. Caulet (ST-ECF, ESA) / NASA (cla); NASA / ESA / SM4 ERO Team (br). **NASA:** ESA (tr); Ryan Steinberg & Family / Adam Block / NOAO / AURA / NSF (tl). **216 HubbleSite:** NASA / ESA / H. E. Bond (STScI) / The Hubble Heritage Team (STScI / AURA). **216-217 HubbleSite:** NASA / ESA / the Hubble Heritage Team (STScI / AURA). **218 Anglo Australian Observatory:** David Malin (tl); NASA / ESA / Hans Van Winckel (Catholic University of Leuven, Belgium) / Martin Cohen (University of California, Berkeley) (br); NASA / ESA / HEIC / The Hubble Heritage Team / STScI / AURA (bl); NASA / Jon Morse (University of Colorado) (cr). **HubbleSite:** NASA / ESA / Andrea Dupree (Harvard-Smithsonian CfA) / Ronald Gilliland (STScI) (ca). **219 Chandra X-Ray Observatory:** X-ray: NASA / CXC / Rutgers / G.Cassam-Chenaï / J.Hughes et al. / Radio: NRAO / AUI / NSF / GBT / VLA / Dyer, Maddalena & Cornwell / Optical: Middlebury College / F.Winkler / NOAO / AURA / NSF / CTIO Schmidt & DSS (cr); NASA (bc); NASA / Andrew Fruchter / ERO Team - Sylvia Baggett (STScI) / Richard Hook (ST-ECF) / Zoltan Levay (STScI) (br). **HubbleSite:** NASA / The Hubble Heritage Team (STScI / AURA) / W. Sparks (STScI) / R. Sahai (JPL) (bl). **220 HubbleSite:** NASA / ESA / The Hubble Heritage Team (STScI / AURA) / P. McCullough (STScI). **NASA:** NOAO / T. A. Rector / U. Alaska / T. Abbott / AURA / NSF (br). **Naval Research Lab.:** Rhonda Stroud / Nittler (2003) (cra). **221 HubbleSite:** NASA / K.L. Luhman (Harvard-Smithsonian Center for Astrophysics, Cambridge, Mass.) / G. Schneider, E. Young, G. Rieke, A. Cotera, H. Chen, M. Rieke, R. Thompson (Steward Observatory, University of Arizona, Tucson, Ariz.) (bl). **NASA:** NOAO / T. A. Rector / U. Alaska / WIYN / AURA / NSF / GSFC (t). **222 HubbleSite:** NASA / ESA / G. Bacon (STScI) (bc). **NASA:** CXC / SAO / M. Karovska et al; (cl). **223 HubbleSite:** NASA / ESA / (STScI / AURA) / J. Maíz Apellániz (Institute of Astrophysics of Andalucía, Spain). **224-225 HubbleSite:** NASA / ESA / the Hubble Heritage Team (STScI / AURA) / A. Cool (San Francisco State University) / J. Anderson (STScI). **225 HubbleSite:** NASA / ESA / H. Richer

(University of British Columbia) (cr). **NASA:** GSFC (crb). **226 ESA:** NASA / L. Ricci (ESO) (ca) (br) (cr) (fbl) (fclb). **HubbleSite:** NASA / ESA / M. Robberto (Space Telescope Science Institute / ESA) / the Hubble Space Telescope Orion Treasury Project Team (crb). **NASA:** JPL-Caltech (fcra). **227 NASA:** Jean-Luc Beuzit, et al / Grenoble Observatory / European Southern Observatory (tr); JPL (br). **National Research Council Canada:** C. Marois and B. Macintosh/ Keck Observatory. (bl). **228 HubbleSite:** NASA / H. Richer (University of British Columbia) (cra). **NASA:** (cl); CXC / M. Weiss (bl); JPL-Caltech / R. Hurt (SSC) (crb). **229 NASA:** (tr); Dana Berry (br); CXC / SAO / F. Seward (c); JPL (clb). **230 Dorling Kindersley:** NASA (bc) (crb) (fcr). **HubbleSite:** ESA, NASA, and Felix Mirabel (French Atomic Energy Commission and Institute for Astronomy and Space Physics / Conicet of Argentina) (cl). **NASA:** G. Bacon (STScI) (tr). **Science Photo Library:** CXC / AlfA / D. Hudson and T. Reiprich et al / NRAO / VLA / NRL / NASA (bl). **231 Science Photo Library:** European Space Agency. **232 Science Photo Library:** David Nunuk (b). **232-233 Science Photo Library:** Larry Landolfi. **233 Alamy Images:** Tony Craddock / Images Etc Ltd (ca). **Corbis:** Jay Pasachoff / Science Faction (bl). **234 Corbis:** Stapleton Collection (cl) (tr). **Getty Images:** The Bridgeman Art Library / Andreas Cellarius (br). **235 Science Photo Library:** Pekka Parviainen (tl). **236 Science Photo Library:** Davide De Martin (tr); NASA / JPL-Caltech / STSCI (cl); Eckhard Slawik (cr). **238 Corbis:** Radius Images (cl). **Getty Images:** Robert Gendler/Visuals Unlimited, Inc. (tr); Stone / World Perspectives (cr). **240 Corbis:** Bettmann (cla) (fcrb); Gianni Dagli Orti (clb); Christel Gerstenberg (cr); Stapleton Collection (fclb). **Dorling Kindersley:** NASA /Finley Holiday Films (fcr); Rough Guides (fcla). **Science & Society Picture Library:** (cra). **Science Photo Library:** Chris Butler (crb). **240-241 iStockphoto.com:** Gaffera. **241 Corbis:** Bettmann (cra); NASA - digital version copyright/Science Faction (cl). **Dorling Kindersley:** Anglo-Australian Observatory/ David Malin (clb). **Getty Images:** Time & Life Pictures (fclb). **NASA:** ESA and G. Bacon (STScI) (tl). **Science Photo Library:** NASA / JPL (br). **242 Alamy Images:** Stock Connection Blue / Novastock (cra). **Dorling Kindersley:** The Science Museum, London (ca). **NASA:** (fcla); JPL (bc); JPL-Caltech (cb). **Science Photo Library:** Ria Novosti (bl) (ftl); Detlev Van Ravenswaay

(fcrb). **242-243 iStockphoto.com:** Gaffera. **243 Corbis:** Reuters (clb); JPL / Scaled Composites (tr). **NASA:** JPL (crb) (tl); NASA / ESA / STSCI / H. Ford Et Al (fcla). **Science Photo Library:** NASA (fcr); Friedrich Saurer (br); Detlev Van Ravenswaay (ca). **244 Science Photo Library:** Henning Dalhoff / Bonnier Publications. **245 HubbleSite:** NASA, ESA, and The Hubble Heritage Team (STScI / AURA). **246-247 Moonpans.com:** (b). **248-249 Alamy Images:** Dennis Hallinan. **249 Dorling Kindersley:** NASA. **250 NASA:** SOHO / EIT Consortium / ESA. **251 Corbis:** STScI / NASA (br). **252-253 Corbis:** Bryan Allen. **253 NASA:** JPL / USGS (tr). **254 Dorling Kindersley:** Bob Gathany (tr). **HubbleSite:** ESA, NASA, and Felix Mirabel (French Atomic Energy Commission and Institute for Astronomy and Space Physics / Conicet of Argentina) (bl). **255 Corbis:** Ed Darack/ Science Faction (br). **256 NASA:** JPL-Caltech / T. Pyle (SSC)

封面人物图像由Getty Images提供

其他全部图片所有权属于
多林金德斯利
更多信息请见：
www.dkimages.com

多林金德斯利
还要感谢以下人员：
编辑助理：Ben Morgan
设计助理：Peter Radcliffe
图片研究员：Peter Bull